技能应用速成系列

ANSYS Icepak 2020 电子散热从入门到精通
（案例实战版）

丁学凯 孙立军 编著

电子工业出版社

Publishing House of Electronics Industry

北京·BEIJING

内 容 简 介

ANSYS Icepak 2020 是 ANSYS 系列软件中针对电子行业的散热仿真优化分析软件。电子行业所涉及的散热、流体等相关工程问题均可使用 ANSY Icepak 进行模拟计算。

本书分为两部分，包含 12 章内容，由浅入深地讲解 ANSYS Icepak 仿真计算的各种功能。第一部分主要讲解 Icepak 软件概述、几何模型的创建及导入、网格划分方法和物理模型定义及求解设置等内容；第二部分针对 ANSYS Icepak 软件不同的传热方式及功能结合案例进行详细讲解，包括电子设备风冷散热、PCB 散热、电子设备辐射及热管散热、电子设备水冷散热、参数化优化、芯片封装散热和运用宏命令进行数据中心及 TEC 制冷散热等，涉及电力电子、机械、航空航天、汽车及电气等相关行业工程中的应用。

本书结构严谨、条理清晰、重点突出，非常适合 ANSYS Icepak 的初中级读者学习，既可作为高等院校理工科相关专业的教材，也可作为相关行业工程技术人员及相关培训机构教师和学员的参考书。

未经许可，不得以任何方式复制或抄袭本书之部分或全部内容。
版权所有，侵权必究。

图书在版编目（CIP）数据

ANSYS Icepak 2020 电子散热从入门到精通：案例实战版 / 丁学凯，孙立军编著. —北京：电子工业出版社，2022.8
（技能应用速成系列）
ISBN 978-7-121-44092-2

Ⅰ. ①A… Ⅱ. ①丁… ②孙… Ⅲ. ①电子元件－有限元分析－应用软件 Ⅳ. ①TN6-39

中国版本图书馆 CIP 数据核字（2022）第 143419 号

责任编辑：许存权　　　　　　文字编辑：康　霞
印　　刷：涿州市般润文化传播有限公司
装　　订：涿州市般润文化传播有限公司
出版发行：电子工业出版社
　　　　　北京市海淀区万寿路 173 信箱　邮编　100036
开　　本：787×1 092　1/16　印张：26.75　字数：685 千字
版　　次：2022 年 8 月第 1 版
印　　次：2025 年 3 月第 5 次印刷
定　　价：89.00 元

凡所购买电子工业出版社图书有缺损问题，请向购买书店调换。若书店售缺，请与本社发行部联系，联系及邮购电话：(010) 88254888，88258888。
质量投诉请发邮件至 zlts@phei.com.cn，盗版侵权举报请发邮件至 dbqq@phei.com.cn。
本书咨询联系方式：(010) 88254484，xucq@phei.com.cn。

ANSYS Icepak 2020 是 ANSYS 系列软件中针对电子行业的散热仿真优化分析软件。ANSYS Icepak 2020 与主流的三维 CAD 软件有良好的接口，同时可以将主流 EDA 软件输出的 IDF 模型及 PCB 布线过孔文件导入，进行模拟计算。ANSYS Icepak 2020 具有丰富的物理模型，使用其作为求解器，具有求解精度高等优点，目前在航空航天、机车牵引、消费电子产品、医疗器械、电力电子、电气、半导体等行业有着广泛的应用，如强迫风冷、自然冷却、热管数值模拟、TEC 制冷、液冷模拟、太阳热辐射、数据中心空气冷却等工程应用。

本书以最新的 ANSYS Icepak 2020 为软件版本进行编写，该版本较以前的版本在性能方面有一定的改善，改进了以前版本中一些不足的地方。

1. 本书特色

- 详略得当。本书将编者十多年的 CFD 经验与 ANSYS Icepak 软件的各项功能结合，从点到面，对基础知识通过范例进行详细的讲解。
- 信息量大。本书包含的内容全面，读者在学习的过程中不应只关注细节，还应从整体出发，了解 ANSYS Icepak 热分析建模流程，需要关注它包括什么内容。
- 结构清晰。本书由浅入深，从结构上分为基础知识及案例讲解两部分，通过不同传热方式、不同软件功能进行章节划分，使读者有针对性、系统性地掌握 ANSYS Icepak 热仿真分析计算。

2. 本书内容

本书基于 ANSYS Icepak 2020 版本编写而成，共分为 12 章，通过本书的学习，可使读者对 ANSYS Icepak 2020 软件有充分的认识和理解，从而快速掌握软件的应用。

第一部分主要讲解 ANSYS Icepak 软件概述、几何模型的创建及导入、网格划分方法和物理模型定义及求解设置。章节安排如下：

第 1 章　ANSYS Icepak 概述　　　　　　第 2 章　模型创建详解
第 3 章　网格划分详解　　　　　　　　　第 4 章　物理模型及求解设置详解

第二部分对 ANSYS Icepak 软件不同的传热方式及功能结合不同案例进行了讲解，涉及电力电子、机械、航空航天、汽车及电气相关行业工程中的应用。章节安排如下：

第 5 章　风冷散热案例详解　　　　　　　第 6 章　PCB 散热案例详解
第 7 章　辐射换热及热管散热案例详解　　第 8 章　水冷散热案例详解
第 9 章　参数化优化案例详解　　　　　　第 10 章　瞬态传热案例详解
第 11 章　芯片封装散热及焦耳热案例详解　第 12 章　综合案例详解

说明一下，正文中多处提到"单击 Accept 按钮"，该按钮只在部分截图中可以找到，部分截图中看不到，隐藏在选项下方，选择后才可以看到。

3．读者对象

本书适合 ANSYS Icepak 初学者和期望提高利用 ANSYS Icepak 进行电子散热仿真分析计算能力的读者，具体包括如下人员。

- ★ 相关行业从业人员
- ★ 高等院校理工科相关专业的学生
- ★ ANSYS Icepak 的初中级读者
- ★ 相关培训机构的教师和学员

4．本书作者

本书由丁学凯、孙立军编著，虽然我们力求叙述准确、完善，但由于水平有限，书中欠妥之处，请读者及各位同行批评指正，在此表示诚挚的谢意。

5．读者服务

为了做好服务，作者在"算法仿真在线"公众号中为读者提供技术资料分享，有需要的读者可以关注"算法仿真在线"公众号。公众号中提供技术答疑服务，解答读者在学习过程中遇到的疑难问题。

配套资源：本书配套素材文件存储在百度云盘，请根据下面的地址进行下载；教学视频已上传到哔哩哔哩（简称 B 站），可以在线观看学习。读者也可以通过访问"算法仿真在线"公众号获取教学视频的播放地址、素材文件的下载链接，以及与作者的互动方式等。

素材文件下载链接：https://pan.baidu.com/s/19gmfIYcYWpfK4RShgAYQ2w

提取码：rgl4

教学视频播放地址：https://www.bilibili.com/video/BV1nY411N7e3/

技术交流群（QQ 群）：228138486（入群密码：Icepak）

编著者

目 录

第 1 章	ANSYS Icepak 概述 ·············· 1

1.1　Icepak 概述及工程应用 ············ 2
1.2　Icepak 启动及界面简介 ············ 3
　　1.2.1　启动选项说明 ·················· 3
　　1.2.2　操作界面说明 ·················· 4
　　1.2.3　主菜单栏 ························ 4
　　1.2.4　模型树 ···························· 8
　　1.2.5　自建模工具栏 ·················· 8
　　1.2.6　编辑模型命令 ·················· 9
　　1.2.7　对齐匹配命令 ················ 10
　　1.2.8　图形显示区域 ················ 11
　　1.2.9　消息窗口 ······················ 11
　　1.2.10　自定义库的建立及使用 ··· 11
1.3　本章小结 ····························· 13

第 2 章　模型创建详解 ··············· 14

2.1　Icepak 建模简述 ·················· 15
2.2　基于对象建模 ······················ 16
　　2.2.1　计算区域 Cabinet ············ 16
　　2.2.2　装配体 Assembly ············· 18
　　2.2.3　Heat Exchanger 换热器 ···· 20
　　2.2.4　Opening 开口 ················ 20
　　2.2.5　Periodic Boundaries 周期性边界
　　　　　条件 ······························ 22
　　2.2.6　Grille 二维散热孔、滤网 ······ 22
　　2.2.7　Source 热源 ··················· 23
　　2.2.8　PCB ······························· 25
　　2.2.9　Plate 板 ························· 27

　　2.2.10　Enclosures 腔体 ············· 29
　　2.2.11　Wall 壳体 ···················· 29
　　2.2.12　块（Block） ·················· 31
　　2.2.13　Fan 轴流风机 ················ 34
　　2.2.14　Blower 离心风机 ··········· 36
　　2.2.15　Resistance 阻尼 ············· 38
　　2.2.16　Heatsink 散热器 ············ 39
　　2.2.17　Package 芯片封装 ········· 43
　　2.2.18　Materials 材料创建 ········· 46
2.3　导入模型 ····························· 47
　　2.3.1　导入 CAD 模型 ················ 47
　　2.3.2　导入 EDA 模型 ················ 48
2.4　本章小结 ····························· 53

第 3 章　网格划分详解 ··············· 54

3.1　网格控制 ····························· 55
　　3.1.1　ANSYS Icepak 网格类型及
　　　　　控制 ······························ 55
　　3.1.2　Hexa Unstructured 网格控制 ···· 56
　　3.1.3　Mesher-HD 网格控制 ········ 58
3.2　网格显示 ····························· 60
3.3　网格质量检查 ······················ 61
3.4　网格优先级 ·························· 62
3.5　非连续性网格 ······················ 64
　　3.5.1　非连续性网格概念 ··········· 64
　　3.5.2　非连续性网格的创建 ········ 64
　　3.5.3　非连续性网格划分的规则 ······· 66
3.6　多级网格（Multi-Level） ········· 66

3.6.1 多级网格的概念 ……………67
3.6.2 多级网格的设置 ……………67
3.7 网格划分的原则与技巧 ……………68
3.7.1 ANSYS Icepak 网格划分原则 …68
3.7.2 确定模型多级网格的级数 ………69
3.8 本章小结 ……………………………69

第 4 章 物理模型及求解设置详解 ……70

4.1 自然对流换热模型 …………………71
4.1.1 自然对流控制方程及设置 ………71
4.1.2 自然对流模型的选择 ……………71
4.1.3 自然对流计算区域设置 …………72
4.1.4 自然冷却模拟设置步骤 …………73
4.2 辐射换热模型 ………………………74
4.2.1 Surface to Surface（S2S）辐射模型 ……………………………75
4.2.2 Discrete Ordinates（DO）辐射模型 ……………………………75
4.2.3 Ray tracing 辐射模型 ……………76
4.2.4 三种辐射模型的比较与选择 ……77
4.3 太阳热辐射模型 ……………………77
4.4 求解设置 ……………………………79
4.4.1 物理模型定义设置 ………………80
4.4.2 物理问题向导定义设置 …………83
4.4.3 求解计算基本设置 ………………86
4.4.4 求解计算设置 ……………………88
4.4.5 ANSYS Icepak 计算收敛标准 …90
4.5 本章小结 ……………………………91

第 5 章 风冷散热案例详解 ……………92

5.1 机柜内翅片散热器散热性能仿真分析 ……………………………………93
5.1.1 项目创建 …………………………93
5.1.2 几何结构及性能参数设置 ………94
5.1.3 网格划分设置 ……………………100
5.1.4 物理模型设置 ……………………101
5.1.5 求解计算 …………………………104

5.1.6 计算结果分析 ……………………105
5.2 射频放大器散热性能仿真分析 ……109
5.2.1 项目创建 …………………………110
5.2.2 几何结构及性能参数设置 ………110
5.2.3 网格划分设置 ……………………119
5.2.4 物理模型设置 ……………………121
5.2.5 求解计算 …………………………124
5.2.6 计算结果分析 ……………………124
5.3 本章小结 ……………………………128

第 6 章 PCB 散热案例详解 ……………129

6.1 项目创建与 IDF 文件导入 …………130
6.1.1 项目创建 …………………………130
6.1.2 IDF 文件导入 ……………………131
6.2 PCB 导入及热仿真分析 ……………133
6.2.1 项目创建 …………………………134
6.2.2 模型导入 …………………………134
6.2.3 网格划分设置 ……………………137
6.2.4 只考虑导热时模型设置及计算 ……………………………139
6.2.5 考虑其他功率器件时模型设置及计算 ……………………………141
6.3 本章小结 ……………………………146

第 7 章 辐射换热及热管散热案例详解 ……………………………………147

7.1 辐射换热案例详解 …………………148
7.1.1 项目创建 …………………………148
7.1.2 几何结构及性能参数设置 ………149
7.1.3 网格划分设置 ……………………153
7.1.4 不考虑辐射换热物理模型设置及计算 ……………………………155
7.1.5 S2S 辐射换热物理模型设置及计算 ……………………………161
7.1.6 DO 辐射换热物理模型设置及计算 ……………………………164

7.1.7 Ray-Tracing 辐射换热物理模型设置及计算 ……………………… 167
7.2 热管散热案例详解 …………………… 170
　　7.2.1 项目创建 …………………………… 171
　　7.2.2 几何结构及性能参数设置 ……… 171
　　7.2.3 网格划分设置 …………………… 184
　　7.2.4 物理模型设置 …………………… 185
　　7.2.5 求解计算 ………………………… 188
　　7.2.6 计算结果分析 …………………… 188
7.3 本章小结 …………………………… 191

第 8 章　水冷散热案例详解 …………… 192

8.1 水冷散热器散热案例详解 ………… 193
　　8.1.1 项目创建 ………………………… 193
　　8.1.2 几何结构及性能参数设置 …… 194
　　8.1.3 网格划分设置 …………………… 202
　　8.1.4 物理模型设置 …………………… 203
　　8.1.5 变量监测设置 …………………… 206
　　8.1.6 求解计算 ………………………… 207
　　8.1.7 计算结果分析 …………………… 208
8.2 交错式水冷散热器散热案例详解 … 212
　　8.2.1 项目创建 ………………………… 212
　　8.2.2 几何结构及性能参数设置 …… 213
　　8.2.3 网格划分设置 …………………… 217
　　8.2.4 物理模型设置 …………………… 219
　　8.2.5 求解计算 ………………………… 221
　　8.2.6 计算结果分析 …………………… 222
8.3 本章小结 …………………………… 224

第 9 章　参数化优化案例详解 ………… 225

9.1 轴流风机优化布置设计案例详解 … 226
　　9.1.1 项目创建 ………………………… 226
　　9.1.2 几何结构及性能参数设置 …… 227
　　9.1.3 网格划分设置 …………………… 238
　　9.1.4 参数化求解设置 ………………… 240
　　9.1.5 变量监测设置 …………………… 241
　　9.1.6 物理模型设置 …………………… 241
　　9.1.7 求解计算 ………………………… 244
　　9.1.8 计算结果分析 …………………… 246
9.2 散热器热阻最低优化案例详解 …… 252
　　9.2.1 项目创建 ………………………… 252
　　9.2.2 散热器结构及性能参数设置 … 253
　　9.2.3 参数化求解设置 ………………… 254
　　9.2.4 网格划分设置 …………………… 255
　　9.2.5 物理模型设置 …………………… 256
　　9.2.6 自定义函数设置 ………………… 259
　　9.2.7 求解计算 ………………………… 261
　　9.2.8 计算结果分析 …………………… 261
9.3 六边形格栅损失系数参数化计算案例详解 ……………………………… 269
　　9.3.1 项目创建 ………………………… 270
　　9.3.2 参数化求解及自定义函数设置 ………………………………… 271
　　9.3.3 网格划分设置 …………………… 275
　　9.3.4 物理模型设置 …………………… 276
　　9.3.5 求解计算 ………………………… 279
　　9.3.6 计算结果分析 …………………… 280
9.4 本章小结 …………………………… 281

第 10 章　瞬态传热案例详解 ………… 282

10.1 交替式运行瞬态散热案例详解 … 283
　　10.1.1 项目创建 ……………………… 283
　　10.1.2 瞬态计算设置 ………………… 284
　　10.1.3 几何结构及性能参数设置 … 284
　　10.1.4 网格划分设置 ………………… 290
　　10.1.5 物理模型设置 ………………… 291
　　10.1.6 变量监测设置 ………………… 294
　　10.1.7 求解计算 ……………………… 294
　　10.1.8 计算结果分析 ………………… 295
10.2 芯片瞬态传热案例详解 …………… 299
　　10.2.1 项目创建 ……………………… 300
　　10.2.2 瞬态计算设置 ………………… 300

10.2.3 几何结构及性能参数设置 …… 301
10.2.4 网格划分设置 …… 304
10.2.5 变量监测设置 …… 305
10.2.6 物理模型设置 …… 306
10.2.7 求解计算 …… 309
10.2.8 计算结果分析 …… 310
10.3 本章小结 …… 312

第 11 章 芯片封装散热及焦耳热案例详解 …… 313

11.1 紧凑式微电子封装模型案例详解 …… 314
11.1.1 项目创建 …… 314
11.1.2 芯片封装参数及模型设置 …… 315
11.1.3 网格划分设置 …… 320
11.1.4 物理模型设置 …… 321
11.1.5 变量监测设置 …… 324
11.1.6 求解计算 …… 324
11.1.7 计算结果分析 …… 325
11.2 BGA 封装芯片模型案例详解 …… 329
11.2.1 项目创建 …… 329
11.2.2 几何模型创建及参数设置 …… 330
11.2.3 网格划分设置 …… 336
11.2.4 物理模型设置 …… 337
11.2.5 求解计算 …… 339
11.2.6 计算结果分析 …… 339
11.3 PCB 焦耳热案例详解 …… 342
11.3.1 项目创建 …… 342
11.3.2 几何模型创建及参数设置 …… 343
11.3.3 网格划分设置 …… 349
11.3.4 物理模型设置 …… 350
11.3.5 求解计算 …… 353
11.3.6 计算结果分析 …… 354
11.4 本章小结 …… 357

第 12 章 综合案例详解 …… 358

12.1 高热流密度数据中心散热案例详解 …… 359
12.1.1 项目创建 …… 359
12.1.2 几何模型创建及参数设置 …… 360
12.1.3 网格划分设置 …… 381
12.1.4 变量监测设置 …… 382
12.1.5 物理模型设置 …… 383
12.1.6 求解计算 …… 385
12.1.7 计算结果分析 …… 386
12.2 高海拔机载电子设备散热案例详解 …… 389
12.2.1 项目创建 …… 390
12.2.2 几何模型创建及参数设置 …… 391
12.2.3 自定义函数设置 …… 396
12.2.4 网格划分设置 …… 397
12.2.5 物理模型设置 …… 398
12.2.6 求解计算 …… 399
12.2.7 计算结果分析 …… 400
12.3 TEC 散热案例详解 …… 406
12.3.1 项目创建 …… 406
12.3.2 几何模型创建及参数设置 …… 407
12.3.3 网格划分设置 …… 413
12.3.4 变量监测设置 …… 414
12.3.5 物理模型设置 …… 415
12.3.6 求解计算 …… 416
12.3.7 计算结果分析 …… 417
12.4 本章小结 …… 420

第1章

ANSYS Icepak 概述

本章将重点介绍 ANSYS Icepak 的发展、基本功能及工程应用背景；ANSYS Icepak 软件的启动、基本组成及模块说明，系统全面地讲解 ANSYS Icepak 的技术特征；详细讲解 ANSYS Icepak 的界面，包含主菜单栏、快捷工具栏、模型树、建模工具栏、编辑命令、对齐匹配以及库的详细说明；重点讲解 ANSYS Icepak 的启动方式、用户自定义库的建立及使用等。

> **学习目标**
> - 了解 ANSYS Icepak 的工程应用；
> - 掌握 ANSYS Icepak 软件启动及工作目录设置；
> - 掌握 ANSYS Icepak 的模块组成及各模块的作用、功能；
> - 掌握用户自定义模型库的建立及使用。

1.1　Icepak 概述及工程应用

ANSYS 公司是世界著名的 CAE 供应商，经过近 50 多年的发展，已经成为全球数值仿真技术及软件开发的领导者和革新者，其产品包含电磁、流体、结构动力学三大产品体系，可以涵盖电磁领域、流体领域、结构动力学领域的数值模拟计算，其各类软件不是单一的 CAE 仿真产品，而是集成于 ANSYS Workbench 平台下，各模块之间可以互相耦合模拟、传递数据，因此，使用 ANSYS 数值模拟软件，可以将电子产品所处的多物理场进行耦合模拟，真实反映产品的 EMC 分布、热流特性、结构动力学特性等。目前，ANSYS 系列软件被广泛应用于各类电子产品的研发流程中，很大程度上加快了产品的研发进程。

Icepak 软件于 2006 年被 ANSYS 收购，ANSYS 公司开发了与 Icepak 相关的各类 CAD、EDA 接口，当前最新的版本是 ANSYS Icepak 2020。本书基于 ANSYS Icepak 2020 进行讲解，与之前的各个版本相比较，此版本在很多方面做了较大改进。

ANSYS Icepak 2020 是 ANSYS 系列软件中针对电子行业的散热仿真优化分析软件，电子行业涉及的散热、流体等相关工程问题均可使用 ANSY Icepak 进行模拟计算，如强迫风冷、自然冷却、PCB 各向异性导热率计算、热管数值模拟、TEC 制冷、液冷模拟、太阳热辐射、电子产品恒温控制计算等工程问题。

ANSYS Icepak 2020 与主流的三维 CAD 软件具有良好的接口，同时可以将主流的 EDA 软件输出的 IDF 模型及 PCB 的布线过孔文件导入进行模拟计算。ANSYS Icepak 2020 具有丰富的物理模型，其使用 ANSYS Icepak 作为求解器，具有求解精度高等优点。目前在航空航天、机车牵引、消费电子产品、医疗器械、电力电子、电气、半导体等行业有着广泛的应用。

ANSYS Icepak 2020 在电子散热仿真及优化方面主要有以下特征：
- ◇ 基于对象的自建模方式，快速便捷建立热模型；
- ◇ 快速稳定的求解计算；
- ◇ 自动优秀的网格划分技术；
- ◇ 与 CAD 软件/EDA 软件有良好的数据接口；
- ◇ 与电磁、结构动力学软件可以进行耦合计算；
- ◇ 丰富多样化的后处理功能等。

另外，ANSYS Icepak 能够仿真的物理模型主要包含以下几方面：
- ◇ 强迫对流、自然对流模型；
- ◇ 混合对流模型；
- ◇ PCB Trace 及导体的焦耳热计算；
- ◇ 热传导模型、流体与固体的耦合传热模型；
- ◇ 丰富的辐射模型（S2S 模型、Discrete Ordinates 模型、Raytracing 模型）；
- ◇ PCB 各向异性导热率计算；

- 稳态及瞬态问题求解；
- 多流体介质问题；
- 风机非线性曲线的输入；
- IC 的双热阻网络模型；
- 太阳辐射模型；
- TEC 制冷模型；
- 模拟轴流风机叶片旋转的 MRF 功能；
- 电子产品恒温控制计算；
- 模拟电子产品所处的高海拔环境等。

1.2 Icepak 启动及界面简介

1.2.1 启动选项说明

单击"启动"→"所有程序"→ANSYS 2020R1→ANSYS Icepak 2020R1，进入 Icepak 启动界面。在 Icepak 启动界面会自动弹出 Welcome to Icepak 提示框，如图 1-1 所示。

（1）Existing 表示打开已经完成计算的项目，但是需要打开对应项目所在的工作目录。

（2）New 表示新建一个 ANSYS Icepak 项目，单击 New 按钮，软件会弹出 New Project 的设置界面，在 Project name 中输入项目的名称，单击 Create 按钮即可创建新的项目，如图 1-2 所示（注意：项目名称中不能包含中文字符，项目所处的工作目录下也不允许包含中文字符）。

（3）Unpack 表示解压缩 ANSYS Icepak 生成的.tzr 文件，其包含了 ANSYS Icepak 项目中所有的设置（几何参数设置、网格划分设置、求解的所有设置等）。

（4）Quit 表示退出 ANSYS Icepak 软件。

图 1-1

图 1-2

1.2.2 操作界面说明

ANSYS Icepak GUI 界面里主要包含项目名称、主菜单栏、快捷命令工具栏、模型树管理、自建模模型工具栏、对齐匹配命令栏、图形显示区域、Message 消息窗口和当前所选对象信息窗口，具体如图 1-3 所示。图形显示区域包含了模型树下所有的模型对象、求解计算的后处理结果；Icepak 里所有的操作均可以通过主菜单栏实现。

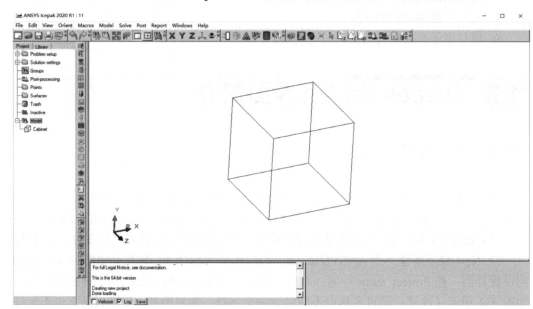

图 1-3

1.2.3 主菜单栏

本节主要介绍菜单栏的常用命令操作，主菜单可以实现 ANSYS Icepak 的所有操作，常用命令也可通过快捷工具栏的按钮实现，主菜单栏如图 1-4 所示。

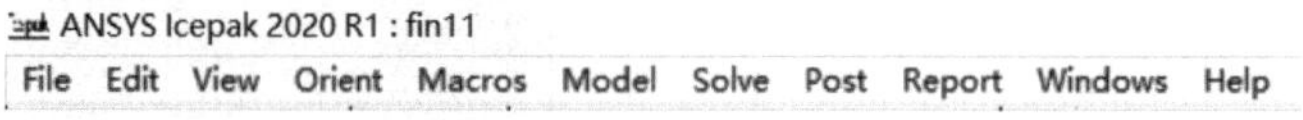

图 1-4

1. File 界面

File 界面主要包括项目的创建、打开、保存及模型导入等命令，如图 1-5 所示，具体介绍如下：

- ◆ New project：新建项目；
- ◆ Open project：打开已有的项目；
- ◆ Merge project：合并项目（可以将两个或多个已有项目合并）；
- ◆ Save project：保存 Icepak 项目；

第 1 章　ANSYS Icepak 概述

- Save project as：项目另存为；
- Import：导入模型，可以导入外部的 CAD 模型（不推荐使用）及 EDA 软件输出的 PCB 几何模型文件；
- Export：输出模型，将 Icepak 的模型以一定格式输出；
- Unpack project：解压缩 tzr 文件；
- Pack project：压缩 tzr 文件；
- Cleanup：清除已有的 ID 以及计算结果；
- Quit：退出。

2．Edit 界面

Edit 界面主要包括项目创建过程中的返回、重做及复制粘贴等命令，如图 1-6 所示，具体介绍如下：

- Undo：返回操作；
- Redo：重做操作；
- Find：在模型树中寻找几何器件；
- Show clipboard：在消息窗口中显示剪贴板上的器件信息；
- Clear clipboard：清除剪贴板上的信息；
- Snap to grid：对计算区域的模型进行网格分割，表示移动鼠标时对应的距离；默认将计算区域各个方向分割为 100 份。
- Preferences：参数选择设定，例如单位、显示效果等。

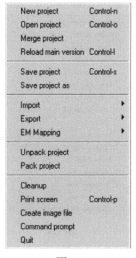

图 1-5

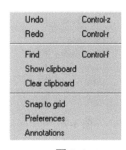

图 1-6

3．View 界面

View 界面主要包括模型的汇总、距离及显示等命令，如图 1-7 所示，具体介绍如下：

- Summary（HTML）：生成 HTML 页面的模型报告；
- Location：测量具体点的坐标；
- Distance：测量两点、两边的距离；

- Angle：测量两边的夹角；
- Unit Vector：矢量单位；
- Unit Normal：一般单位；
- Bounding box：计算区域边界大小；
- Traces：查看 PCB 内布线层信息；
- Edit toolbars：打开工具栏，选择需要的快捷工具；
- Default shading：模型显示默认的格式，包含线框、实体等；
- Display：显示坐标原点、标尺、项目名称、项目日期等；
- Visible：显示\关闭某类型的器件模型；
- Lights：调整视图区域模型的亮度。

4. Orient 界面

Orient 界面主要包括模型的显示调整命令，如图 1-8 所示，具体介绍如下：

- Nearest axis：最近轴的视图；
- Save user view：保存目前视图；
- Write user views to file：将视图写成文件；
- Read user views from file：读入视图文件；
- Clear user views：清除视图。

其他命令在后续实际案例讲解中详细介绍。

图 1-7

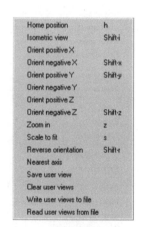

图 1-8

5. Macros 界面

宏菜单可以进行数据中心模块、芯片封装等模型的创建，如图 1-9 所示，具体如下所述。

- Approximation：预定义的异形近似几何，包括多边形、圆环、圆形计算空间等；
- Data center components：定义数据中心内机柜、CRAC 空调等模型；
- Heatsink：预定义散热器模型；

第1章 ANSYS Icepak 概述

- Packages：各封装模型的建立，以及 JEDEC 模型的建立，用于计算芯片的 R_{ja}、R_{jb}、R_{jc} 等参数。其他宏命令可以在后续案例中逐步熟悉应用，此处不详细介绍。

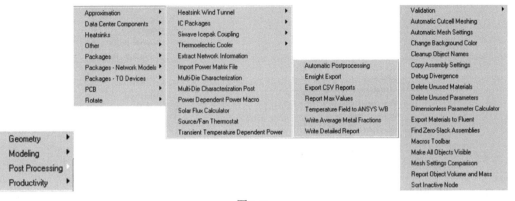

图 1-9

6. Model 界面

Model 界面如图 1-10 所示，其具体功能如下所述。

- Create object：创建相应的模型，如风扇、块；
- Radiation form factors：辐射换热角系数计算；
- Generate mesh：网格划分控制面板；
- Edit priorities：编辑模型的优先级（用于划分网格）；
- Edit cutouts：编辑 Open、fan、Grille 等是否将模型挖空；
- Power and temperature limits：热耗统计；
- Check model：模型自检查；
- Show objects by material：通过模型的材料进行显示；
- Show objects by property：通过模型热源的热耗进行显示；
- Show objects by type：通过模型的类型（Block、Plate）以及相应子类型进行显示；
- Show metal fractions：显示 PCB/芯片 Package 各层铜箔的百分比云图。

7. Solve 界面

Solve 界面可以进行求解设置、参数化优化及残差监测选择等，如图 1-11 所示，具体如下所述。

- Settings：求解迭代步数、残差、并行计算等设置面板；
- Patch temperatures：对瞬态计算设置流体、固体的初始温度值；
- Run solution：打开求解计算面板；
- Run optimization：进行参数化优化面板；
- Solution monitor：残差监控的显示选择；
- Define trials：参数化优化面板开启；
- Define report：打开 Summary 面板，用于后处理显示定量统计各变量的具体数值；
- Diagnostics：以记事本形式打开 case 等文件，然后对其进行编辑。

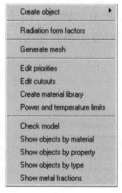

图 1-10

图 1-11

1.2.4 模型树

模型树位于操作界面的最左侧，包含了基本物理问题的定义、求解设置、材料库和模型库、计算监控点的设置、Trash 垃圾箱设置、Inactive 抑制模型等，主要用于对模型进行不同方面的管理，Project 模型树如图 1-12 所示。

- ◇ Problem setup：物理问题、环境参数的定义；
- ◇ Solution settings：求解的相关设置；
- ◇ Groups：组的管理；
- ◇ Post-processing：后处理对象管理；
- ◇ Points：求解计算变量监控点的设置；
- ◇ Surface：求解计算变量监控面的设置；
- ◇ Trash：在模型树下被删除的器件；

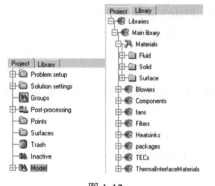

图 1-12

- ◇ Inactive：在模型树下被抑制的器件模型；
- ◇ Model：几何模型；
- ◇ Main Library：软件自带的材料库和模型库；
- ◇ Materials：软件自带的材料库；
- ◇ Blowers：离心风机库；
- ◇ Heatsinks：散热器库；
- ◇ TECs：热电制冷模型库；
- ◇ Thermal Interface Material：导热硅脂；
- ◇ Filters：三维阻尼多孔介质库；
- ◇ Packages：芯片封装库；
- ◇ Pass：用户自定义库（库的名字自己定义）。

1.2.5 自建模工具栏

基于对象的模型工具栏是 ANSYS Icepak 自建模的工具，使用它们可以构建干净、简洁的电子散热模型，如图 1-13 所示。

图 1-13

1.2.6 编辑模型命令

1．编辑命令

在模型树下选择需要编辑的模型，然后单击 （编辑）按钮，则可打开对象的编辑窗口，如图 1-14 所示。打开模型对象编辑窗口的方法还有以下三种方法。

（1）选择模型后，按住"Ctrl+E"键，则可打开编辑窗口。
（2）选择模型后，在模型树下鼠标左键双击需要编辑的模型对象。
（3）选择模型后，单击右键，在调出的面板中选择 Edit 命令，如图 1-15 所示。

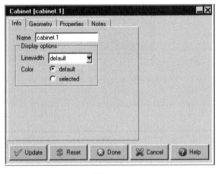

图 1-14

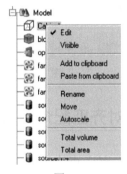

图 1-15

2．删除命令

此命令即删除模型树下选中的单个器件、多个器件或者装配体等；选中器件后，单击 Delete 按钮进行删除。

3．移动命令

如果需要移动模型的位置，可在模型树下选中被移动的对象模型，然后选择移动命令，弹出如图 1-16 所示对话框。

Scale：表示按一定比例进行缩放；
Mirror：表示镜像，可选择镜面以及方向进行镜像操作；
Rotate：旋转命令，选择相应的轴及角度进行旋转操作；
Translate：输入不同方向的偏移值；
单击 Apply 或 Done 按钮即可完成操作。

4．复制命令

在模型树下选择需要复制的一个或多个模型，选择复制命令，即出现复制设置对话框，如图 1-17 所示。

Number of copies：复制的个数；

Group name：选择输入群组的名称，可将选中的器件复制到相应的组内；

其他设置与移动相同。

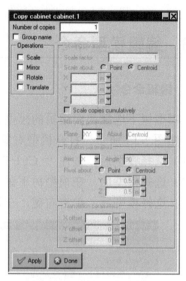

图 1-16　　　　　　　　　　　图 1-17

1.2.7　对齐匹配命令

1．面、边、点的对齐命令

、、分别是面对齐、边对齐、点对齐命令，三个命令的操作完全相同，此处仅使用面对齐来做讲解。面对齐命令将两个面进行对齐，分左键、右键操作。

左键命令在对齐过程中会将对齐的体进行拉伸，以达到面对齐的效果；而右键命令在将两个面对齐过程中会将对齐的体进行移动，以达到面对齐的效果。左键命令将对齐体的尺寸进行拉伸。用左键单击按钮，然后用左键重新单击需要对齐的面，此面变成红色，按中键接受，接着再用左键单击被对齐的面，此面变成黄色，然后按中键完成设置。

2．体、面的中心对齐命令

、分别是体中心对齐、面中心对齐命令。

（1）表示两个模型的中心位置对齐。先用左键单击按钮，再用左键单击需要对齐的块，此时块变成红色，按中键接受，再用左键单击被对齐的大块，此块变成黄色，然后按中键接受，可以发现小方块和大块的中心位置进行了对齐，小方块的位置进行了移动,接着按右键表示完成中心对齐操作。

(2)表示两个面的中心位置对齐。先左键单击,然后用鼠标左键单击需要对齐的面,此面变成红色,然后按中键接受,接着再用左键单击被对齐的大块的面,此面变成黄色,然后按中键接受,读者会发现小方块红色的面和大块黄色的面中心位置进行了对齐,接着单击右键表示完成面中心对齐操作。

3. 匹配命令

表示面匹配,先左键单击按钮,用左键单击需要对齐的面,此面变成红色,按中键接受,再用左键单击被对齐的大块的面,此面变成黄色,单击中键接受,单击右键表示完成面匹配操作。

1.2.8 图形显示区域

图 1-18 为图形显示区域显示的图形,它是 ANSYS Icepak 界面最大的区域,显示了模型树下所有模型对象的形状、大小、颜色、坐标轴、原点及整体的计算区域。另外,所有的后处理也是在图形区域内完成显示的。图形区域的大小可以通过拖动图形区域的左侧边界和下侧边界来进行调整。

图 1-18

1.2.9 消息窗口

消息窗口(Message 窗口)位于 ANSYS Icepak 界面下方区域的中间位置,在 ANSYS Icepak 进行的任何操作,如测量坐标位置、测量距离、划分网格、求解计算、结果加载等,在消息窗口中均会有相应的记录或者提示,如图 1-19 所示。

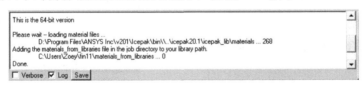

图 1-19

1.2.10 自定义库的建立及使用

ANSYS Icepak 允许用户建立用户的材料库和模型库,以方便用户的使用,具体步骤如下所述。

1. 库文件夹目录的建立

在工作目录下,建立材料库和模型库放置的目录以及库文件夹的名字,例如,F:\\library;即在 F 盘下建立了一个 Library 名字的文件夹。打开 ANSYS Icepak 软件,建立自定义库的步骤如下所述。

（1）单击 Edit→Preferences→Libraries，打开 Libraries 面板，如图 1-20 所示。单击 New library 按钮，在出现的对话框的 Library name 中输入"CAILIAO"名字，单击 Location 右侧的 Browse 按钮，浏览找出文件夹 F: \library；单击 This project 按钮，表示建立的库只适合当前计算的 ANSYS Icepak 项目。单击 All project 按钮，表示建立的库适合所有的 ANSYS Icepak 项目。

（2）当建立好材料库以后，关闭 ANSYS Icepak；重新启动打开 ANSYS Icepak 软件，选择 Library 选项卡，可以看到出现"CAILIAO"的用户自定义库，如图 1-21 所示。

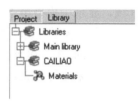

图 1-20　　　　　　　　　　　　　　图 1-21

2. 新建材料加入用户自定义库

（1）单击自建模工具栏的 ![icon] （创建材料）按钮，打开如图 1-22 所示的材料创建设置对话框，选择 Info 选项卡，在 Name 处输入 TIM。

（2）选择 Properties 选项卡，在 Conductivity 处输入 1.5，如图 1-23 所示，单击 Done 按钮完成材料创建。

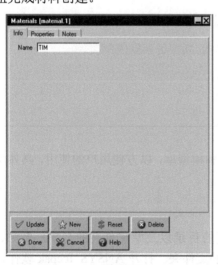

图 1-22　　　　　　　　　　　　　　图 1-23

(3)右击左侧模型树 Model 下的 Materials，在弹出的快捷菜单中执行 Add to clipboard 命令，如图 1-24 所示，将材料粘贴至材料库。

(4)左键选择 Library 面板，进入库的模型树；右键单击用户自定义库 CAILIAO，在跳出的面板里选择 Paste from clipboard，则 ANSYS Icepak 会自动将材料 TIM 添加到 CAILIAO，如图 1-25 所示。

图 1-24

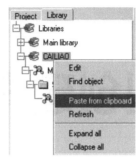
图 1-25

1.3 本章小结

本章对 ANSYS Icepak 的功能及其应用背景进行了相应的介绍，详细介绍了 ANSYS Icepak 软件的启动选项及操作界面组成，对主菜单栏内文件、边界、视图、宏命令及求解等进行了详细的说明。此外，还介绍了 ANSYS Icepak 自建模工具栏、编辑及对齐匹配命令，最后介绍了消息窗口及自定义库的创建及使用，使读者对 ANSYS Icepak 软件有一个初步的认知及了解。

第2章

模型创建详解

本章重点讲解 ANSYS Icepak 建模的三种方式，ANSYS Icepak 自建模、CAD 模型导入及 EDA 模型导入。主要讲解 ANSYS Icepak 基于对象的自建模工具，详细讲解各个模型对象的设置操作；讲解 ANSYS Icepak 如何将 CAD 几何模型导入 ANSYS Icepak；讲解 ANSYS Icepak 与常用 EDA 电路板软件的数据导入。

学习目标

- 掌握 ANSYS Icepak 自建模的各个对象以及相应的设置；
- 掌握 ANSYS Icepak 的 CAD 模型导入操作；
- 掌握 ANSYS Icepak 与 EDA 软件的几何导入接口；
- 掌握 ANSYS Icepak 如何导入 EDA 软件的布线和过孔信息。

第 2 章 模型创建详解

2.1 Icepak 建模简述

ANSYS Icepak 建模主要是指建立真实的传热路径模型，对于电子产品来说，包括真实的几何模型部分、热阻部分、材料属性、PCB 内各向异性导热率、IC 热阻模型等。简言之，必须建立真实的"热路"模型，才能得到真实可靠的热仿真结果。

1. 自建模方式

自建模方式采用 ANSYS Icepak 自带的基于对象建模方式，如可利用诸如方块、圆柱、斜板、散热器、风扇等，通过类似于搭积木的方式建立热分析模型。例如，建立散热器模型，可以单击模型工具栏中的 按钮，然后 ANSYS Icepak 的视图区域及模型树下会自动出现散热器模型，接着输入散热器的长、宽、高、基板的厚度、散热器所处的面等，翅片厚度、间隙、材料等，基板 Base 与热源间的热阻信息等，即可得到散热器模型；然后可以使用对齐工具或者坐标对散热器进行定位。

ANSYS Icepak 基于对象建模的自建模的工具对象主要包含二维模型和三维模型两大类。

（1）二维的模型主要是包含 Openings、Plates、Fans 等，二维模型主要的形状有方形、圆形倾斜、多边形面等。

（2）三维的模型主要是包含块、阻尼、散热器、离心风机、3D 的轴流风机、芯片、PCB 等，三维模型主要的形状有立方体、长方体、圆柱体、多边形体、球体、CAD 异形体等。

2. CAD 模型导入

将复杂的 CAD 几何模型做必要的简化，如删除螺钉、螺母、不影响散热的倒角等特征，然后通过 ANSYS Workbench 平台的 DM（Design Molder）或者 Spaclaim 将 3D 的几何模型直接导入 ANSYS Icepak。由于 DM 导入 ANSYS Icepak 简单易用，不需要进行几何模型的重建工作，因此将 CAD 几何模型通过接口导入 ANSYS Icepak 是目前比较受欢迎的建模方法。

3. ECAD 模型导入

ANSYS Icepak 可以将诸如 Cadence、Mentor、Zuken、Cr5000 等 EDA 软件设计的 PCB 模型及 PCB 的布线信息导入。EDA 的导入主要包含两方面。

（1）直接导入 PCB、PCB 上器件的几何模型及器件芯片的热参数信息。ANSYS Icepak 可以直接将 EDA 软件输出的 IDF 模型（包含两个文件）通过 EDA 的接口导入，其导入接口如图 2-1 所示。

（2）ANSYS Icepak 可以直接将 PCB 上的布线和过孔文件导入，以便真实地反映 PCB 内的导热特性，如图 2-2 所示。

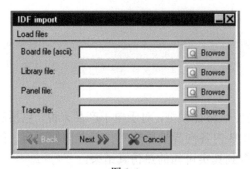

图 2-1   图 2-2

尽管 ANSYS Icepak 有三种建模方式，但是通常来说，建议将这三种方式结合使用，建立相应的电子热仿真模型。

例如，建立某一机箱控制系统，机箱外壳、导轨、锁紧条等 CAD 几何部分，可通过 CAD 接口 Geometry 导入 ANSYS Icepak 来建立热模型；而 PCB 及 IC 器件可通过 EDA 接口实现；然后将两个热模型进行合并（利用 ANSYS Icepak 中的 Merge Project 操作），对 PCB 进行定位，得到机箱系统完整的热模型。

在进行系统级热分析时，如果觉得导入布线过孔比较麻烦，可利用 ANSYS Icepak 自建模提供的 PCB 模型，通过输入铜箔的层数、铜层厚度、铜层覆盖百分比、过孔个数、过孔平均直径、过孔内铜箔厚度等参数来计算 PCB 的导热率，这样也可以建立 PCB 的热模型。

2.2 基于对象建模

ANSYS Icepak 基于对象的建模方式主要是在软件中根据 CAD 几何模型的结构搭建电子热分析模型。与 CAD 真实模型相比较，其建立的模型比较干净，容易划分网格，计算容易收敛，适合进行散热模拟分析；缺点是需要耗费一定的时间来重新建立热模型。注意，本节主要讲解各个建模对象编辑面板中的 Geometry 和 Properties 两部分，所有对象的 Info 和 Notes 面板设置都是相同的，因此不再一一介绍。

2.2.1 计算区域 Cabinet

打开 ANSYS Icepak 软件时，计算区域会自动出现在模型视图中，如图 2-3 所示。

（1）Cabinet 是 ANSYS Icepak 散热模拟的计算区域。

（2）Cabinet 默认的计算区域为方形，如果需要建立异形的计算空间，可以使用 ANSYS Icepak 提供的 Hollow block 和 Cabinet 进行构建。

（3）Cabinet 内部充满默认的流体材料（在 Problem setup 中设定的默认流体材料）。

（4）默认的尺寸为长、宽、高分别为 1m。

（5）在 ANSYS Icepak 下建立其他新模型器件，默认尺寸为 Cabinet 最小边尺寸的 20%。

（6）不允许任何物体整体或部分存在于 Cabinet 的外界，如果有模型超出边界，则会弹出图 2-4 所示对话框，相应的选项功能如下所述。

Allow out：允许模型超出边界，但是后续此窗口仍然会出现；

Move：将超出边界的物体重新移回 Cabinet 内；

Resize：将超出的模型进行缩放，缩放至 Cabinet 的边界内；

Resize Cabinet:自动缩放 Cabinet 的大小，将超过边界的模型包含。

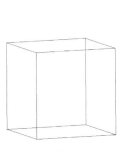

图 2-3　　　　　　　　　　　　　　　图 2-4

Cabinet 的 Geometry 选项卡设置对话框如图 2-5 所示，可以在 Location 下对其大小进行修改。Properties 选项卡设置对话框如图 2-6 所示。其属性面板中对每个面包含四个设置，具体介绍如下所述。

（1）Default：表示绝热边界，并且边界上的速度为 0。

（2）Wall：表示壳体，壳体用于输入不同的热边界条件，表示计算区域外界与内部热模型的换热过程。

（3）Opening：表示开口，流体可以流入或者流出，同时伴随有能量、质量的传递。

（4）Grille：表示散热孔（百叶窗），流体可以流入或者流出，也可以有能量的交换，但是流体的流动会受到相应的阻力。

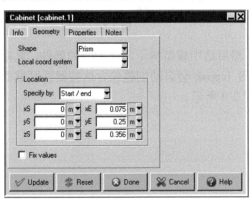
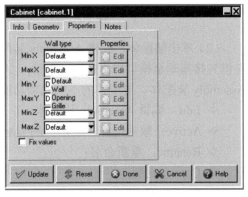

图 2-5　　　　　　　　　　　　　　　图 2-6

2.2.2 装配体 Assembly

1. Assembly 的作用

Assembly 主要是将模型包含起来,形成一个空间或多个空间区域,其具体的作用主要有:

(1)用于建立非连续性网格,可以在保证计算精度的同时,最大限度减少网格数量。

(2)针对异形的 CAD 体、高密度的散热器翅片、包含细长的模型,一般需要对其建立非连续性网格,用于对模型进行局部加密,减少非连续性区域外的网格数量。

(3)用于对 ANSYS Icepak 模型树下的模型进行系统管理。

(4)用于多个模型的合并,可以在 ANSYS Icepak 中单击模型工具栏的装配体,建立 Assembly,双击打开其编辑窗口,在 Assembly 的 Definition 中选择 External assembly,单击 Project definition 右侧的 Browse 按钮,在浏览面板中找到需要加载合并的模型,即可合并不同模型,如图 2-7 所示。

2. Assembly 装配体的创建方法

(1)在模型树下,选中需要局部加密的器件单击右键,执行 Create→Assembly 命令,即可建立 Assembly 装配体,如图 2-8 所示。

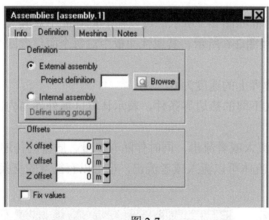

图 2-7　　　　　　　　　　图 2-8

(2)单击装配体,创建 Assembly 装配体,然后选中模型树下需要加密的器件,鼠标左键直接拖动至模型树下的 Assembly,ANSYS Icepak 会自动创建包含这些器件区域的 Assembly 装配体,装配体的不同选项功能如图 2-9 所示。

◇ Edit:编辑 Assembly 装配体;
◇ Active:取消选择,表示抑制装配体;
◇ Rename:重新命名;
◇ Copy:复制;
◇ Move:移动;
◇ Delete:删除;

- ◆ Create assembly：建立装配体；
- ◆ Delete assembly：删除装配体，保留装配体内模型；
- ◆ Visible：取消选择，表示隐藏装配体；
- ◆ View separately：可仅显示 Assembly 中的器件；
- ◆ Expand all：扩展装配体；
- ◆ Collapse all：关闭装配体；
- ◆ Merge Project：合并 ANSYS Icepak 项目；
- ◆ Load assembly：加载 Assembly 装配体；
- ◆ Save as project：将装配体内的模型保存为 ANSYS Icepak 项目；
- ◆ Total Volume：用于统计 Assembly 中器件的体积；
- ◆ Total area：用于统计 Assembly 中器件的面积；
- ◆ Summary information：用于统计 Assembly 内不同类型的个数。

3．**Assembly装配体非连续性网格设置**

（1）右击左侧模型树 Model→Assembly.1，在弹出的快捷菜单中执行 Edit 命令，弹出如图 2-10 所示对话框。选择 Meshing 选项卡，选择 Mesh separately 选项，在 3 个方向（6 个面）输入扩展的 Slack 尺寸，单击 Update 按钮，即可得到此区域的局部非连续性网格。

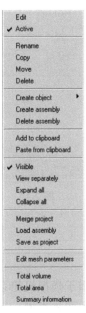

图 2-9

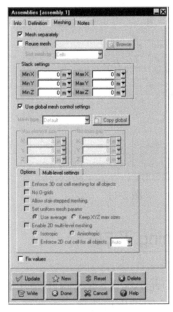

图 2-10

（2）Meshing 选项卡面板中不同选项如图 2-10 所示，Assembly 内的网格类型与背景区域的网格类型可以不同，其网格独立于背景网格。

- ◆ Minimum gap：此区域内两个物体在某个方向的最小间隙；
- ◆ Mesh type：此区域的网格类型；
- ◆ Max X,Max Y,Max Z,：此区域内 3 个方向的最大网格尺寸；
- ◆ Allow stair - step：允许划分阶梯网格；

- ◇ Allow multi - Level：允许划分多级网格；
- ◇ Set Level auto：自动设置多级级别；
- ◇ Edit Level：用户可以手动修改设置多级级别；
- ◇ Set uniform mesh params：选择此项，可以提高网格的质量、减少网格个数。

2.2.3 Heat Exchanger 换热器

ANSYS Icepak 换热器模型使用一个简化的面来代替真实的三维换热器，主要用来模拟 Cabinet 计算区域内空气的流动与 Cabinet 外部流体（换热器蛇形管内的液体）之间的换热过程。Heat Exchanger 换热器几何尺寸设置对话框如图 2-11 所示。

（1）Geometry：换热器的几何形状包含方形、圆形、倾斜、多边形，相应的尺寸坐标可通过 Location 来进行设定。

（2）Properties：该属性面板中包含流经换热器的空气的阻力系数以及相应的换热量；Pressure loss 中需要输入 loss coefficient 阻力系数，如图 2-12 所示。

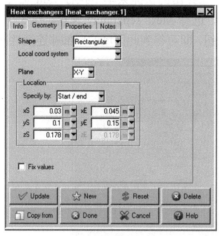
图 2-11

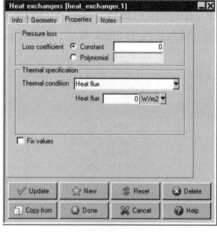
图 2-12

2.2.4 Opening 开口

Opening 开口是 ANSYS Icepak 中常用的模型对象，用于模拟机箱系统的进出开口，或者用于模拟液冷的进出口边界，主要包含 Free 和 Recirc 两种类型。

1. Free 自由开口

自由开口 Opening 的几何参数设置对话框如图 2-13 所示，Open 可用于放置在 Cabinet 的边界或者 Hollow block 的边界上，以模拟进出口边界条件。具体介绍如下：

- ◇ Shape：开口的形状主要有方形、圆形、倾斜、多边形等；
- ◇ Plane：用于表示开口所处的面；
- ◇ Location：开口的位置及尺寸信息，这部分会随形状的不同而变化；

◇ 倾斜的 Open：可通过输入 Start/end、Strat/Length、Start/angle 三种不同的输入方式进行几何参数的输入。

自由开口 Opening 的参数设置对话框如图 2-14 所示。Properties 设置对话框具体介绍如下：

◇ Temperature 为开口的温度，后面包含 Transient，用于模拟开口瞬态温度的变化；
◇ Profile 用于输入开口不同区域内的温度数值；
◇ Static pressure 为开口的相对压力数值；
◇ X Velocity、Y Velocity、Z Velocity 分别表示 3 个方向的速度。

注意：压力和速度只能输入一项；如果输入压力，那么 ANSYS Icepak 会自动计算相应的速度；如果输入了速度，那么 ANSYS Icepak 可计算相应的压力。

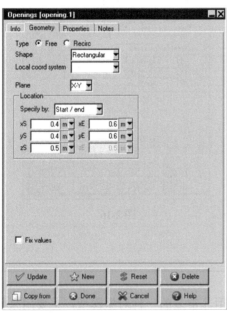

图 2-13

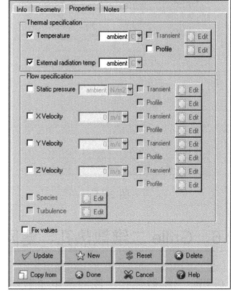

图 2-14

2．Recirc循环开口

Recirc 循环开口作为一个"黑匣子"，表示简化的循环开口，可以用来模拟空调的进出口边界等。Recirc 开口包含一个进口、一个出口，进出口形状可以不同，但是必须贴近 Cabinet 或者 Hollow Block 等计算区域的边界。从出口到进口区域，并未进行求解计算。

如果选择 Recirc，那么 Openings 将自动变成一个 Supply 进口，一个 Extract 出口，可以在 Shape 中分别对进出口设置其形状和几何尺寸。循环 Openings 进出口参数设置对话框如图 2-15 所示。

◇ Temperature change：表示进出口的温差；
◇ Heat input/extract：表示换热量；
◇ Conductance（h * A）：换热系数。

2.2.5 Periodic Boundaries 周期性边界条件

Periodic Boundaries 周期性边界条件主要用于定义周期性边界，定义平行的两个边界面。形状包含方形、圆形、倾斜、多边形。可通过修改几何面板中的 Plane 来设置周期性边界所处的面；通过 Location 来修改周期性边界条件所处的位置坐标，周期性边界几何参数设置对话框如图 2-16 所示。

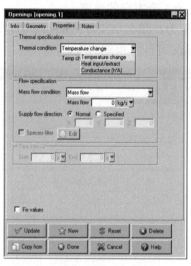

图 2-15

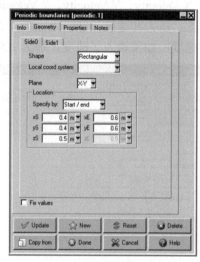

图 2-16

2.2.6 Grille 二维散热孔、滤网

Grille 二维散热孔、滤网是电子散热中使用非常多的一种对象模型，主要用来模拟 2D 阻尼，类似于百叶窗、较薄的通风散热孔等，即有阻力的开口。

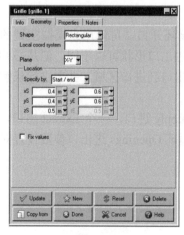

图 2-17

1. Grille模型建立

单击自建模工具栏中的 ▤ 按钮建立 Grille 模型，然后在模型树下双击 Grille，可打开 Grille 散热孔的参数设置对话框，如图 2-17 所示。Grille 的 Shape 形状包括方形、圆形、多边形、倾斜；通过选择 Plane 面可修改 Grille 所处的面，在 Location 的 Specify by 中可通过多种方式输入 Grille 的几何尺寸。

2. Grille参数设置

选择 Grille 参数设置对话框中的 Properties 选项卡，打开参数设置对话框，在 Pressure Loss specification 中包含 Loss coefficient 阻力系数和 Loss curve 阻力曲线。

当选择 Loss coefficient 阻力系数时，则如图 2-18 所示。Velocity loss coefficient：表示不同的阻力系数计算方法，建议使用默认的 Automatic；Free area ratio：表示通风孔的自由面积比，即开孔率，表示空气能流过的面积与整体平板面积的比值；Resistance type：表示通风孔的类型；Flow：表示流动的方向。

当选择 Loss curve 阻力曲线时，如图 2-19 所示，则需要单击 Pressure loss curve data 处的 Edit 按钮，打开 Graph editor 或者 Text editor，将相应的压力和速度的 Plot 曲线输入即可（压力和速度值一般通过风洞试验测得或者通过 ANSYS Icepak 仿真计算得到）。

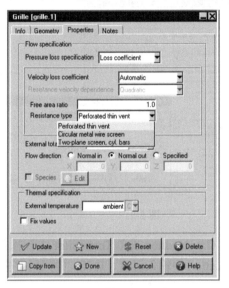

图 2-18

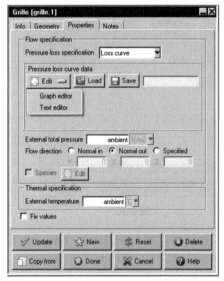

图 2-19

2.2.7 Source 热源

Source 热源用于建立面热源或者特殊的体热源（流体可以通过），在电子散热模拟中，可以将热流密度较大，本身模型厚度比较薄的几何体简化成面热源，然后使用二维的 Source 面热源来替代厚度比较薄的体热源。

虽然 Source 的形状中包含了 Prism 立方体、Cylinder 圆柱体等三维热源，但是在散热模拟时，气流可以通过三维热源。二维的面热源使用得比较多，三维体热源通常使用实体块来建立。

Sources 的几何参数设置对话框如图 2-20 所示，其形状 Shape 包括方形、圆形、立方体、圆柱、倾斜、多边形等；Plane 用于表示热源所处的面；Location 主要是输入热源的坐标及尺寸信息，不同的形状输入的 Specify by 是不同的。

Sources 的参数设置对话框如图 2-21 所示。Total Power 表示热源的热耗值；Surface/Volume flux 表示热源的面热流密度或体热流密度；Fixed Temperature 表示此热源为固定的温度；Transient：可以设定瞬态变化的热流密度或温度。

（1）当在 Total power 的下拉菜单中选择 Constant，此时代表热耗是常数。

（2）当在 Total power 的下拉菜单中选择 Temperature Dependent，此时代表热耗与温

度是关系式的关系。可以是 Linear 线性关系，也可以是 Piecewise linear 分段线性。

热耗与温度的 Linear 线性关系如图 2-21 所示，表示热耗 Power=3.0+2.0(T_s-30)，30℃<T<40℃；其他工况热耗均为 3W，T_s 表示热源的温度。

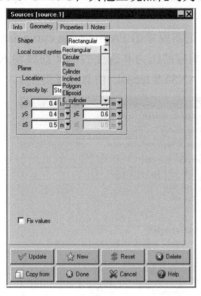

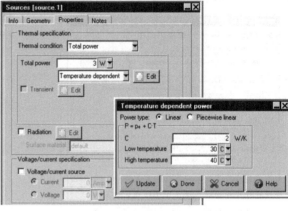

图 2-20   图 2-21

热耗与温度的 Piecewise linear 关系可以通过 Graph editor 或者 Text editor 进行输入。通过使用 Text editor 输入，在调出的 Curve specification 中输入温度、热耗，中间用空格隔开，表示不同温度下的热耗数值。如果热源温度小于 30℃，热耗为 3.0W；如果热源温度 30℃<T_s<40℃，热耗等于 3.0+(T_s-30)[(5-3)/(40-30)]；如果热源温度 40℃<T_s<50℃，热耗等于 5.0+(T_s-40)[(6-5)/(50-40)]；如果热源温度大于 50℃，热耗为 6W，如图 2-22 所示。

（3）当 Total power 的下拉菜单中选择 LED source 时，用来模拟 LED 灯芯的热耗计算，单击 Edit 按钮，在弹出参数设置对话框中可以进行电流、LED 灯芯的效率及 LED 灯芯不同温度下的电压值设置，如图 2-23 所示。

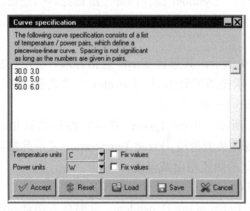

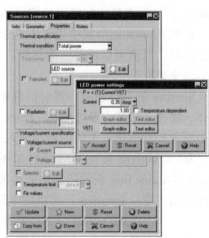

图 2-22   图 2-23

2.2.8 PCB

PCB 是 ANSYS Icepak 电子热模拟中常用的建模对象，主要用于模拟系统级 PCB，包含规则的 PCB 和多边形几何体的 PCB。在 ANSYS Icepak 中建立 PCB 热模型，相应的建模方法主要如下所述。

（1）通过 EDA 接口导入 PCB 和 Trace 过孔，建立 PCB 的详细模型；当对机箱系统中某个 PCB 进行详细的优化时，可以建立 PCB 的详细模型；如果对某个芯片进行热模拟或者对单 PCB 进行热模拟计算时，也建议导入 PCB 的详细模型，导入的 PCB 模型如图 2-24 所示。

（2）使用自建模工具栏提供的 PCB 建模对象，建立简化的 PCB 模型，其几何参数设置对话框如图 2-25 所示，具体介绍如下所述。

- ◇ Shape：包含方形 Rectangular 和多边形 Polygon；
- ◇ Plane：PCB 所处的面；
- ◇ Location：PCB 的坐标及尺寸信息；
- ◇ ECAD geometry：用于导入 PCB 的详细布线和过孔信息；
- ◇ Clear ECAD：将布线过孔参数删除；
- ◇ Trace layer and vias：对布线过孔参数进行编辑；
- ◇ Model trace heating：用于模拟 PCB 中铜箔的焦耳热。

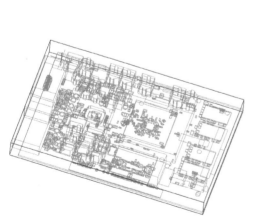

图 2-24

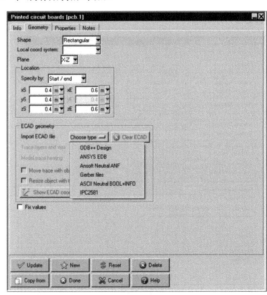

图 2-25

选择 PCB 参数设置对话框中的 Properties 选项卡，如图 2-26 所示。

（1）PCB Type：显示 PCB 的类型，有简化 Compact、详细 Detailed、中空 Hollow、ECAD 四类；其中 Hollow 类型的 PCB 一般不用，其内部不参与计算；ECAD 主要是导入布线后的 PCB；简化 Compact 用得非常多，表示简化 PCB；而详细与简化的区别是可以分别对 PCB 的顶面和底面输入热耗，可显示 PCB 内铜箔层；相比较而言，在 ANSYS

Icepak 里进行热模拟时，使用 Compact 的 PCB 更多。

（2）Rack Specification：在 Number in rack 处进行 PCB 个数指定，如果系统中有几个相同的 PCB 并排排列，则可以在 Number in rack 处输入 PCB 的个数，然后在 Rack Spacing 中输入 PCB 之间的间隙。

（3）Radiation：表示 PCB 的 Low side 和 High side 参与辐射换热。

（4）Thermal specification：表示 PCB 的热耗。

（5）Substrate thickness：表示 PCB 的厚度。

（6）Substrate Material：表示 PCB 的材料。

（7）Tracing Layers type：主要包含 Simple 和 Detailed 两类。

Simple：通过输入 PCB 内铜箔层的详细信息简化计算 PCB 的导热率。High Surface thickness：表示顶层的铜箔厚度（1 盎司=35.56 微米）；%coverage：表示铜箔的覆盖率；Low Surface thickness：表示底层的铜箔厚度；Internal layer thickness：表示内部铜箔的厚度（PCB 内部铜箔厚度不均，此处需要输入中间层厚的平均值），%coverage：输入中间层铜箔的平均百分比；Number of internal layers：表示中间层的铜箔层数；Trace Material：表示铜箔的材料。当输入上述参数后，单击面板下侧的 Update 按钮，则可以计算得出 Effective conductivity（plane）和 Effective conductivity（normal）的导热率，其中 Plane 表示 PCB 切向导热率，Normal 表示法向的导热率。

Detailed：在 Trace layer type 中选择 Detailed 后，可以分别输入 PCB 内不同铜箔的厚度以及铜箔的覆盖率，相比较而言，Detailed 计算的 PCB 导热率精度高于 Simple，如图 2-27 所示。

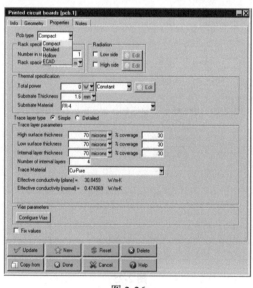 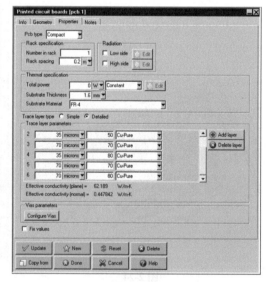

图 2-26　　　　　　　　　　　　　图 2-27

由于 PCB 是铜箔层和 FR-4 叠加起来的复合材料，其导热率会呈现出沿面板方向较大，沿法向方向较小的导热特性；PCB 的导热率会随着铜箔厚度及覆盖率的不同而变化；如果需要准确得到 PCB 的导热特性，必须将 EDA 输出的 PCB 铜箔信息（包括铜箔厚度及布局位置）及过孔的布局信息详细导入 PCB 中，经过 ANSYS Icepak 的相应算法，可以得到 PCB 各向异性，且局部区域均不相同的导热率。关于 EDA 布线的导入，在后续的章节会仔细讲解。

2.2.9 Plate 板

Plate 板是 ANSYS Icepak 经常使用的建模对象，主要用于建立薄壳板模型、导流板、设置接触热阻等。

Plate 板的几何参数设置对话框如图 2-28 所示。

- ✧ Shape：进行 Plate 的形状设置，包括方形、倾斜、多边形、圆形；
- ✧ Plane：所处的面（X-Y、X-Z、Y-Z）；
- ✧ Location: Specify by 是需要输入 Plate 的尺寸，可以通过 Start/end 或者 Start/length 来输入尺寸。

Plate 板的参数设置对话框如图 2-29 所示，包括多种换热类型，具体如下所述。

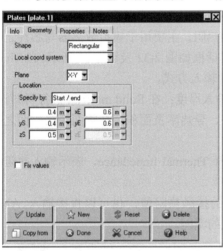

图 2-28

图 2-29

（1）Adiabatic thin：表示绝热薄板，无厚度，此 Plate 面无热量传递。

（2）Conducting thick：表示传导厚板，在 Thickness 中输入 Plate 板的厚度；Solid material：表示 Plate 板的材料；Total power：表示热耗信息，如果知道热耗与温度的关系式，可以选 Temp dependent 来输入；Side Specification 主要考虑 Plate 板的两个面参与辐射换热的设置，对于 Plate 板来说，其仅有两个面可以参与辐射换热计算，具体如图 2-30 所示。

（3）Conducting thin：表示传导薄壳模型，其与传导厚板的属性设置面板无区别，但在视图区域中，薄壳模型无真实厚度。对于厚度特别薄的壳体，如细长比小于 0.01 等，如果将其建成具有真实厚度的模型，那么在厚度方向将生成大量网格。为了减少计算量，ANSYS Icepak 开发了薄壳模型，即不对模型的厚度方向划分网格但是在计算时，ANSYS Icepak 会考虑 Effective thickness 所导致的热阻，如图 2-31 所示。

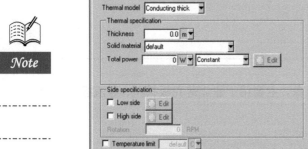
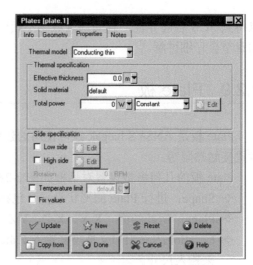

　　图 2-30　　　　　　　　　　　　　图 2-31

（4）Contact resistance：表示接触热阻，在 Thermal model 中单击下拉菜单，选择 Contact resistance 命令，即代表设置两个面之间的接触热阻，主要用于模拟散热器与芯片之间的导热硅脂、导热垫片等的接触热阻，参数设置对话框如图 2-32 及图 2-33 所示。在 Thermal specification 下，设定接触热阻主要有以下三种输入方式。

- ◇ 厚度和材料：在 Effective thickness 处输入厚度；在 Solid material 进行材料设置。ANSYS Icepak 会自动根据相应的厚度、导热率及面积，计算两个接触面之间的热阻值。
- ◇ 热阻抗：在 Additional resistance 中选择 Thermal impedance，表示输入热阻抗，可通过查询材料的说明书得到。
- ◇ 热阻值：如果可通过手动计算出相应的接触热阻值，也可以直接输入 ANSYS Icepak，软件会自动计算接触热阻导致的温差。

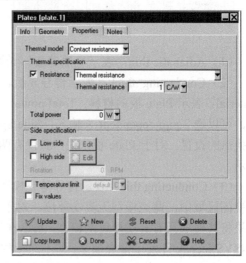

　　图 2-32　　　　　　　　　　　　　图 2-33

2.2.10 Enclosures 腔体

Enclosures 是一个腔体模型,内部充满空气,主要是由 6 个 Plate 面建立的模型,各个面可以设置为 Open 开口,表示自由开口边界;设置为 Thick 厚板,为热传导厚板;设置为 Thin 薄板,为热传导薄板,在视图区域中无真实厚度;在其编辑窗口的面板中,Geometry 主要是用来设置腔体的大小,如图 2-34 所示。

腔体模型的 Properties 设置对话框如图 2-35 所示,Surface material 表示腔体的表面材料;Solid material 表示腔体的固体材料;Thermal specification 下的 Boundary type 表示腔体各个面的边界类型;Thickness 表示 Thick 厚板与 Thin 薄板的厚度信息;Power 表示某个面的热耗数值。

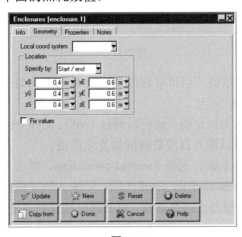
图 2-34

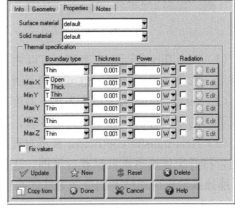
图 2-35

2.2.11 Wall 壳体

Wall 主要是用于模拟机箱、方舱等系统的外壳,只能被放置在计算区域的边界,即只能放置于 Cabinet 或者 Hollow block 的边界上。Wall 壳体内部的表面与计算区域内的流体相接触,而 Wall 外部的面则需要输入外壳与外界环境的换热边界,可以输入热流密度、恒定壁温、相应的对流换热系数。

Wall 壳体的几何参数设置对话框如图 2-36 所示,Wall 壳体的形状包含方形、多边形、圆形、倾斜、CAD 外壳;Plane 为所处的面,Location 为 Wall 本身的几何尺寸信息。

Wall 的 Properties 参数设置对话框主要包含三种类型的参数,如图 2-37 所示。

1. Stationary固定壳体

Wall thickness:外壳真实的厚度尺寸;如果继续选择 Effective thickness,视图区域中将不显示几何厚度,即传导薄壳 Wall;Solid material:实体的材料;External material:外壳外表面的面材料;Internal material:外壳内表面的面材料。

Wall 的 Properties 参数设置对话框主要包含三种换热边界条件,具体如下所述。

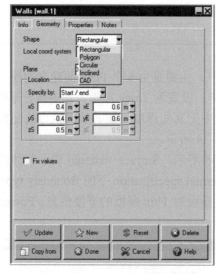

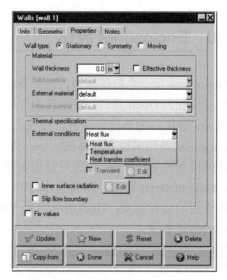

图 2-36　　　　　　　　　　　　　图 2-37

（1）Heat flux 表示热流密度。可以为一固定值，也可以通过 Profile 输入不均匀的热流密度。如果是瞬态计算，也可以输入瞬时热流密度。

（2）Temperature 表示壁面温度。温度可以为恒定值，也可以通过 Profile 文件分区域输入不同的温度数值。如果是瞬态计算，则可以输入温度随时间的变化曲线。

（3）Heat transfer coefficient 表示对流换热系数。选择 External conditions，单击 Edit 按钮，打开壳体换热系数设置对话框，选择 Heat transfer coeff 选项，可输入恒定换热系数。换热系数也可通过不同冷却方法的准则方程公式进行计算，或者通过经验数值输入，如图 2-38 所示。

另外，ANSYS Icepak 也可以计算 Wall 壳体的换热系数，选择换热系数 Constant 的下拉菜单，选择 Use correlation 选项，单击 Edit 按钮，在弹出的换热系数计算对话框中选择 Forced convection 选项，则代表计算强迫对流换热系数，如图 2-39 所示。其中 Fluid material 表示强迫对流的流体；Flow type 表示流体的流态；Flow direction 表示流体沿着外壳的流动方向；Free stream velocity 表示流体的流动速度。

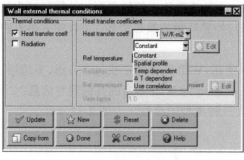

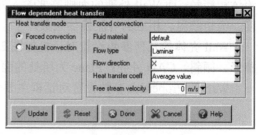

图 2-38　　　　　　　　　　　　　图 2-39

如果选择 Natural convection 选项，则出现计算自然对流换热系数设置对话框，如图 2-40 所示。Fluid material 为 Wall 外侧流体的材料属性；Ambient temperature 为 Wall 外侧的流体的温度；Surface 为与重力方向相比的放置方向；Gravity direction 表示重力方向。

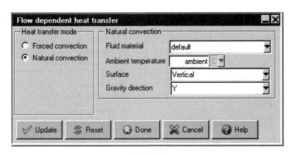

图 2-40

2．Symmetry对称壳体

对称的 Wall 壳体表示对称的两侧是相同的，两侧的变量没有梯度；由于是两侧对称的中间面，因此对称 Wall 壳体的表面有相应的速度，图 2-41 为对称壳体参数设置对话框。

3．Moving移动壳体

移动 Wall 壳体参数设置对话框如图 2-42 所示，从 A 点到 B 点，Wall 壳体具有一定的速度，可以输入相应的速度。第三类 Wall 壳体为移动的壁面，很少用于电子散热方面的模拟。与 Stationary 静止的 Wall 相比多了速度选项，需要设置移动壁面的速度。

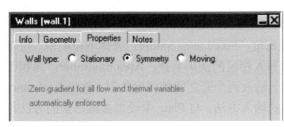

图 2-41

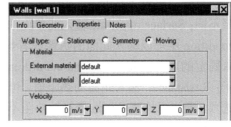

图 2-42

2.2.12　块（Block）

块是应用最为频繁的对象模块（包括自建模型或通过 CAD 接口导入 ANSYS Icepak），可用于建立所有的固体几何，其几何参数设置对话框如图 2-43 所示。Shape 包括方块、圆柱、多边形、椭圆柱、球体、CAD 体等；Location 用于输入块的尺寸信息，在 Shape 中选择不同的几何形状，Location 中输入的参数是不同的。

实体块性能参数设置对话框如图 2-44 所示，包括实体、中空、流体、网络（用于模拟热阻芯片）等四类块。

1．实体块

（1）实体块即代表三维实体模型。Surface material：实体块的表面材料处理，即面材料的输入；Radiation：是否参与辐射换热计算；Solid material：在此项中输入实体块本身的材料属性；Total power：实体块的热耗值；External conditions：外部的换热系数。

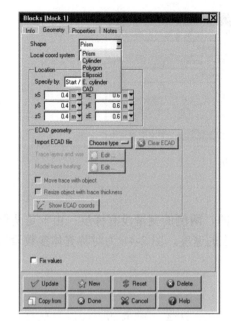
图 2-43

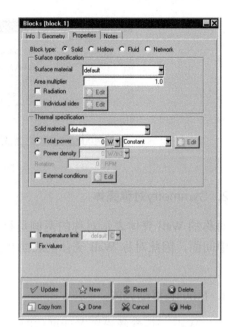
图 2-44

（2）Individual sides 单面设置，选择 Individual sides 选项，即可对块的单个面进行热参数设置，如图 2-45 所示。Block side：块的各个面，几何形状不同 Block side 单面的选择不同；Surface material：输入此单面的面材料；Thermal properties：选择此项，在 Thermal condition 中可以输入此面的热耗或者热流密度；Fixed temperature：选择下拉菜单，可输入固定的表面温度；External conditions：输入相应的换热系数；Area multiplier：面积因子；Resistance：输入此面的热阻值；可用于输入两个面之间的接触热阻；选择 Resistance 选项，通过下拉菜单可选择接触热阻不同的输入方法，与 Plate 中设置接触热阻的方法相同。Radiation properties：参与辐射换热的设置。

（3）如用 Solid 实体块来模拟热管，首先通过 ANSYS Icepak 的 CAD 接口将异形热管的形状导入，对热管创建新的材料，新材料的导热率设置为 20 000W/m·K。

2. 中空块（Hollow Block）

中空块主要用来构建异形或者不规则的计算区域，ANSYS Icepak 仅划分 Hollow Block 的边界面网格，其内部不参与网格划分，即不进行 CFD 计算，一定程度上减少了热模拟的计算量，其参数设置对话框如图 2-46 所示。

3. 流体块（Fluid Block）

流体块主要用于模拟水冷散热器或者用于模拟两种以上流体散热的工况。流体块的参数设置对话框如图 2-47 所示。使用流体块时，需要在 Fluid material 中选择输入流体的材料，如乙二醇、水等；Total power 表示流体块本身的热耗，通常不输入。

4. 网络热阻块

网络热阻块主要用于模拟双热阻或多热阻的 IC 芯片封装模型。

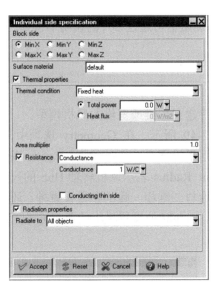

图 2-45

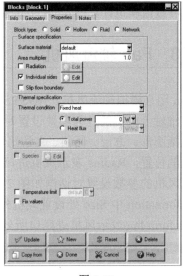

图 2-46

网络热阻块的参数设置对话框如图 2-48 所示。Network type 表示网络热阻的类型。一般来说，使用 Two resistor 双热阻芯片的情况比较多，其内部不划分网格，仅划分块的表面网格。Board side 表示此 IC 芯片与 PCB 接触的面（需要选择），R_{jc} 表示芯片 Die 结点到壳体的热阻，R_{jb} 表示芯片 Die 结点到 PCB 的热阻，Junction Power 表示芯片 Die 的热耗值；Thermal specification 下的 Surface material 表示面的材料。

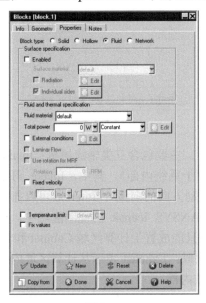

图 2-47

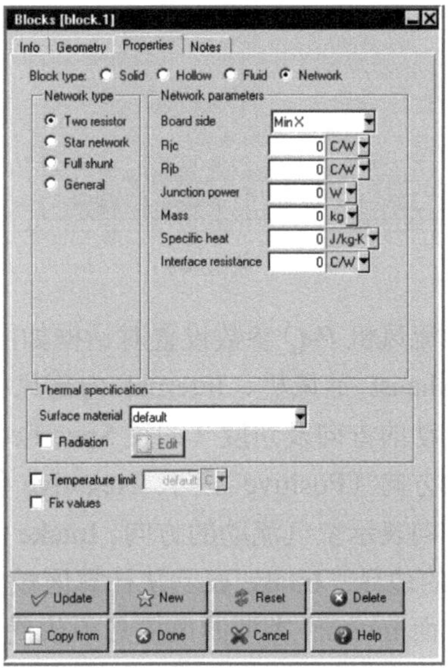

图 2-48

由于网络热阻块的 R_{jc}、R_{jb} 和块的某面相连接，因此两个网络热阻块的模型不能互相接触，网络热阻块也不允许和板的接触热阻相贴。如果确实需要设置芯片和其他模型（如散热器）的接触热阻，可以直接计算出接触热阻数值，然后将接触热阻与 R_{jc} 或者 R_{jb} 相加，最后将 R_{jc}、R_{jb} 的热阻数值赋予网络热阻块模型中。R_{jc}、R_{jb} 是芯片厂商对其芯片进行 JEDEC

测试或者数值模拟计算得到的，因此芯片的网络热阻值可通过芯片的说明书得到。

2.2.13　Fan 轴流风机

Fan 用来模拟轴流风机，ANSYS Icepak 支持建立二维或三维的风机模型。

二维轴流风机的几何参数设置对话框如图 2-49 所示。在 Geometry 选项中，Shape 形状包括圆形、方形、倾斜、多边形等，Plane 用于设置 Fan 所处的面，Center 表示风机中心点的位置，Radius 表示风机进风口半径，Int Radius 表示风机转轴 Hub 的尺寸。三维轴流风机的参数设置对话框如图 2-50 所示，除与二维相一致的参数设置外，还需要在 Case information 中 Size 处设置风机外壳的尺寸，Height 处设置风机的厚度（高度），Case location form fan 表示风机进风口所处的面。

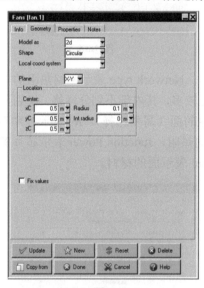
图 2-49

图 2-50

轴流风机 P-Q 参数设置对话框如图 2-51 所示。主要包含三类轴流风机：Intake 鼓风机、Exhaust 抽风机、Internal 内部风机（风机位于系统内部）。其中，Intake 可以指定风机流动的方向及角度（通过 Specified 来指定流动方向的向量）；Internal 可以指定内部风机的方向（Positive 正向、Negative 负向）；在 ANSYS Icepak 的视图区域中，风机的箭头方向表示空气流动的方向。Intake 和 Exhaust 只能放置于计算区域 Cabinet 和 Hollow Block 的边界；Intake 表示从计算区域外侧向内吹风；Exhaust 表示从计算区域内侧向外抽风；而 Internal 类型的风机必须放置于计算区域内部。

1. Fan flow面板

三类风机都可以输入风机的风量风压 P-Q 曲线，但是 Fixed 为固定流量选项，只适合于 Intake 和 Exhaust 风机。如果风机是 Internal 类型，那么在 Flow Type 中只能选择使用 Linear 或者 Non-linear 才能输入风机的 P-Q 曲线。Internal 内部风机具体的流量通过系统的阻力及风机的 P-Q 曲线计算，才能得到内部风机给系统提供的压力和流量，即风机的真实工作点。

（1）Linear：表示风机的线性 P-Q 曲线，在 Flow rate 中输入风压为 0 时，表示风机的最大流量；在 Head pressure 中输入风机风量为 0 时，表示风机的最大静压值；即使用线性的直线代替风机真实的 P-Q 曲线。

（2）Non-linear：表示风机非线性 P-Q 曲线，可以用以下三种方法对其进行编辑，如图 2-52 所示。通过 Graph editor 图表使用鼠标直接输入；通过 Text editor 编辑输入；通过 Load 直接加载编辑好的 P-Q 曲线（记事本的 txt 格式）。选择 Graph editor 选项，在调出的面板上多次单击、拖动风机 P-Q 线的点，可建立 P-Q 曲线。选择 Text editor 选项，在调出的曲线输入面板中依次输入 P-Q 线的各点，每行先输入风量，再输入风压，风量与风压之间用空格隔开，如图 2-53 所示。

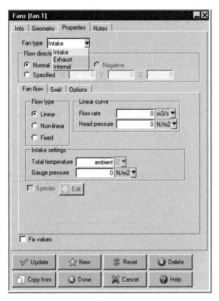

图 2-51

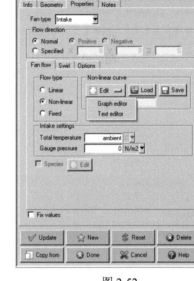

图 2-52

（3）Fixed：固定流量，可输入风机的体积流量和质量流量，如图 2-54 所示；固定流量仅仅适合于 Intake 和 Exhaust 风机，二类风机必须放置于 Cabinet 或者 Hollow block 的面上。

2．Swirl面板

风机不同的转速对应的 P-Q 曲线是不同的，如果输入了风机某一转速下的 P-Q 曲线，此处转速可以不再输入，如图 2-55 所示。

3．Options面板

Option 面板中 Hub power 表示风机转轴 Hub 的热耗；如果选择 Guard 选项，则可以输入风机进风口外侧或出风口外侧防护罩的开孔率，以模拟防护罩对系统阻力的影响，如图 2-56 所示。

另外，在 ANSYS Icepak 中，风机的 P-Q 曲线可随海拔的升高而变化；只需要选择模型树中的 Solution settings→Basic parameters→Advanced→Altitude effects→Altitude 命令，输入海拔的高度，选择 Update fan curve 选项，则 ANSYS Icepak 首先会将默认的环境条件换成高海拔的环境。另外，在计算中，会自动将风机的 P-Q 曲线更新为高海拔下的 P-Q 曲线。

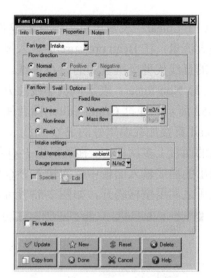

图 2-53   图 2-54

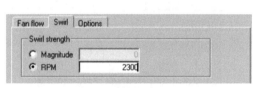

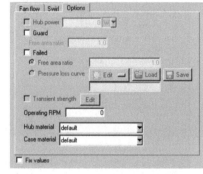

图 2-55   图 2-56

2.2.14　Blower 离心风机

Blower 是 ANSYS Icepak 提供的简化离心风机，其几何参数设置对话框如图 2-57 所示。ANSYS Icepak 提供的 Blower 属于简化的离心风机，因此不计算其内部流场，仅考虑离心风机对系统流场、温度场的影响，可在 Blower type 中选择不同的离心风机类型。

1．Type 1的单进口/双进口

在 Blow type 处可以选择离心风机类型，可以选择单进口或者双进口；Plane 表示离心风机所处的面；Center 表示第一类离心风机的中心点坐标位；Radius 表示离心风机外壳的半径；Inlet radius 表示风机进风口半径；Inlet hub radius 表示 Hub 转轴半径；Height 表示离心风机的厚度；Case location from blower 表示风机进风口所处的面。

第一类离心风机的性能参数设置对话框如图 2-58 所示，Blower flow 表示需要输入离心风机的 P-Q 曲线，与轴流风机的输入方法类似；Swirl 下 Fan blade angle 表示风机的叶片角度；RPM 表示风机叶片的转速；Blower power 表示离心风机 Hub 的热耗。

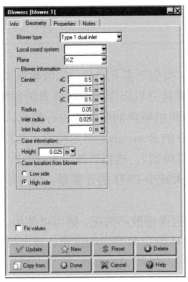
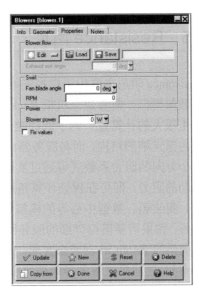

图 2-57　　　　　　　　　　　图 2-58

2．Type 2的单进口/双进口

如果选择 Type2，表示使用第二类离心风机，其几何参数设置对话框如图 2-59 所示。可通过修改 Location 的尺寸信息，设置离心风机整体的几何大小；通过 Inlet/outlet information 设置进出口的形状。

此类风机进出口方向垂直，通常其进口是圆形，需要在 Inlet shape 处选择圆形，在 Inlet side 处选择进口所处的面，在 Circular inlet 处设置风机进口的半径及 Hub 半径；Type 2 离心风机的出风口通常是方形，需要设置出风口的长宽尺寸、出风口所处离心风机相应的面以及出风口的偏移量。

第二类离心风机的性能参数设置对话框如图 2-60 所示，单击 Edit 按钮，输入风机的 $P\text{-}Q$ 曲线，可以通过 Plot 的 Graph editor 输入，也可以通过 Text editor 输入；Exhaust exit angle 表示出风口角度；Blower power 表示离心风机 Hub 的热耗。

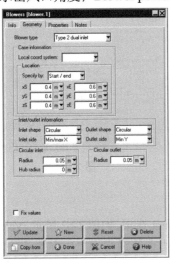
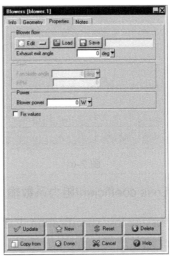

图 2-59　　　　　　　　　　　图 2-60

2.2.15 Resistance 阻尼

Resistance 阻尼主要用于模拟三维的阻尼模型，类似于多孔介质。如做数据中心、集装箱的散热模拟，需要建立机柜 Rack 的模型，如果建立机柜中所有服务器的详细模型，势必产生很大的计算量。为了解决类似问题，可以将机柜内的服务器进行简化，不考虑服务器内部详细的结构，而将服务器内部简化成 3D 的 Resistance 阻尼模型，在其属性中输入三个方向的阻力系数（可通过实验或 CFD 计算得到），模拟气流沿着 X、Y、Z 三个方向流动的阻力，即可在保证计算精度的同时，大大减少 CFD 的计算量，该方法可应用于方舱、集装箱、数据中心等的模拟计算。

另外，如果需要模拟详细的服务器模型或模块的详细散热情况，则可以使用 ANSYS Icepak 提供的 Zoom-in 功能来实现。当计算得到大环境空间的详细流场、温度场后，使用 Zoom-in 功能提取服务器或模块所在的空间区域，得到 Zoom-in 模型，然后在新的 Zoom-in 模型中对服务器或模块重新进行编辑，建立服务器详细的模型，划分网格，进行计算，即可得到服务器或模块内部详细的温度分布和流场分布。

Resistance 阻尼的几何参数设置对话框如图 2-61 所示。形状包含方体、圆柱、多边形；Location 主要是输入阻尼的详细几何信息。

Resistance 阻尼的性能参数设置对话框如图 2-62 所示。Resistance 阻尼压力损失的输入方法主要有两种：输入阻力系数 Loss coefficient 和输入阻力曲线 Loss curve。

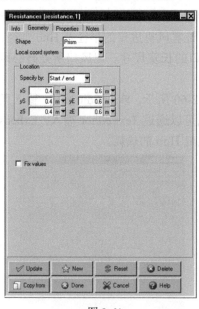

图 2-61

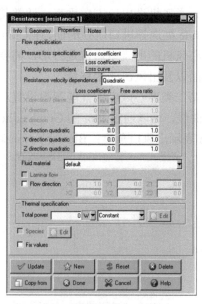

图 2-62

1. Loss coefficient 阻力系数输入

在 Pressure loss specification 中选择 Loss coefficient 选项，如图 2-63 所示。Velocity loss coefficient 通常选择 Approach 选项。任何系统的阻力曲线通常为二次方的函数关系，因此 Resistance velocity Dependence 通常选择 Linear quadratic 选项，即线性和二次方关系；

在 X、Y、Z direction 中分别输入三个方向线性的阻力系数 P_1。在 X、Y、Z direction quadratic 中输入三个方向二次方的阻力系数 P_2，在 Fluid material 中输入阻尼中流动的流体材料；Flow direction 指定流动的方向。在 Total power 中输入阻尼的热耗值。

2. Loss curve 阻力曲线

在 Pressure loss specification 中选择 Loss curve 阻力曲线，如图 2-64 所示。X、Y、Z direction-loss curve 表示不同方向的阻力曲线；通过单击 Edit 按钮来输入相应的阻力曲线；在 Fluid material 中输入阻尼流动的流体材料；Flow direction 指定流体流动的方向；在 Total power 中输入阻尼的热耗值。

得到阻尼的阻力曲线或阻力系数的方法有如下四种：

（1）将实际阻尼模型放置于风洞中，通过改变进口的不同风速，测试得到进出口的压力差，即得到压差与风速的关系（阻力曲线）。

（2）将建立的详细热分析模型放置于 ANSYS Icepak 的数值风洞中，通过风速的参数化计算，得到进出口压力差与风速的关系，即阻力曲线。

（3）参考产品说明书提供的阻力曲线。

（4）根据阻力系数的计算公式和产品的阻力曲线，可计算得到阻尼主要流动方向的阻力系数，而另外两个方向则可以输入 1000，表示流动阻力很大，流速很小。

图 2-63

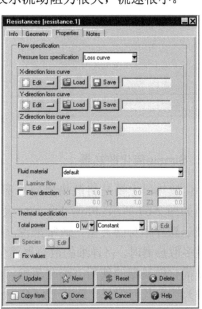

图 2-64

2.2.16 Heatsink 散热器

Heatsink 散热器是电子散热中最常见的器件，ANSYS Icepak 提供的散热器模块仅支持几何规则的散热器模型。如果使用的散热器几何形状比较复杂，建立热模型时只能通过 CAD 接口，将异形散热器导入 ANSYS Icepak 中，建立散热器模型。

在 ANSYS Icepak 中，通过自建模得到散热器模型，可以对其输入的几何变量进行参数化、优化计算；而通过 CAD 接口导入的异形散热器，则不可以对其进行参数化、优化计算。

散热器的几何参数设置对话框如图 2-65 所示。其中 Plane 表示散热器基板放置的平面；Specify by 中输入散热器基板的长度、宽度；Base height 中输入散热器基板的高度；Overall height 输入散热器整体的高度，即基板加上翅片的总高度；End height 表示散热器两端翅片的高度加上基板高度的数值。

散热器的性能参数设置对话框如图 2-66 所示，提供的散热器类型 Type 主要包含 Simple 和 Detailed 两大类。

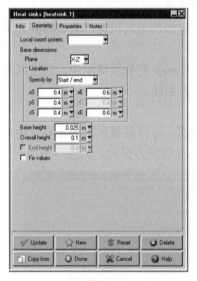

图 2-65

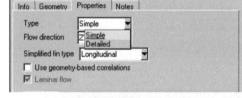

图 2-66

1. Simple 简化散热器

简化散热器主要是将散热器翅片部分用一个 3D 的阻尼来代替，其性能参数设置对话框如图 2-67 所示。Flow direction 表示翅片的方向，即气体流动的方向。Simplified fin type 表示翅片本身的类型。通常来说，在进行方舱、机柜等系统模拟时，尤其是系统中包含很多散热器时，将详细的散热器简化成 Simple 的散热器可大大减少 CFD 的计算量。Simple 简化散热器的使用方法有两种。

（1）输入几何信息。选择 Use Geometry-based correlations，在 Fin setup 中输入散热器真实的几何信息，比如翅片的数量、翅片厚度等；在 Flow/Thermal data 中输入翅片和基板相应的材料信息，对于散热器翅片上的微小槽道（可用于增大散热面积及破坏流动边界层），在 Fin area multiplier 中输入翅片的面积因子，即散热器翅片（槽道）的总面积与平板翅片的面积比值，如图 2-68 所示。ANSYS Icepak 可自动计算简化散热器的阻力曲线和热阻曲线。

（2）直接输入热阻及风阻曲线。如果不选择 Use Geometry-based correlations，如图 2-69 所示，则需要输入热阻曲线和流阻曲线。在 Flow/thermal data 选项卡下输入热阻曲线，选择 Curve 选项，可打开 Text editor 编辑面板，输入不同风速下散热器的热阻曲线；在

Flow material 中选择流体的材料，默认为空气，在 Base material 中输入基板的材料属性。

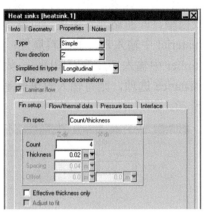
图 2-67

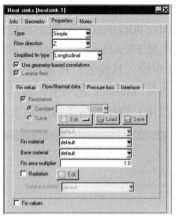
图 2-68

选择 Pressure loss 选项卡，如图 2-70 所示，可输入翅片部分的阻力系数或阻力曲线。选择 Loss coefficient 选项，则需要输入阻力系数，选择 Pressure drop curve 选项，则需要输入阻力曲线。

通常来说，使用简化散热器时，输入热阻曲线和阻力曲线的方法精确比较高，使用更加广泛。

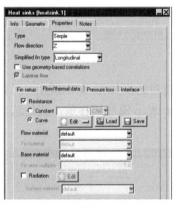
图 2-69

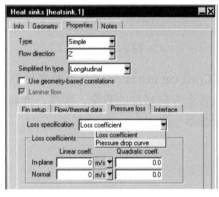
图 2-70

2. Detailed详细散热器

Detailed 详细散热器主要包括 Extruded 挤压型材散热器（翅片与基板位于一体）、焊接散热器 Bonded fin、叉翅散热器 Cross cut extrusion 及针状散热器 Cylindrical pin 四类。针对不同类型的散热器，其性能参数输入不同。不同散热器类型的选择如图 2-71 所示。Type 表示选择散热器的类型；Flow direction 表示翅片的方向；Detailed fin type 表示散热器翅片的类型。

（1）Extruded 挤压型材散热器的性能参数设

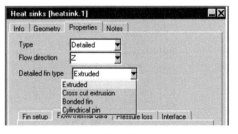
图 2-71

置对话框如图 2-72 所示。在 Fin spec 中选择输入翅片的变量；Count 表示翅片的数量、Thickness 表示翅片的厚度、Spacing 表示翅片的间隙、Offset 表示不同方向的偏移量。选择 Effective thickness only 表示将翅片简化成薄板模型，即忽略翅片厚度，可减少网格的数量。选择 Flow/thermal data 选项卡，在 Fin material 中输入翅片的材料属性；在 Base material 中输入基板的材料属性；在 Fin area multiplier 中输入翅片的面积因子，如图 2-73 所示。选择 Interface 选项卡，选择 Interface Resistance 选项，则可输入散热器基板与热源（如芯片）等接触面的接触热阻，如图 2-74 所示。

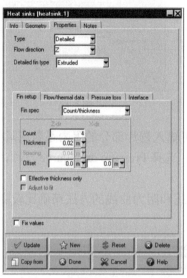

图 2-72　　　　　　　　　　　　图 2-73

（2）Cross cut extrusion 叉齿散热器性能参数设置对话框如图 2-75 所示。叉齿散热器需要输入各个方向翅片的数量、厚度、间隙；Offset 表示翅片偏移量，其他选项卡设置与挤压散热器一致。

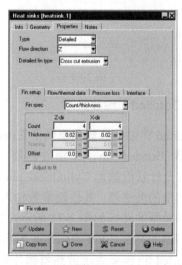

图 2-74　　　　　　　　　　　　图 2-75

（3）bonded fin 焊接散热器与型材挤压的区别在于焊接散热器的翅片与基板不是一体，因此需要设置焊接接触热阻，其性能参数设置对话框如图 2-76 所示，选择 Interface Resistance，并输入热阻值。

（4）Cylindrical pin 针状散热器几何参数设置对话框如图 2-77 所示。Pin alignment 表示翅片的排列方式；Pin count 表示各个方向翅片的数量；Pin type 处可选翅片的形状，圆柱或锥形；Pin radius 处可输入翅片的半径或者锥形的尺寸。

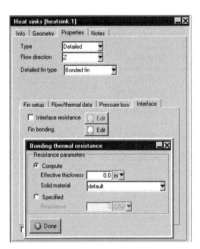

图 2-76

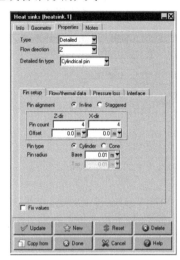

图 2-77

2.2.17　Package 芯片封装

随着 IC 封装工艺的改进，IC 封装的类型越来越多。在 ANSYS Icepak 中，可以模拟的封装主要有 DIP、SOP、QFP、QFN 及 BGA 等几种类型。

IC 封装是 ANSYS Icepak 电子散热模拟中应用广泛的对象模型，其放置于 PCB 上。芯片 Die 的热耗通过传导，将热量传导至管壳、Substrate 基板、焊球、PCB，然后通过对流和辐射换热的散热方式，与冷空气及其他器件进行换热，最终达到热平衡。

在 ANSYS Icepak 中模拟 IC 封装，主要有以下几种办法。

1．使用模型工具栏中的IC封装

单击自建模工具栏里的 IC 封装 按钮，创建 IC 封装模型。根据 ANSYS Icepak 内封装模型的设置对话框，输入封装各部分的详细信息，如图 2-78 所示。在 Package type 中选择封装的工艺类型，Package thickness 是 IC 封装的高度；Plane 表示封装所处的面；Location 表示封装本身的长、宽尺寸；Model Type 表示封装的类型，包含 Compact conduction mode（CCM）简化封装、Detailed packages 详细封装。其中简化封装通常用于进行系统级模拟计算，而 Detailed packages 详细封装主要是用于模拟 PCB 级、芯片封装级的热模拟计算。Model type 中包含的 Characterization JC/JB 用于计算芯片的结壳热阻 R_{jc}、结点到 PCB 的热阻 R_{jb}。Import ECAD file 表示导入 ECAD 文件；在 Choose type 中选择 EDA 软件输出的芯片模型，可以将 Cadence 等 EDA 设计的封装布线 Layout、过孔、金线等直接导入，以精确模拟封装的散热特性，单击 Schematic 按钮可以查看封装的信息。

选择 Substrate 选项卡，则显示芯片封装基板参数设置对话框，如图 2-79 所示。Substrate material 表示基板的材料；TOP、Bottom、1st、2nd layer coverage 表示顶层、底层、第 1、2 层的铜箔覆盖量。Trace material 表示铜箔材料；Trace thickness 表示每层铜箔厚度；Number of thermal vias 表示过孔的个数；Via diameter 表示过孔直径；Via plate thickness 表示过孔内铜箔的厚度，相应参数可以单击 Schematic 按钮查看示意图。

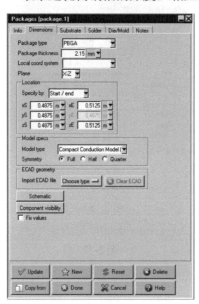
图 2-78

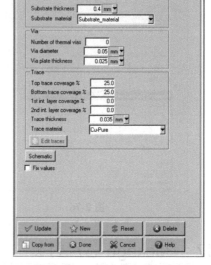
图 2-79

选择 Solder 选项卡，则显示芯片封装焊接球参数设置对话框，如图 2-80 所示。Central thermal balls 表示中间区域内的焊接球个数；Pitch 表示焊接球间隙；Ball diameter 表示焊接球直径；Ball height 表示焊接球高度；Ball material 表示焊接球材料；Ball shape 表示焊接球的形状，由于焊接球的形状不规则，因此将其进行等效简化，形状包含立方体、圆柱；Mask thickness 表示 Mask 的厚度，单击 Schematic 按钮得到相应的参数示意图。

选择 Die/Mold 选项卡，则显示芯片封装 Die/Mold 参数设置对话框，如图 2-81 所示。其中 Die 表示 IC 的结点，即硅片；Material 表示输入 Die 的材料；Size 表示芯片 Die 的尺寸；Thickness 表示芯片的厚度；Total power 表示芯片的热耗值；Die pad 的材料、尺寸、厚度以及 Die Attach 的材料及厚度，金线的材料、直径以及相应的长度，Mold 管壳的材料等信息，可以通过单击 Schematic 按钮得到相应的示意图。

2．导入EDA软件设计的IC芯片模型

创建 IC 芯片封装模型，在其几何参数设置对话框下单击 Choose type 按钮，选择相应的 IC 封装类型及文件，如图 2-82 所示。导入布线文件后，Icepak 软件会自动建立金线及布线等信息，如图 2-83 所示。

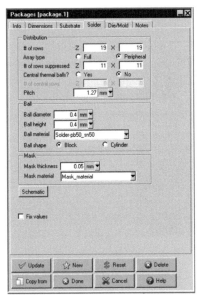
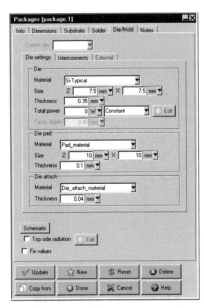

图 2-80　　　　　　　　　　　图 2-81

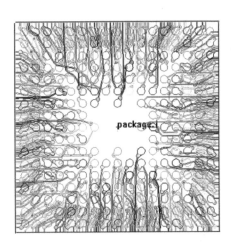

图 2-82　　　　　　　　　　　图 2-83

3．使用双热阻芯片模型

芯片 IC 封装的说明书通常会包含 Thermal 热参数，里面罗列了不同型号的热阻参数；根据 IC 的说明书，选择相应型号的 R_{jc}、R_{jb} 热阻参数；在 ANSYS Icepak 中，使用块来建立 Network 热阻芯片模型，选择块属性中的 Network，选择块的 Board side 面，即芯片与 PCB 的接触面，然后输入 R_{jc}、R_{jb} 双热阻参数，输入芯片 Die 的热耗，完成封装模型的建立。另外，在 ANSYS Icepak 中，对于瞬态模拟计算，可实时监控双热阻模型结温随时间的变化曲线，其对话框如图 2-84 所示。

图 2-84

2.2.18 Materials 材料创建

ANSYS Icepak 本身提供了丰富的材料库，如图 2-85 所示。包括电子散热中常见的流体材料、固体材料、表面材料等，以及电子行业常用的风机库、散热器库、芯片库等；同时 ANSYS Icepak 支持用户建立用户自定义库。

如果所使用的材料在 ANSYS Icepak 的库里没有，则可以创建新的材料属性，建立自用的材料库。ANSYS Icepak 允许用户创建流体、固体、表面材料等。

创建新材料的方法为直接单击创建新材料 按钮，弹出材料创建参数设置对话框。选择 Info 选项卡，如图 2-86 所示，在 Name 处可输入新建材料的名称。

图 2-85

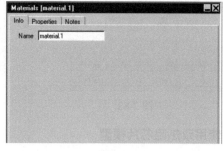

图 2-86

选择 Properties 选项卡，则可以进行材料参数设置，材料类型包括 Solid 固体材料、Surface 表面材料及 Fluid 流体材料。当选择 Solid 时，则界面如图 2-87 所示。

Density 表示固体材料的密度；Specific heat 表示材料的热容，单击 Edit 按钮，可通过不同方式输入材料热容与温度的关系；Conductivity 表示导热率，单击 Edit 按钮，可通过不同方式输入材料导热率与温度的关系；Conductivity type 表示导热率的类型，包含各向同性、各向异性导热率等类型。

当选择 Surface 时，则界面如图 2-88 所示。主要输入表面的粗糙度 Roughness，以及 Emissivity 模型表面的发射率。

图 2-87　　　　　　　　　　　　　　图 2-88

当选择 Fluid 时，则界面如图 2-89 所示。Vol. expansion 表示流体的体积膨胀率；Viscosity 表示流体的动力黏度；Density 表示流体的密度；Specific heat 表示流体的热容；Conductivity 表示流体的导热率；Diffusivity 表示流体扩散率，主要反映分子布朗运动的特性，Molecular Weight 表示流体分子量。

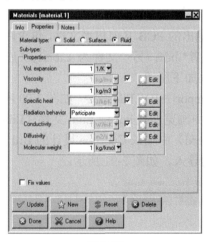

图 2-89

2.3　导入模型

2.3.1　导入 CAD 模型

在建立 ANSYS Icepak 电子热仿真模型时，除了使用 ANSYS Icepak 提供的自建模工具外，还可以通过 ANSYS WB 平台下的 Design Molder（DM）或者 ANSYS SCDM（SC）将 CAD 模型导入 ANSYS Icepak。目前，ANSYS Icepak 标准的 CAD 接口为 Design Molder（DM）或者 ANSYS SCDM（SC），在进行 CAD 模型导入时，需要进行以下操作。

（1）CAD 的几何模型必须"干净"，即删除螺钉、螺母、小特征倒角等不影响散热的几何特征；另外，对于规则的复合体，最好通过切割的命令，将其分割成 ANSYS Icepak 认可的多个几何体；对于异形的几何体，直接导入 ANSYS Icepak 即可。

（2）推荐在 ANSYS Workbench 平台下进行 CAD 模型的导入，处理完成后才可以导入到 Icepak 内。

2.3.2 导入 EDA 模型

ANSYS Icepak 作为一款专业的电子热分析软件，与常用的 EDA 软件，如 Cadence、Mentor、Zuken 等有良好的接口。ANSYS Icepak 可以将 EDA 软件输出的 PCB 几何模型 IDF 文件导入（EDA 软件设计的 PCB 视图是二维的，但是 EDA 中包含库信息，因此输出的 IDF 文件包含 PCB 的尺寸及各元器件的尺寸信息）。EDA 输出的 IDF 文件中包含的模型比较多，诸如电阻、电容等，建议先在 EDA 中做局部简化，删除尺寸较小、热耗较小的元器件，只保留对流场有影响、热耗较大的元器件。另外，ANSYS Icepak 在导入 IDF 模型的过程中，可以对小特征模型做"过滤"，忽略小尺寸的元器件。

1．EDA-IDF几何模型导入

IDF 文件是 EDA 软件输出的 PCB 几何模型文件，包含两个文件，一个是 Board（板）文件，文件后缀是*.emn 或者*.bdf；另一文件为 Library（库）文件，文件后缀是*.Emp 或*.Ldf。其具体的导入过程如下所述。

（1）执行主菜单 File→Import→IDF File 命令，如图 2-90 所示，则可以打开 IDF import 设置对话框，在 Board file 中浏览加载 bdf 或 Emn 文件（Library file-Ldf 或 Emp 会自动读入），可以在 Trace file（.brd）中输入 Cadence 设计的 Brd 布线过孔文件；也可以导入模型后，再进行布线文件的导入，如图 2-91 所示。

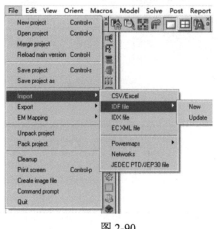

图 2-90

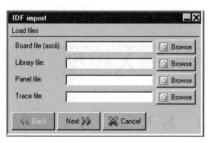

图 2-91

单击 Next 按钮，进行 IDF 文件选择，选择相应目录下的*.emn 文件，如图 2-92 所示，选择文件加载后如图 2-93 所示。

图 2-92

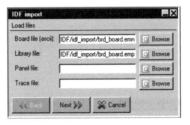
图 2-93

（2）单击 Next 按钮，则弹出如图 2-94 所示的 Layout option 参数设置对话框，可以选择 PCB 所处的面、PCB 形状，最小尺寸设定等。

（3）单击 Next 按钮，则弹出如图 2-95 所示的 Components filters 参数设置对话框，可对 PCB 的模型进行过滤，在 Size filter 中输入尺寸，可将小于此尺寸的元器件忽略；选择 Power filter，可将小于此热耗的元器件忽略。选择 Filter by component type，其中 Import all components 表示导入所有器件；Import selected components 表示导入选择的元器件，单击 Choose 按钮可以选择需要导入的元器件。

图 2-94

图 2-95

（4）单击 Choose 按钮，出现如 Component selection 器件选择面板（见图 2-96），在 Available components 中选择需要导入的元器件，单击 Add 按钮，Selected components 中将出现选择的器件名称，单击 Apply 按钮。

（5）单击 Next 按钮，选择 Model all components as 选项，默认将所有器件热源的类型设置为 3d blocks，即芯片热源均为三维块；Cutoff height for modeling components as 3d blocks 中默认为 IDF 文件内器件的最大高度；这两个输入参数通常不修改。

（6）在图 2-97 中，如果单击选择 Choose specific component model，可通过相应的设置指定 PCB 不同器件为不同的 ANSYS Icepak 类型。Load data from file 处可以将热源的名字、热耗、热阻编写为 txt 文本，通过 Browse 加载，ANSYS Icepak 可自动将热耗、热阻输入；Cutoff filter 表示可以"忽略"小于此数值的元器件（可选热流密度、热耗、最小尺寸）；View selected components 表示查看选择的器件；选择 Specify values for individual component types 表示选择不同的器件，然后指定器件的类型，热耗；如果选择热阻模型，可输入 R_{jc}、R_{jb}、Power 等；另外 Library path 表示浏览查找器件库的目录；Search 将库中的信息与同名称的器件进行匹配输入；单击 Apply 按钮保存。

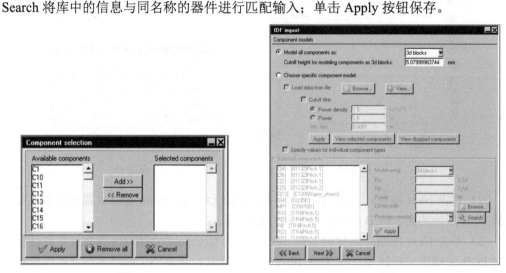

图 2-96　　　　　　　　　　　　　　　图 2-97

（7）单击 Next 按钮，则弹出如图 2-98 所示的参数设置对话框。Naming conventions 主要是对器件进行命名；Monitor points 可对不同的器件设置监控点；Points report 生成监控点的报告；选择 Purge Inactive Objects 可将导入过程中忽略的器件放置于 ANSYS Icepak 的 Inactive 模型树下。单击 Finish 按钮完成导入过程，导入 IDF 文件后的模型如图 2-99 所示，在 ANSYS Icepak 图框中出现导入的电路板和器件模型。

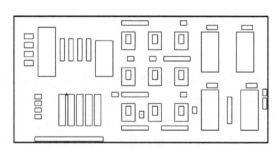

图 2-98　　　　　　　　　　　　　　　图 2-99

2. EDA电路布线过孔导入

由于 PCB 是由 FR-4 和铜箔层组成的复合材料，根据铜箔布置位置的不同及过孔布局的不同，会导致整个 PCB 呈现出局部区域各向异性的导热率，因此进行 PCB 级热分析时，建议导入 EDA 设计的 PCB 布线和过孔信息，以便正确反映 PCB 的导热率。

ANSYS Icepak 导入 PCB 布线过孔的步骤如下。

（1）首先建立 PCB 几何模型。

（2）在模型树下双击 PCB 几何模型，打开其几何参数设置对话框，如图 2-100 所示。单击 Import ECAD File 处的 Choose Type 按钮，选择不同 ECAD 软件输出的布线文件，单击 Accept 按钮完成布线过孔的导入。导入的布线过孔不参与 Icepak 的网格划分，ANSYS Icepak 用其独特的计算方法，计算得到 PCB 的各向异性导热率。在 Board layer and via information 设置对话框（如图 2-101 所示）中，Layers 表示布线的信息，其中 M 表示铜箔层的信息；Thickness 表示铜箔或 FR-4 的厚度；Vias 表示过孔的信息；Name 表示过孔名称；Plating thick 表示过孔内铜箔的厚度；Diameter 表示过孔的直径；From layer/To layer 表示过孔连接的层。

图 2-100

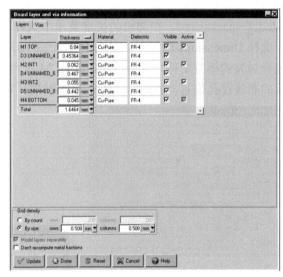
图 2-101

（3）选择 Vias 选项卡，则可以查看详细的材料、厚度等参数，如图 2-102 所示。

（4）布线层导入完成的示意图如图 2-103 所示。

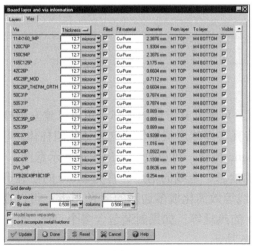
图 2-102

图 2-103

ANSYS Icepak 可以将 PCB 实际的导热率计算出来,大大提高了 PCB 级热模拟或系统机箱热模拟的精度。ANSYS Icepak 导入 PCB 布线后,还可以进行 PCB 内某层铜箔的焦耳热计算。

3. EDA 封装芯片模型导入

除了导入布线过孔的文件外,ANSYS Icepak 也可以导入 EDA 软件设计的封装文件。ANSYS Icepak 可以自动建立详细的金线、Die、焊球、Substrate 基板布线等详细信息,得到芯片封装的详细热模型。

Icepak 导入封装 EDA 模型的过程如下所述。

(1)单击自建模工具栏中 (packages)按钮,创建芯片封装模型;右击左侧模型树 Model→packages.1,在弹出的快捷菜单中执行 Edit 命令,弹出如图 2-104 所示的对话框。选择 Dimensions 选项卡,单击 Import ECAD file 后的 Choose Type 按钮,在下拉框里选择封装的模型文件,如导入 SIP、MCM 文件,ANSYS Icepak 会自动跳出 Package 基板的布线过孔信息,其中,Layers 表示铜箔、Vias 表示过孔信息,如图 2-105 所示。

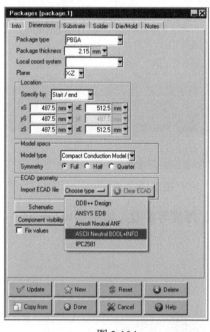

图 2-104

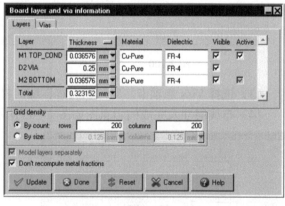

图 2-105

(2)选择 Solder 选项卡,可修改焊球形状,可建立立方体的焊球,也可以建立圆柱体的焊球,ANSYS Icepak 软件使用等效方法将真实焊球形状简化成立方体或圆柱体。可进行焊球直径及高度等参数设置。单击 Schematic 按钮,可以查看相应的形状示意图。

(3)选择 Die/Mold 选项卡,可看到 Die 的信息、金线的信息、管壳 Mold 的信息情况。ANSYS Icepak 会自动将芯片封装中的金线等效简化成多边形的薄壳 Plate;可以查看修改 Die 的长、宽、高信息,可以输入 Die 的热耗等;如果封装包含多个 Die,也可以对多个 Die 的信息进行编辑修改,如图 2-106 所示。

(4)导入布线过孔的芯片封装,经过 ANSYS Icepak 热仿真后,可以得到 IC 封装详细的热分布，如金线的温度分布、Die 的温度分布，即芯片 IC 的结温，基板的导热率等，如图 2-107 所示。

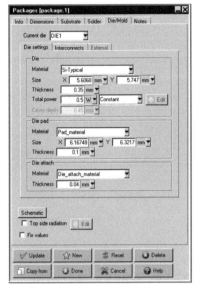

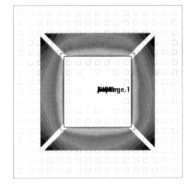

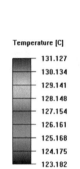

图 2-106　　　　　　　　　　　图 2-107

2.4　本章小结

本章详细讲解了 ANSYS Icepak 建模的三种方式，ANSYS Icepak 自建模、CAD 模型导入 ANSYS Icepak 及 EDA 模型导入 ANSYS Icepak，重点对计算域、装配体、热源、电路板、风机及封装芯片等对象建模工具栏进行了详细的介绍，对每种建模方式中的各种参数的选择、输入等做了详细的讲解。建模是 ANSYS Icepak 进行热分析模拟的第一步，也是很关键的一步，因此需要读者掌握 ANSYS Icepak 各类对象模型的参数输入及设置。目前对电子产品进行热模拟分析建模，通常将三种方式结合使用，以便建立真实的电子热仿真模型。

第3章

网格划分详解

本章重点介绍 ANSYS Icepak 网格划分，讲解 ANSYS Icepak 的三种网格类型（非结构化网格、Mesher-HD 网格、结构化网格）。讲解网格控制面板、网格检查面板、网格质量面板，以及如何衡量网格质量的好坏；讲解 ANSYS Icepak 划分网格的优先级；讲解如何对 ANSYS Icepak 的热模型划分非连续性网格；讲解如何划分 Mesher-HD 网格及多级网格，最后重点讲解 ANSYS Icepak 网格划分的原则与技巧。

学习目标

- 掌握 ANSYS Icepak 网格划分控制设置；
- 掌握 ANSYS Icepak 网格的检查及相应的质量标准；
- 掌握 ANSYS Icepak 不同对象类型之间划分网格的优先级；
- 掌握 ANSYS Icepak 非连续性网格的处理方式；
- 掌握 ANSYS Icepak 多级网格的处理方式；
- 掌握 ANSYS Icepak 网格划分的原则与技巧。

3.1 网格控制

对创建的几何模型进行网格划分是 ANSYS Icepak 热仿真的第二步，网格质量的好坏直接决定了求解计算的精度及是否可以收敛。由于实际几何模型的结构复杂，使用常规理论的解析方法得不到真实问题的解析解，因此需要对热仿真几何模型及所有的计算空间进行网格划分处理。一方面 ANSYS Icepak 将建立的三维热分析几何模型进行网格划分，得到与模型本身几何贴体的网格；另一方面 ANSYS Icepak 会将计算区域内的流体空间进行网格划分，以便计算电子产品内部流体的流动特性及温度分布。

优质的网格可以保证计算的精度，ANSYS Icepak 提供非结构化网格、结构化网格、Mesher-HD 网格（六面体占优网格）三种网格类型，同时提供非连续性网格、Mesher-HD 专属的多级网格处理方式，三种网格类型均可以进行局部加密。在 ANSYS Icepak 中，通常对模型进行混合网格划分，即局部区域使用不同的网格类型。

优秀的网格表现在以下几个方面：

（1）划分的网格必须将模型本身的几何形状描述出来，以保证模型不失真。

（2）可以对固体壁面附近的网格进行局部加密，因为任何变量在固体壁面附近的梯度比较大，壁面附近网格由密到疏，才可以将不同变量的梯度进行合理捕捉，网格的各个质量满足 ANSYS Icepak 的要求。

通过单击快捷工具栏中网格划分的图标，可以打开网格控制面板，另外，通过执行主菜单 Model→generate mesh 命令，也可以打开网格划分设置对话框，如图 3-1 所示。

3.1.1 ANSYS Icepak 网格类型及控制

ANSYS Icepak 提供三类网格，包括 Mesher-HD、Hexa Unstructured、Hexa Cartesian，如图 3-2 所示。Num elements 表示划分的网格个数；Num nodes 表示划分的网格结点；Load 表示加载已经生成的网格；Generate 表示对模型进行网格划分；通过 Mesh type 的下拉菜单，选择合适的背景网格类型；Mesh units 表示网格尺寸的单位。

（1）Mesher-HD：六面体占优网格。可以对 ANSYS Icepak 的原始几何体及导入的异形 CAD 几何体划分网格；如果选择 Mesher-HD，则在网格控制面板下会出现 Multi-Level 多级网格的选项；如果模型中包含了异形 CAD 几何体，则必须使用 Mesher-HD 对其进行划分；Mesher-HD 网格包含六面体网格、四面体网格及多面体网格。

（2）Hexa Unstructured：非结构化网格。非结构化网格全部为六面体网格，且网格不垂直相交，适合对所有的 ANSYS Icepak 原始几何体（立方体、圆柱、多边形等）进行网格划分；非结构化网格可以对规则的几何体进行贴体划分；非结构化网格可以使用 O-gird 网格对具有圆弧特征的几何体进行贴体的网格划分，因此非结构化网格在 ANSYS Icepak 电子热模拟中应用得非常广泛。

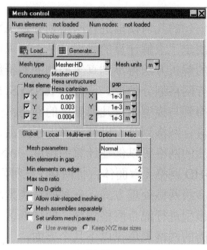

图 3-1　　　　　　　　　　　　　　图 3-2

（3）Hexa Cartesian：结构化网格。结构化网格为六面体网格，所有的网格均垂直正交，三维的实体网格可以使用 I、J、K（1、2、3…）来对 X、Y、Z 三个方向上的网格进行标注。由于结构化网格在模型的弧线边界会出现 stair - stepped 阶梯状网格，因此结构化网格只适合对类似于方体的几何模型进行贴体划分，而对具有弧线、斜面特征的几何模型不能保持其本身的形状，因此适用性很窄，在 ANSYS Icepak 中应用较少。由于其均为正交的网格，因此一般情况下，结构化网格的质量比较好。

（4）Max element size X、Y、Z：表示背景区域内 X、Y、Z 三个方向上的最大网格尺寸。建议三个方向上的数值各自为计算区域 Cabinet 三个对应方向尺寸的 1/20，当然对于计算大空间散热模拟或自然对流模拟，可以相对小一些，可以设置为 Cabinet 计算区域的 1/40。

注意：当模型进行第一次网格划分时，单击划分网格的图标，ANSYS Icepak 会自动将 Max element size X、Y、Z 设置为计算区域的 1/20。修改了模型的计算区域，再次进行网格划分时，三个方向上的最大网格尺寸仍然与前一次相同，此时需要手动修改三个方向上的最大网格尺寸，相应的尺寸为计算区域 Cabinet 的 1/20。

（5）Minimum gap：表示最小间隙尺寸。如果两个面之间的尺寸小于此数值，相应的间隙将被自动删除。另外，如果模型中有小于此尺寸的几何模型，则相应的几何模型将被删除。

3.1.2　Hexa Unstructured 网格控制

选择不同的网格类型，网格控制面板内的设置是不同的。当选择 Mesh type 为 Hexa Unstructured 和 Hexa Cartesian 时，网格控制面板的设置如图 3-3 所示。

1. Global面板的整体设置

（1）Mesh Parameters：包含 Normal/Coarse，即细化网格/粗糙网格，其区别为 Min elements in gap/Min elements on edge/Max size ratio 中设置的参数不同；Normal 推荐 3、2、2，而 Coarse 推荐 2、1、10。

（2）Min elements in Gap：表示在空隙中的最少网格个数。此数值不应该超过 3；对于系统级的散热模拟，推荐设置此值为 2。

（3）Min elements on edge：表示模型中各条边上的最小网格数，推荐设置此值为 1 或 2。

（4）Max size ratio：表示网格增长的比率。此值越大，表示网格尺寸增大越快，网格数目少；反之，网格越细化，网格数目较多。

（5）No O-grids：表示不划分 O 形网格，一般不选择。如果模型中包含圆形几何，则尽量使用 O 形网格来划分，这样可以保证网格比较贴体。若不选择此选项，ANSYS Icepak 则默认划分 O 形网格。

（6）Mesh assemblies separately：表示划分非连续性网格。

2. Local面板的局部细化设置

局部细化设置主要针对模型本身的几何特征进行网格设置，如设置某面的网格个数、网格的初始高度、网格向内/向外的增长比例等。

单击网格控制面板下的 Local，然后选择 Object params 选项，可以对模型的网格进行细化设置，如图 3-4 所示。在 Per object meshing parameters 设置对话框中，左边区域包含所有的模型对象，右边区域表示对不同对象进行加密的输入面板。此方法可以同时对多个同类模型对象进行参数设置，可以单击"Ctrl+左键"，选择同类模型对象。也可以单击第一个模型，然后按住 Shift 键，同时选择最后一个模型，以及选择右侧的 Use per-object parameters 选项，对模型的网格输入同样的细化设置。可选择激活需要加密的选项，在 Requested 中输入细化的数值，单击 Done 按钮完成细化设置。如果已经对模型划分了相应的网格，则在 Actual 栏中将会显示划分的网格个数。单击网格划分的 Generate 按钮，ANSYS Icepak 将使用新的设置划分网格。

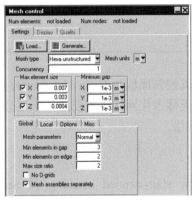

图 3-3

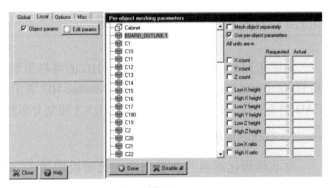

图 3-4

3．Options面板的设置

（1）Min elements on cyl face：表示 1/4 圆柱面上的最少网格数，默认为 4 个。

（2）Min elements on tri face：表示棱柱、多边形几何体最长斜面上划分的最少网格数，默认为 4。

（3）Max O-grid height：表示 O 形网格的最大高度，如果设置为 0，则表示允许自动划分 O 形网格的最大高度；修改此数值，可缩放 O 形网格高度，如图 3-5 所示。

（4）Init element height：表示固体壁面边界上网格的初始高度，建议不要选择使用，如果设置的尺寸不合适，则会导致出现大量的网格数目。

（5）No group O-grids：如果勾选，表示不划分 O 形网格。

（6）Max elements：表示 ANSYS Icepak 允许划分的最大网格数量，默认为 1000 万，如果热模型比较大，则可以手动修改最大的网格数量。

4．Misc面板的设置

建议选择 Allow minimum gap changes。ANSYS Icepak 会自动寻找最小尺寸的几何体或最小间隙；最小特征的 1/10 将被自动设置为 Minimum gap，如图 3-6 所示。

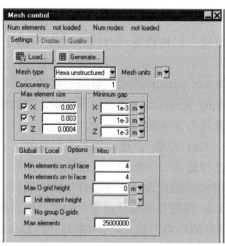

图 3-5

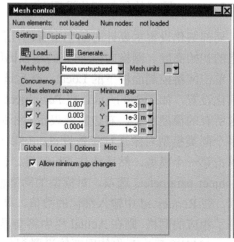

图 3-6

3.1.3 Mesher-HD 网格控制

如果在 Mesh type 中选择 Mesher-HD 的网格类型，其控制面板与 Hexa Unstructured 和 Hexa Cartesian 的面板有所不同。Mesher-HD 表示六面体占优网格，主要适用于划分 CAD 类型的模型，并且只有 Mesher-HD 才能划分多级网格。

1．Global面板

与非结构化网格的面板相比，此面板增加了 Allow stair-stepped meshing 和 Set uniform mesh params 的选项，如图 3-7 所示。

（1）Allow stair-stepped meshing：表示对模型划分阶梯网格，此功能忽略了

Mesher-HD 中的四面体等非正交网格，要求所有划分的网格均垂直正交（不推荐使用，因为阶梯状网格不能对几何模型贴体）。

（2）Set uniform mesh params：表示对器件几何模型使用均匀化的网格参数设置，此选项可以提高模型的网格质量，同时减少网格数量。建议选择 Set uniform mesh params。

2. Multi-Level面板

选择 Allow multi-level meshing 选项，表示对几何模型使用 Mesher-HD 的多级网格进行划分；Max levels 表示多级网格的级别，默认为 2；通过单击 Edit levels 按钮，可对不同的模型设置不同的级数；默认选择 Proximity size function 和 Curvature size function 选项，最大限度地保证网格对模型的贴体性，如图 3-8 所示。

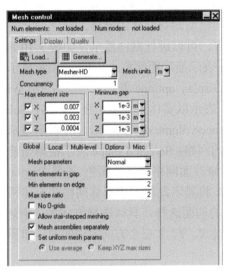

图 3-7　　　　　　　　　　　　图 3-8

3. Misc面板

Misc 面板增加了三个选项。如果模型中有异形 CAD 实体、薄壳、Package 等，那么在使用 Mesher-HD 的多级网格时，建议选择这三个选项，如图 3-9 所示。

（1）Enforce 3D cut cell meshing for all objects：选择此选项，ANSYS Icepak 将忽略 Local 中对模型进行的细化设置，全部使用 Cut-cell 多级网格来对模型进行网格划分。

（2）Optimize mesh in thickness direction for package and PCB geometries：选择此选项，ANSYS Icepak 将在 PCB 和 Package 基板区域的每层放置一个网格，此区域仅仅进行导热计算，主要用于控制 PCB 和 Package 厚度方向上的网格数，因此在一定程度上可减少网格的数量。

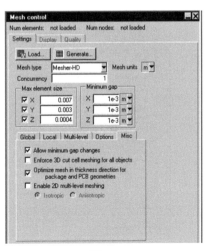

图 3-9

(3) Enable 2D multi-level meshing：表示对二维多边形面或 CAD 异形体进行多级网格划分。

3.2 网格显示

对 ANSYS Icepak 中的模型划分相应的网格后，可以单击网格控制面板中的 Display 按钮，通过不同方式来查看划分的网格，确保模型均能被划分，以及划分的网格能够捕捉模型的几何特征。另外，如果模型中部分几何模型没有被划分，那么在 ANSYS Icepak 的 Message 窗口中将会出现警告，提示某些几何模型没有网格划分成功。通过查找网格的优先级或调整模型网格尺寸的大小，确保任何模型均有贴体的网格。

选择网格控制面板中的 Display mesh 选项卡，可以进行网格显示，如图 3-10 所示。Display attributes 表示网格显示的类别：Surface 表示显示面网格；Volume 表示显示体网格；Cut plane 表示显示计算区域的切面网格。Display options 表示显示的方式：Wire 表示以线的形式显示表面网格；Solid fill（object）表示以实体形式显示表面网格；Solid fill（plane）表示以实体形式显示切面网格。在 Surface/volume options 下，All 表示显示所有模型的网格；Selected object 表示显示选中模型的网格；Selected shape 表示根据当前选中器件的形状来显示网格。Surface mesh color 表示修改面网格显示的颜色。选择 Display-Cut plane 选项可以显示切面的网格，ANSYS Icepak 将显示此切面的固体网格和流体网格。选择 Set position 的下拉菜单，可进行不同方式的切面选择，具体选择方式如下所述。

（1）X、Y、Z plane through center：表示切过 X、Y、Z 三个方向的中间面，如图 3-11 所示。

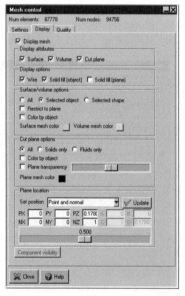

图 3-10

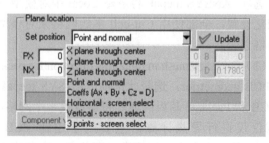

图 3-11

（2）Point and normal：表示输入一个点和垂直此面的法向向量可以确定一个平面。

其中,PX、PY、PZ 表示点的具体坐标,而 NX、NY、NZ 表示垂直面的法向向量。比如,NX、NY 为 0,NZ 为 1,表示定义了一个 Z 轴的向量,相应的面为 X-Y 面,如图 3-12 所示。

(3) Coeffs(Ax＋By+Cz= D):表示输入 A、B、C、D 的系数,以确定相应的面,如图 3-13 所示。

(4) Horizontal-screen select:表示使用鼠标左键,单击选择视图区域中水平的某个面。

(5) Vertical-screen select:表示使用鼠标左键,单击选择视图区域中垂直的某个面。

(6) 3 points-screen select:表示使用鼠标,选择视图区域中任意三个点,以确定相应的面;选择点时,先选择一个点,按中键,然后可以继续单击另一个点,直到完成三个点的选择,最终得到相应的切面。

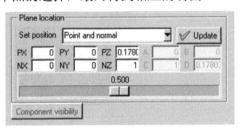
图 3-12

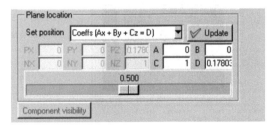
图 3-13

3.3　网格质量检查

ANSYS Icepak 有检查网格质量好坏的标准,如面的对齐率 Face alignment、网格的扭曲比 Quality、网格体积值 Volume、网格的偏斜度 Skewness 等。划分完网格后,首先应通过网格的显示面板检查网格是否能够贴体保形,其次使用 ANSYS Icepak 提供的检查网格标准来进行网格质量的判断。

单击网格控制面板的 Quality,出现网格质量检查面板,单击不同的标准,可进行网格质量的检查,如图 3-14 所示。

(1) 面的对齐率 Face alignment:面的对齐率数值为 0~1,当 Face alignment 小于 0.15 时,表示网格质量较差,因此 Face alignment 必须大于 0.05。

(2) 扭曲比 Quality:网格的扭曲比必须大于 0,Quality 大于 0.01 的网格质量是比较好的。网格的扭曲比不适合衡量 Mesher-HD 的网格质量,即如果选择了 Mesher-HD 网格类型,则可以不检查 Quality 的网格质量。

(3) 网格体积值 Volume:网格体积值为模型中划分网格的体积。如果网格的最小体积大于 1e-13,则可以使用单精度进行计算;如果网格的最小体积是 1e-15 或更小,则必须使用双精度来进行计算。

(4) 网格的偏斜度 Skewness:Skewness 主要用来衡量划分的网格与理想网格的接近程度,Skewness 的数值应该大于 0.02,其只适合衡量 Mesher-HD 网格的质量,即如果选择了结构化和非结构化网格,则可以不进行 Skewness(网格偏斜度)的检查。

ANSYS Icepak 热模型生成网格后，单击 Quality 下的不同网格标准，会自动统计此标准的数值并在 Message 窗口显示。通过查看不同网格标准的数值大小，可以衡量网格质量的好坏；所有标准的数值越大，网格的质量越好。

在网格的 Quality 面板下，也会统计显示不同标准的最大值、最小值。Min 表示此标准的最小值，Max 表示此标准的最大值，如图 3-15 所示。Height 默认为 0，Bars 表示柱状图的个数，默认为 20。

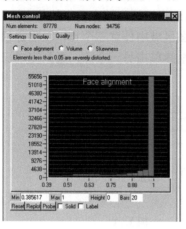

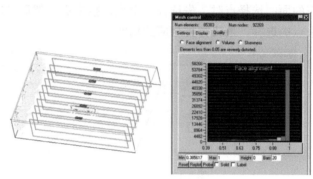

图 3-14　　　　　　　　　　　　　　　图 3-15

3.4 网格优先级

网格优先级的概念：当模型互相干涉、有重叠部分时，干涉部分的归宿主要通过优先级来区分。在 ANSYS Icepak 中划分网格、求解计算写 Case 文件时，软件必须决定重叠干涉区域的网格归属类型、重叠区域的材料属性及边界条件等。

在 ANSYS Icepak 中优先级有两种：一种是同类型几何模型间的优先级，如块和块干涉，主要通过 Priority 的数值来区别优先级；另一种是不同类型对象之间的优先级，如块和板相交干涉，这类优先级是 ANSYS Icepak 中固定排序的，修改不同类型对象的优先级数值，将不能决定重叠区域的归属。

双击模型树下块的几何模型，在几何模型参数设置对话框内的 Info 选项卡下，ANSYS Icepak 会自动赋予其具体的优先级数值，如图 3-16 所示。在 ANSYS Icepak 模型树下，越往下排列，模型的优先级数值越大，模型的优先级就越高；后建立器件的优先级大于先建立器件的优先级。

如果需要查看模型优先级的排列顺序，则可以执行 Model→Sort→Meshing priority 命令，模型将按照其 Info 面板中的优先级数值进行重新排序；模型优先级越高，其排列顺序越向下，如图 3-17 所示。

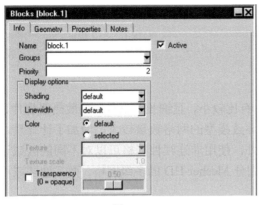

图 3-16

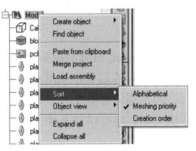

图 3-17

如果需要调整模型本身的优先级，则可以通过手动修改优先级的数值，来调整不同模型的网格优先级，调整后器件会在模型树中上下移动，或者在模型树下直接选择模型，然后拖动其上下移动；向上移动模型，表示减小其优先级数值，向下移动模型，表示增大其优先级数值。

1．同类对象模型间的优先级说明

同类对象，如块与块、板与板等，表示为同一类的模型。如果同类的对象模型相交重叠，那么干涉部分需要通过 Info 面板的优先级数值进行判断，重叠部分归 Priority 数值大的器件所有，即干涉区域归优先级高的模型所有。

2．同类物体优先级修改

ANSYS Icepak 允许对同类模型的优先级进行修改，修改后，同类对象的重叠区域将按照修改后的网格优先级来进行划分。具体修改方法如下：

（1）通过执行主菜单 Model→Edit priorities 命令，如图 3-18 所示，在弹出的 Object priority 设置对话框中修改相应几何体的网格优先级。

（2）双击模型树下某物体，打开其几何参数设置对话框，在 info 面板的优先级中增大或减小相应的数值。如果优先级的数值增大，则在模型树下模型会自动向下移动；如果优先级的数值减小，则模型会自动向上移动，如图 3-19 所示。

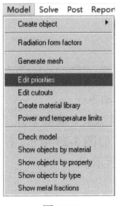

图 3-18

图 3-19

3.5 非连续性网格

ANSYS Icepak 热分析模型中经常会有比较小,且细长的器件,如散热器翅片、各类隔板等。如果对其划分连续网格,势必导致模型的网格数量较大,增加了计算量,因此需要对这类模型划分非连续性网格。另外,使用非连续性网格可以对不同的区域设置不同的网格类型,如可以对某异形几何体划分 Mesher-HD 的多级网格,而其他区域可以使用其他网格类型。

非连续性网格(Non-Conformal Meshing)是 ANSYS Icepak 最常用的网格处理方法,一方面可以最大限度地减少网格数量,但是不影响求解计算的精度;另一方面可以对网格质量差的区域进行网格加密调整,以保证网格的质量;同时,ANSYS Icepak 可以使用非连续性网格对任何热仿真模型进行混合网格的处理划分。

3.5.1 非连续性网格概念

非连续性网格是指热分析模型的网格在某一界面突然中断,界面两侧的网格数目不一致,如图 3-20 所示。非连续性网格必须是立方体的空间区域,ANSYS Icepak 可以对非连续性区域进行网格加密;在非连续性区域内,模型的网格类型、网格大小等不影响背景区域(除非连续性区域以外的空间),从而能避免小尺寸特征造成的大量网格,在很大程度上减小了计算量。

在 ANSYS Icepak 中划分非连续性网格,需要对相应的模型创建装配体,然后对装配体进行非连续性网格设置,实现非连续性网格的划分。如图 3-21 所示,非连续性网格可以将

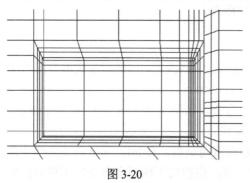

图 3-20

非连续性区域内划分的网格与背景区域的网格隔离开来。如图 3-22 所示,可以对背景区域和非连续性区域设置不同的网格类型和网格尺寸。

3.5.2 非连续性网格的创建

ANSYS Icepak 的热分析模型划分非连续性网格的步骤如下:

(1)在模型树下选择需要进行非连续性网格划分的器件(1个或多个),单击右键,在跳出的面板中执行 Create→Assembly 命令来创建装配体,如图 3-23 所示。右击装配体,选择 Rename 命令,可重新对装配体进行命名,如图 3-24 所示。

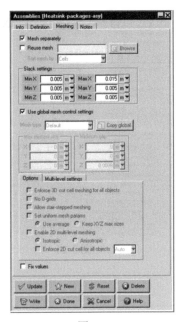
图 3-21

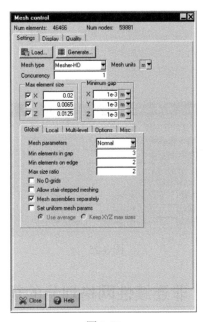
图 3-22

图 3-23

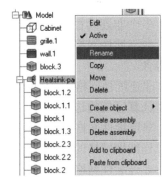
图 3-24

（2）双击模型树下的装配体，打开装配体参数设置对话框，选择 Meshing 选项卡，选择 Mesh separately 选项（表示单独对此区域划分网格），默认区域是装配体内包含模型的最大尺寸空间。Slack settings 表示需要对装配体空间进行放大的尺寸数值，Min X、Min Y、Min Z、Max X、Max Y、Max Z 表示非连续性区域的六个面，如图 3-25 所示。

（3）由于非连续性网格必须保证其边界上两侧网格的属性相同，如都是空气或都是固体，因此对装配体区域的六个面 Min X、Min Y、Min Z、Max X、Max Y、Max Z 输入合理的数值，保证非连续性区域向外各扩展一定空间。这个数值需要根据区域本身周边的几何和非连续性网格的规则来确定。

（4）非连续性网格划分参数设置对话框如图 3-26 所示。Mesh type 表示非连续性区域内的网格类型；Max element size 表示非连续性网格内 X、Y、Z 三个方向的最大网格尺寸，如果不选择，ANSYS Icepak 将使用整体网格控制面板中 Max element size 的尺寸作为区域内的最大网格尺寸，如果需要对模型进行局部加密，则可以在非连续性网格面板中输入 Max element size 的数值。

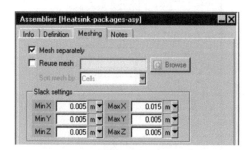

图 3-25

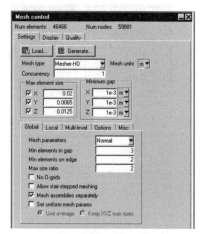

图 3-26

3.5.3 非连续性网格划分的规则

ANSYS Icepak 的非连续性网格有以下规则：

（1）多个非连续性网格不能互相相交，但是非连续性网格的界面可以相贴。

（2）非连续性网格可以在模型树下包含其他非连续性网格，相应的装配体在视图区域中被包含。

（3）非连续性网格的 Slack 边界可以与 Cabinet、Wall 及 Hollow Block 相贴，因为它们是模型计算区域的边界。

（4）非连续性网格的边界可以与方体、圆柱体相交，建议扩大或缩小 Slack 的数值，以保证非连续性网格的 Slack 边界不与其他 ANSYS Icepak 器件表面相贴。

（5）非连续性网格的边界不允许和薄板、斜板、异形 CAD 块、多边形体相交；如果非连续性网格和薄板、斜板 Plate、异形 CAD 块、多边形体相交，相交的区域将不会划分网格。

（6）如果非连续性网格区域在几何空间上将薄板、二维热源包含在内，但是在模型树下并未将其包含，薄板、热源则不能被划分网格，在 Message 的窗口中会有相应的警告提示。

3.6 多级网格（Multi-Level）

Mesher-HD 网格又称六面体占优网格，其划分的网格大部分为六面体网格，另外包含四面体网格、多面体网格等。Mesher-HD 可以对 ANSYS Icepak 的原始规则几何体划分网格；另外，热仿真模型中 CAD 类型的几何体（异形 CAD 几何类型）只能通过 Mesher-HD 来划分网格。

3.6.1 多级网格的概念

多级网格是指对热模型使用不同级数来划分网格。ANSYS Icepak 可以通过网格级别的不断加密,来保证异形几何体或规则几何体的网格贴体。其加密的规则是,背景区域网格是 0 级网格,其网格尺寸最大,1 级网格的尺寸是 0 级网格的 1/2,依次类推 n 级网格的尺寸是 $n-1$ 级网格尺寸的 1/2;级数最好不大于 4,ANSYS Icepak 默认的自动多级级数为 2。多级网格通常在几何模型的边界进行加密,因此可以更好地捕捉固体壁面边界上的变量梯度。

3.6.2 多级网格的设置

在网格控制面板中,网格类型(Mesh type)处选择 Mesher-HD,即可以对背景区域的不同模型或非连续性网格区域内的不同模型进行多级网格划分。

如图 3-27 所示,选择网格控制面板中 Allow multi-level meshing(整体网格控制面板和非连续性网格控制面板都可以)选项,即可进行多级网格划分,默认 Max Levels 为 2,表示对模型中所有几何体的多级级数设置为 2。通常来说,需要根据几何模型本身的尺寸特征来设定不同的级数。单击 Edit levels 按钮,表示手动编辑各个模型的多级网格级数,可以在打开的 Multi-level meshing max levels 面板中对不同的几何模型设置相应的级数,如图 3-28 所示。

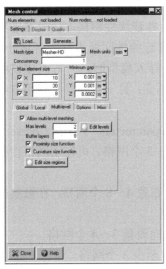

图 3-27

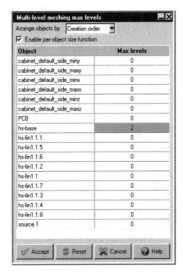

图 3-28

如图 3-29 所示,在进行 Mesher-HD 的多级网格划分时,除选择上述 Allow multi-level meshing 选项之外,在背景网格的控制面板中,还需要选择 Global 中的 Set uniform mesh params,建议不选择 Allow stair-stepped meshing,而在 Misc 中需要选择 Enforce 3D cut cell meshing for all objects 和 Enable 2D multi-level meshing,如图 3-30 所示。

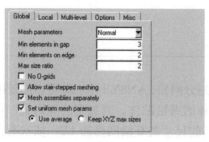
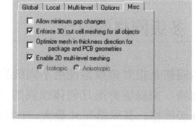

图 3-29　　　　　　　　　　图 3-30

3.7 网格划分的原则与技巧

3.7.1 ANSYS Icepak 网格划分原则

在 ANSYS Icepak 中常用的网格划分原则如下。

（1）设置整体网格控制面板的 Max X、Y、Z 网格最大尺寸为计算区域 Cabinet 的 1/20；对于自然对流的模拟，可以将 X、Y、Z 三个方向上的尺寸减小为计算区域 Cabinet 的 1/40。

（2）对于 ANSYS Icepak 可编辑几何尺寸的几何体（主要指 ANSYS Icepak 的原始几何体、圆柱体、方体、斜边、多边形体等），均使用非结构化网格，也可以使用 Mesher-HD，但是对这些几何体不使用多级网格划分。

（3）对于导入的异形 CAD 块，必须对其使用非连续性网格，同时在非连续性网格面板中选择 Mesher-HD 的类型，使用多级网格对非连续性区域进行网格划分。

（4）对于高密度翅片的散热器模型，在 DM 导入模型时，一方面建议将其转化为 ANSYS Icepak 的原始几何体，确保散热器的形状不变；另一方面需要使用非结构化网格对其进行网格处理。

（5）第一次计算时，可在 Global settings/Mesh parameters 中选择 Coarse。

（6）流体通道间隙、散热器翅片间隙内布置 3~5 个网格，可使用网格控制面板中的 Local 进行加密。

（7）对于散热器几何体，需要在翅片高度方向布置 4~8 个网格，在散热器基板厚度方向，则需要布置 3 个网格。

（8）对于 PCB 几何体，需要在 PCB 的厚度方向设置 3~4 个网格。

（9）对于发热的模型器件，需要在各条边设置至少 3 个网格。

（10）使用面/边/点对齐、中心对齐、面/边匹配工具，去除所有模型对象之间的小间隙，以减少由于小间隙导致的大批网格数。

（11）划分完网格后，一定要使用 Display 面板检查不同模型的面网格、体网格，确保网格保持模型本身的几何形状不变形，足以捕捉模型的几何特征，保证模型的网格不失真；通过切面网格显示工具，检查不同位置流体、固体的网格划分。

（12）检查网格控制面板的 Quality，确保各个判断标准满足推荐的数值。

(13) 如果模型有互相重叠的区域，如液冷散热模型，则需要检查块的属性（如检查流体块的属性，确保所有流体块的属性为同一种流体，否则计算一定不收敛）；检查不同块的优先级是否正确。

3.7.2 确定模型多级网格的级数

如果需要对局部区域划分非连续性网格，并且必须选择 Mesher-HD 网格类型，同时选择多级网格划分，则需要有针对性地设置非连续性区域内的 Max X、Max Y、Max Z 三个最大网格尺寸，具体如下：

(1) 根据模型的最小厚度尺寸、最小流体间隙尺寸来估计最小的网格尺寸。
(2) 计算需要设定的级数，可以是 1 级或 2 级，最好不要超过 4 级。
(3) 设定第 n 级网格尺寸为最小尺寸，然后第 $n-1$ 级网格尺寸为第 n 级最小网格尺寸的 2 倍，直到计算出 0 级网格尺寸为止，相应地 0 级网格尺寸即为 Max X、Max Y、Max Z 三个网格尺寸数值。

3.8 本章小结

本章对 ANSYS Icepak 的三种网格类型（非结构化网格、Mesher-HD 网格、结构化网格）做了详细介绍，讲解了 ANSYS Icepak 网格控制设置、网格检查设置、网格质量设置，以及 ANSYS Icepak 的网格优先级说明。重点讲解了 ANSYS Icepak 非连续性网格的使用方法、非连续性网格的使用规则等。另外，讲解了 ANSYS Icepak 常用多级网格的概念、多级网格的设置、多级网格级数的设置方法，以及 ANSYS Icepak 划分网格的原则与技巧。

第4章

物理模型及求解设置详解

本章将重点讲解 ANSYS Icepak 涉及的自然对流控制方程、自然对流使用的模型及进行自然对流计算时计算区域的选择等问题;重点讲解 ANSYS Icepak 中涉及的三种辐射换热模型,即 Surface to surface(S2S)辐射模型、Discrete Ordinates(DO)辐射模型、Ray tracing 辐射模型,并对三者进行了详细的比较,讲解了各自的适用范围;重点讲解 ANSYS Icepak 针对户外产品开发的太阳辐射模型设置及三者的比较;重点介绍 ANSYS Icepak 求解计算的各种面板设置,包括基本物理模型的定义、环境温度、压力、海拔、是否考虑自然冷却和辐射换热等;介绍求解计算中打开自然对流的规则、求解计算迭代步数、残差标准的设置方法、求解计算面板的选项说明、判断模型求解是否收敛的方法等。

学习目标

- 掌握 ANSYS Icepak 进行自然对流的相关设置;
- 掌握 ANSYS Icepak 三种辐射换热模型;
- 掌握 ANSYS Icepak 物理模型定义设置;
- 掌握 ANSYS Icepak 物理模型向导定义设置;
- 掌握 ANSYS Icepak 求解计算基本设置;
- 掌握 ANSYS Icepak 计算收敛标准。

4.1 自然对流换热模型

在对流换热中,由于冷热流体的密度差引起的流动称为自然对流。ANSYS Icepak 热模拟计算中,有两种工况需要考虑自然对流计算。一种为纯自然对流,热模型中无风扇等强迫对流的边界条件;另一种为混合对流,热模型中有强迫风冷或强迫液冷,另外包含密闭的空间,空间内充满空气,密闭空间内包含自然对流、传导、辐射换热三种散热方式。

4.1.1 自然对流控制方程及设置

在 ANSYS Icepak 中,如果模型为强迫对流散热,由于自然冷却所占的比重较小,通常将自然冷却计算关闭,即忽略模型通过自然对流和辐射换热散出的热量。在 ANSYS Icepak 中,双击打开 Basic parameters 设置对话框,如图 4-1 所示。选中 Natural convection 下的 Gravity vector 选项,即可进行自然对流计算。默认设置为:Y 轴的负方向代表重力方向,为 $-9.80665 m/s^2$。

4.1.2 自然对流模型的选择

ANSYS Icepak 提供两类自然对流模型,一种模型为 Boussinesq approx,称为布辛涅司克近似;另一种模型为 Ideal gas law(理想气体方程),如图 4-2 所示。

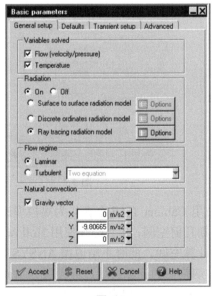

图 4-1

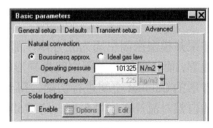

图 4-2

（1）选择 Boussinesq approx 选项：布辛涅司克近似认为在自然对流控制方程中，动量方程浮力项中的密度是温度的线性函数，而其他所有求解方程中的密度均假设为常数。Boussinesq approx 是 ANSYS Icepak 默认的自然对流模型，适用于大部分电子产品的自然散热模拟计算。

（2）选择 Ideal gas law 选项：当流体密度变化非常大时，可选择 Ideal gas law（理想气体方程）选项。选择 Operating density 选项，输入周围环境的空气密度，可改进自然对流求解的收敛性。

4.1.3 自然对流计算区域设置

在 ANSYS Icepak 中进行自然对流计算时，需要对其设置相应的计算区域。Cabinet 表示计算区域的空间，其必须足够大，使得远场处各种变化的梯度足够小，才能够保证自然对流模拟计算的精度。

针对 Cabinet 的大小，ANSYS Icepak 规定：如果被仿真几何体最大高度为 L，则其上方应保证 $2L$，下部为 L，四周为 $L/2$。Cabinet 的 6 个面必须设置为 Opening（开口）属性，如图 4-3 所示。

如果电子热模型本身的环境为密闭空间，如模型被放置在一个密闭的环境内进行散热，那么 Cabinet 的 6 个面则不能设置为开口属性，此时必须将 Cabinet 的 6 个面设置为 Wall 的属性，然后进行温度、换热系数、热流密度等参数设置，如图 4-4 所示。

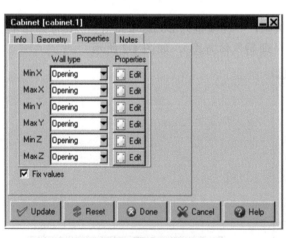

图 4-3

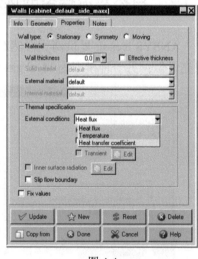

图 4-4

如果热模型密闭空间为立方体，那么可以使用 Cabinet 的 6 个面作为热模型计算区域的边界；而如果模型密闭空间为异形的、不规则几何空间，那么必须使用 Hollow block 来将方形的 Cabinet 空间进行切割，得到异形的计算空间。此时不用遵循 ANSYS Icepak 默认的自然对流计算区域限制，将 Hollow block 切割后的计算区域边界设置为 Wall，然后输入恒定温度或相应的换热系数，ANSYS Icepak 即可计算相应密闭空间内空气的自然冷却，得到自然冷却的温度场、流场分布等。

4.1.4 自然冷却模拟设置步骤

在 ANSYS Icepak 中建立了相应的热模型后,进行自然冷却模拟设置的步骤如下所述。

(1) 双击打开 Basic parameters 面板,默认选择其中的 Flow 和 Temperature 选项。

(2) 在 Basic parameters 设置对话框中选择 Radiation 下的 On 选项,表示辐射换热打开;选择 Radiation 下的 Discrete ordinates radiation model 选项,如图 4-5 所示。

(3) 在 Flow regime 下选择合理的流动模型,如是湍流,则选择 Turbulent 选项,默认使用 Zero equation(零方程模型),零方程模型足够保证电子散热计算的精度。

(4) 选择 Natural convection 下的 Gravity vector 选项,考虑合理的重力方向。

(5) 选择 Defaults 选项卡,如图 4-6 所示。可以修改设置自然对流的环境温度、环境压力(默认为相对大气压)、辐射换热温度(通常与环境温度相同);Default materials 表示设置默认的流体材料、固体材料及表面材料;默认的流体材料为空气,默认的固体材料为铝型材,默认的表面材料为发射率为 0.8、粗糙度为 0 的氧化表面。

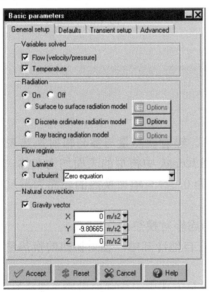

图 4-5

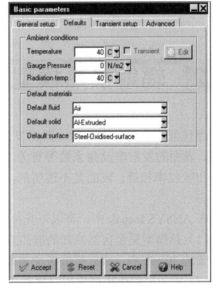

图 4-6

(6) 在 Transient setup 对话框中,选择稳态/瞬态模拟计算;进行自然对流计算时,在 Solution initialization 中输入重力反方向的速度(假如重力方向为 Y 轴负方向,那么可以在 Y velocity 中输入 0.15m/s,表示求解初始化的速度),如图 4-7 所示。

(7) 在 Advanced 设置对话框中,选择合适的自然对流模型,默认选择 Boussinesq approx 选项,如图 4-8 所示。

(8) 按照 ANSYS Icepak 的规定修改 Cabinet 的计算区域;可使用面对齐、移动等操作,将模型组成的装配体定位到 Cabinet 的相应位置。

(9) 设置 Cabinet 的 6 个面均为 Opening,完成自然对流计算的设置。

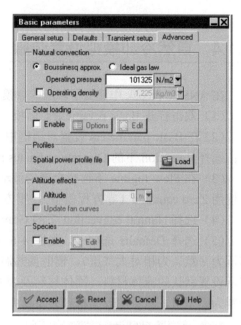

图 4-7　　　　　　　　　　图 4-8

4.2 辐射换热模型

当任何两个面有温差时，即可发生辐射换热。辐射换热量与参与辐射换热表面的温差、表面的发射率及角系数等有关。在 ANSYS Icepak 中模型的表面均为灰体，即发射率和吸收率相等；表面是不透明的，即透射率为 0；参与辐射换热的表面为漫反射表面。

在 ANSYS Icepak 中，有以下几种情况需要考虑辐射换热：

（1）热模型采用自然冷却的散热方式。由于在自然冷却中，辐射换热的换热量可占总热量的 30%左右，因此需要考虑辐射换热计算。

（2）电子机箱热模型采用混合对流散热，即散热方式中包含强迫风冷（液冷），而密闭机箱内部空间是自然冷却散热，也需要考虑辐射换热计算。

（3）当电子产品处于外太空或真空环境下时，外太空相当于很大的热沉。由于外太空或真空环境没有空气、无重力影响，热模型只能依靠辐射换热和传导进行散热，因此也需要考虑辐射换热计算。

在单纯的强迫风冷或强迫液冷散热时，为了便于保守计算，可以关闭辐射换热计算；而在混口对流或自然冷却中，必须考虑辐射换热计算。针对辐射换热计算，ANSYS Icepak 提供三种辐射换热模型：第一种为 Surface to Surface（S2S）模型；第二种为 Discrete Ordinates（DO）模型；第三种为 Ray Tracing Radiation 模型，简称光线追踪模型，如图 4-9 所示。

4.2.1 Surface to Surface（S2S）辐射模型

选择 Radiation 下的 Surface to Surface（S2S）辐射模型，如果没有进行角系数计算，那么求解计算的时候并未考虑辐射换热。因此如果选择 S2S 辐射模型，首先必须进行辐射换热角系数的计算。

打开角系数计算面板的方法有两种：一种为单击 Surface to Surface（S2S）辐射模型后的 Options 按钮，即可打开角系数计算对话框；另一种为直接单击快捷工具栏中的 ▲ 按钮，也可以打开角系数计算对话框，如图 4-10 所示。

如果完成了角系数的计算，则可以选择 Load 或 Import 选项，将计算好的角系数直接加载，以减少计算的时间。当热模型比较复杂时，可通过排除一些无关紧要的模型对象，或者在角系数计算面板中仅仅选择大尺寸的模型对象参与计算，然后单击 Compute 按钮，可减少角系数的计算时间。

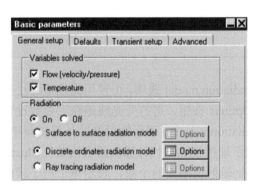

图 4-9

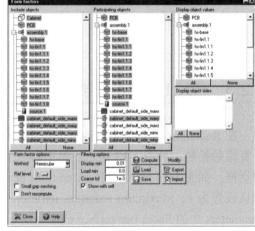

图 4-10

4.2.2 Discrete Ordinates（DO）辐射模型

当热模型非常复杂，尤其是模型中有很多高密度的翅片时，选择 S2S 辐射模型或光线追踪辐射模型计算辐射换热角系数时要求计算机有较大的内存。此种工况下可选择使用 Discrete Ordinates（DO）辐射模型。DO 辐射模型可用于计算非常复杂热模型的辐射换热，CAD 类型的几何模型也可以选择 DO 辐射模型来进行辐射换热计算。

单击选择 Radiation 下的 Discrete ordinates radiation model 选项，即可选择 DO 辐射模型，如图 4-11 所示。单击 DO 辐射模型后的 Options 按钮，打开 DO 辐射模型的参数设置对话框，如图 4-12 所示。Flow iterations per radiation iteration 表示 DO 辐射模型换热计算的频率，默认设置为 1，即代表每计算一次辐射换热，再进行一次流动迭代计算，增大此数值，可加速计算求解，但减缓耦合求解的过程。Theta divisions 和 Phi divisions 用来定义每个 45°角空间离散时控制角的个数。这两个数值越大，表示对角空间离散越细，可以更好地捕捉小尺寸几何体或形状变化较大几何体的温度梯度，但是将花费较多的计算时间，因此如果模型中有曲面、小尺寸几何体时，建议增大 Theta divisions 和 Phi divisions 的数值，可修改其为 3。

对于灰体辐射而言，Theta pixels 和 Phi pixels 的数值为 1 是足够的；但是对于模型中包含对称 Wall、周期性边界条件或半透明物体表面，建议将 Theta pixels 和 Phi pixels 的数值设置为 3，相应的计算时间也将增加。如果将 DO 辐射模型的 Theta divisions、Phi divisions、Theta pixels、Phi pixels 设置为 1，则相应的辐射换热计算是比较粗糙的，精度不高；如果将这 4 个数值设置为 3，则可提高辐射换热计算的精度。

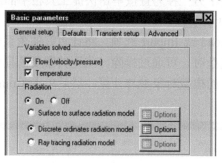

图 4-11

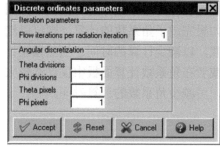

图 4-12

4.2.3 Ray tracing 辐射模型

在 Radiation 面板下单击选择 Ray tracing radiation model 选项，可使用光线追踪法来计算辐射换热，如图 4-13 所示。单击其后的 Options 按钮，可打开光线追踪法参数设置对话框，如图 4-14 所示。Flow iterations per radiation iteration 表示辐射换热计算的频率，默认设置为 1。Maximum radiation iterations 表示辐射换热迭代计算的最大次数。Cluster parameters 中的 Faces per surface cluster 用于控制辐射换热面的个数，表示每个粒子簇由多少个表面网格来发射，此值默认为 20，那么辐射换热面（发射粒子簇的表面）的个数将等于整体模型的表面网格个数除以 20。如果增大此数值，则参与辐射换热面的个数将减少，从而可以减小角系数文件的大小，降低计算对内存的要求，但是会导致辐射换热计算精度的降低；如果减小此数值，那么参与辐射换热面的个数将被增加。View factor parameters 下的 Resolution 表示角系数计算的精度，增大 Resolution 的数值，可提高计算的精度，建议使用默认的数值。

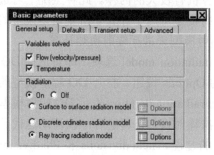

图 4-13

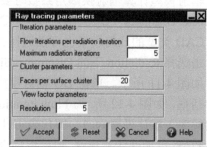

图 4-14

Ray tracing 辐射模型可适用于所有的 ANSYS Icepak 模型，可用于处理 ANSYS Icepak 的原始规则几何体、CAD 类型的几何体等模型的辐射换热计算。Ray tracing 辐射模型比 S2S 辐射模型的计算精度更高。在计算角系数方面，光线追踪法辐射模型比 S2S 辐射模型花费更多的时间。另外，光线追踪辐射模型不支持周期性或对称性边界条件的辐射换热计算（DO 辐射模型则可以）。

4.2.4 三种辐射模型的比较与选择

对于 ANSYS Icepak 的三种辐射模型而言，其区别如下所述。

（1）S2S 辐射模型可用于粗略计算，而使用 Ray tracing 辐射模型和 DO 辐射模型可以提高辐射换热的计算精度。

（2）当热模型非常复杂时，参与辐射换热的表面非常多，如果使用 S2S 辐射模型和 Ray tracing 辐射模型计算角系数，将需要较大的内存和较长的计算时间，因此建议选择 DO 辐射模型。

（3）Ray tracing 辐射模型和 DO 辐射模型可用于计算 CAD 类型的块、板等 ANSYS Icepak 热模型，S2S 辐射模型则不可以。

4.3 太阳热辐射模型

针对户外电子产品，ANSYS Icepak 可以考虑太阳热辐射载荷对电子产品热可靠性的影响。通过在 ANSYS Icepak 中输入太阳载荷的信息，如当地的经度、纬度、日期、时间、电子产品放置的方向等，软件将自动考虑太阳热辐射对热模型散热的影响。ANSYS Icepak 的太阳热辐射模型具有以下特点。

（1）ANSYS Icepak 的太阳热辐射模型可对透明体、半透明体、不透明体进行辐射计算。

（2）ANSYS Icepak 支持透明表面对不同角度太阳光的透射、吸收等热辐射载荷计算。

（3）提供太阳热辐射载荷计算器，用户可输入时间、地点进行太阳热辐射的计算。

（4）将太阳热辐射载荷的热源赋予固体表面附近的流体网格内，用于考虑太阳热辐射载荷。

（5）ANSYS Icepak 支持太阳载荷的瞬态计算（10 个时间步长自动变化一次），如需要计算从 12:00 开始至 13:00 电子产品的温度变化；在瞬态设置面板中，瞬态的时间步长设置为 60s；在太阳热载荷求解器中输入时刻为 12:00，ANSYS Icepak 在计算时，太阳载荷的热流密度会 600s 变化一次。

太阳热辐射载荷设置及热流密度计算的具体步骤如下：

（1）打开 Problem setup 窗口，双击 Basic parameters 选项，可打开 Basic parameters 设置对话框，选择 Advanced 选项卡，选择 Solar loading 下的 Enable 选项，可激活太阳热辐射载荷计算器，如图 4-15 所示。

（2）单击 Solar loading 下的 Options 按钮，可打开太阳热辐射模型参数设置对话框，如图 4-16 所示。Solar calculator 表示太阳载荷计算器，Specify flux and direction vector 表示需要输入太阳辐射的热流密度和太阳所处位置的矢量方向。

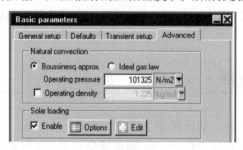

图 4-15

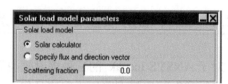

图 4-16

（3）当选择 Solar calculator 选项时，弹出如图 4-17 所示的载荷计算对话框。Date 表示日期；Month 表示月份，即几月几日；Time 中需要输入几点几分（必须是白天的时刻）；+/-GMT 表示当地的时区，如北京时间为东八区，则应该输入+8，ANSYS Icepak 默认为 -5，表示西五区；Latitude 表示纬度；Longitude 表示经度；Illumination parameters 表示光照参数；Sunshine fraction 的数值为 0~1，用于考虑天空云层对太阳照射热载荷的影响；Ground reflectance 的数值为 0~1，表示地面对太阳照射热载荷的反射；North direction vector 表示朝北的方向矢量，默认 X 轴的正方向为北。

（4）如果选择了 Specify flux and direction vector 选项，则表示直接加载具体的太阳载荷热流密度，如图 4-18 所示。需要输入 Direct solar irradiation（太阳直接照射的热载荷）、Diffuse solar irradiation（太阳照射的漫反射载荷），以及 Solar direction vector（太阳所处位置的矢量方向）。可在 Direct solar irradiation 和 Diffuse solar irradiation 输入太阳辐射热流密度和漫反射的热流密度。

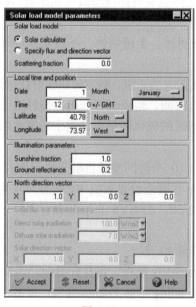

图 4-17

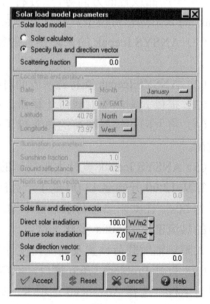

图 4-18

（5）太阳辐射热流密度和漫反射热流密度的计算方法为执行主菜单 Macros→Modeling→Solar Flux Calculator 命令，可打开太阳辐射热流密度计算菜单，如图 4-19 所示。

（6）Solar Flux Calculator 设置对话框如图 4-20 所示。Horizontal surface 表示太阳照射对模型水平表面的热流密度计算；Vertical surface tilt 表示太阳照射对模型垂直表面的热流密度计算；Face direction specified by 可选择表面所处的方向，其中，S 表示南；SW 表示西南；W 表示西；NW 表示西北；N 表示北；NE 表示东北；E 表示东；SE 表示东南。

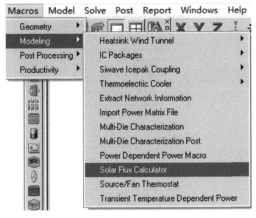
图 4-19

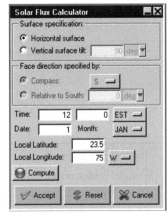
图 4-20

（7）与前面类似，同样需要输入具体的时间、日期、纬度和经度；单击 Compute 按钮，ANSYS Icepak 会自动在 Message 窗口中显示当地太阳辐射热载荷的热流密度计算值，如图 4-21 所示。

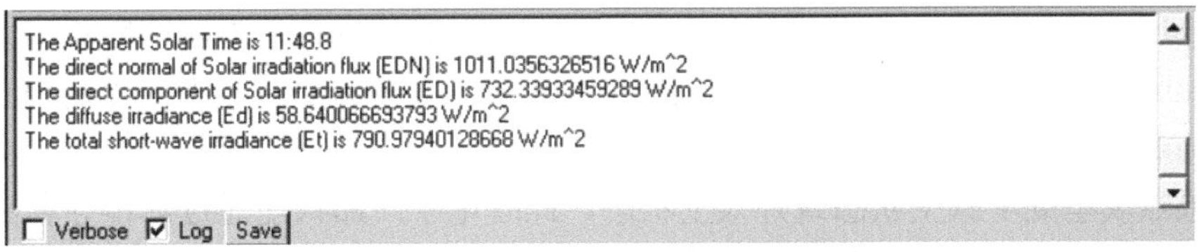

图 4-21

4.4 求解设置

当对 ANSYS Icepak 的热模型划分了高质量网格及物理模型选取完成后，接下来需要对模型进行物理问题的定义，各种边界条件、求解参数的设置，然后进行求解计算。ANSYS Icepak 主要采用 Fluent 求解器进行求解计算，具有计算精度高、求解速度快等优点。另外，ANSYS Icepak 可以使用 ANSYS HPC 并行计算模块对热模拟进行多核并行计算，也可以使用 Nvida GPU 模块进行并行加速计算，以大大提高热模拟计算的效率。

4.4.1 物理模型定义设置

单击模型树 Project 下 Problem setup 的 "+" 符号，打开 Problem setup 界面，如图 4-22 所示。双击 Basic parameters 面板，可打开物理问题定义设置对话框。在该对话框中包含四个子选项卡，如图 4-23 所示。

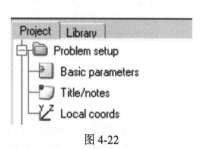

图 4-22

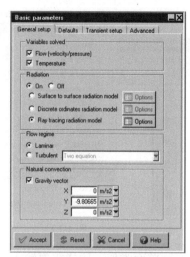

图 4-23

1. General setup 选项卡

Variables solved 表示需要求解的变量，选择 Flow 选项表示求解速度和压力；选择 Temperature 选项表示计算求解温度；同时选择，表示求解计算热模型的流动和温度（求解 N-S 方程中的动量守恒方程和能量方程）。

如果热模型处于真空状态或外太空状态，此时电子产品只能通过热传导和热辐射进行散热，因此需要取消选择 Flow，仅仅选择 Temperature。

Radiation 选项中，On 表示打开辐射换热计算；Off 表示关闭辐射换热计算。ANSYS Icepak 支持的辐射换热模型包括 Surface to Surface（S2S）、Discrete ordinates（DO）、Ray tracing 三种辐射模型。

Flow regime 表示热模型流体的流态，Laminar 表示层流模型，Turbulent 表示湍流模型；工程上通常用雷诺数 Re 的大小来进行流体流态的判断。

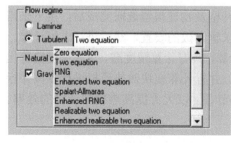

图 4-24

ANSYS Icepak 中提供了多种湍流模型，包括零方程和多种双方程模型，如图 4-24 所示。经比较，对于电子行业来说，零方程的性价比高，可适用于大多数电子散热的工况；对于高密度翅片的散热器来说，使用方程模型 Spalart-Alimaras 可以更好地模拟翅片边界层的流动；而双方程模型主要用于高速冲击、射流的计算工况。在利用 ANSYS Icepak 进行微通道散热模拟时，切记选择 Laminar 层流模型，并且需要对微通道内流体的黏度做适当修正，才能保证模拟计算的精度。

在 ANSYS Icepak 中，对于强迫对流而言，雷诺数大于 10^5，需要选择湍流模型，而雷诺数小于 10^5，应该选择层流模型；对于自然对流来说，瑞利数大于 10^9，需要选择湍流模型，而瑞利数小于 10^9，则需要选择层流模型。在 Natural convection 下，选择 Gravity vector 选项，表示考虑重力方向，可打开自然对流模拟的设置。

2．Defaults默认设置选项卡

Defaults 主要用于环境条件及默认的材料属性，Ambient conditions 表示环境条件；Temperature 表示环境温度，默认为 20℃，选择 Transient 选项，可输入环境温度随时间动态变化的曲线；Gauge Pressure 表示环境的相对大气压；Radiation temp 表示计算辐射换热的温度，与环境温度相同。

Default materials 表示默认的各种材料；Default fluid 表示默认的流体材料，默认为海拔 0m 的空气；Default solid 表示默认的固体材料，默认为型材铝；Default surface 表示默认的固体及面材料，默认为氧化表面。如果表面做过特殊处理，如涂漆、发黑氧化，发热率会增加；做喷砂处理后，表面会粗糙，散热面会增加，可提高辐射换热的换热量，如图 4-25 所示。选择材料框中的下拉菜单，View definition 可以查看材料的具体属性，Edit definition 可对当前的材料属性进行编辑，Create material 可以创建新的材料，如图 4-26 所示。

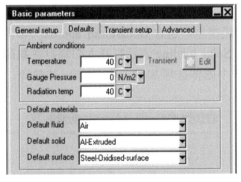
图 4-25

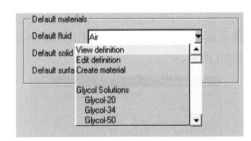
图 4-26

如果模型处于真空环境或外太空环境状态，则需要在图 4-26 的面板中选择 Create material 创建新的默认流体材料，在弹出的材料创建设置对话框中选择 Info 选项卡进行材料名称设置，如图 4-27 所示。选择 Properties 选项卡，将默认流体的黏度、密度、热容、导热率均设置为 1e-6，如图 4-28 所示。

3．Transient setup选项卡

选择 Steady 选项表示进行稳态计算模拟；选择 Transient 选项表示进行瞬态计算模拟，如图 4-29 所示。

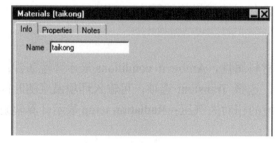

图 4-27

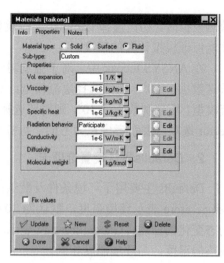

图 4-28

Solution initialization 表示求解计算时各个变量的初始化数值。对于稳态计算而言，变量初始化数值表示迭代计算时的初始值，此数值设置得与实际结果越接近，迭代计算需要的时间越少，迭代步数也越少。比如，如果电子产品进行自然冷却，重力方向为 Y 轴负方向，则可以在 Y velocity 处设置 0.15m/s，计算收敛的速度会比较快，计算更容易收敛，而对于瞬态计算来说，变量的初始化数值表示 0s 时各个变量的具体数值。

4．Advanced选项卡

Natural convection 表示选择不同的自然对流模型，包含 Boussinesq approx（布辛涅司克近似）和 Ideal gas law（理想气体方程）。Solar loading 表示打开太阳辐射热载荷的设置面板。Spatial power profile file 表示对一个固体区域加载一个 Profile 体热源，如图 4-30 所示。

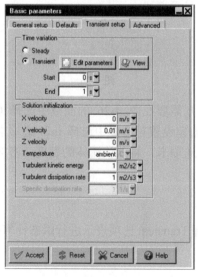

图 4-29

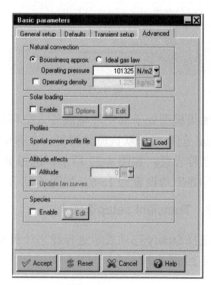

图 4-30

Altitude effects 表示模拟不同海拔高度对电子产品散热的影响，ANSYS Icepak 默认的环境条件为海平面的状态。选择 Altitude 选项，输入相应的海拔高度，ANSYS Icepak 会自动将默认的海平面空气属性修改为高海拔空气属性。选择 Update fan curves 选项，表示允许 Icepak 根据海拔高度自动更新风机本身的风量风压 P-Q 曲线。在 ANSYS Icepak 中，风机模型输入的 P-Q 曲线为海拔 0m 时风机额定转速对应的 P-Q 曲线。如果电子产品为强迫风冷系统，则选择 Update fan curves 选项，ANSYS Icepak 会自动将风机额定转速下的 P-Q 曲线换算成高海拔环境下的 P-Q 曲线，如图 4-31 所示。

Species 表示进行多组分计算，选择 Species 下的 Enable 选项，单击 Edit 按钮打开多组分气体参数设置对话框，如图 4-32 所示。ANSYS Icepak 可以模拟多种污染物组分的输运扩散计算。在 Number of species 中输入不同组分的种类数，最大为 12，输入后按回车键，灰色面板将被激活；可以在 Species 栏中选择各类组分；如果 ANSYS Icepak 的材料库中没有包含需要的污染物组分，则可直接创建新材料；默认气体为空气和水蒸气。Initial concentration 表示不同组分的初始浓度。单击 fraction 按钮，可选择输入组分浓度的单位，其中，fraction 表示组分的质量百分数；gr/lbm 和 g/kg 为湿度比，仅仅对于水蒸气有用；RH%表示相对湿度，仅仅对于水蒸气有用；PPMV 表示百万分之 N 的容积比，如 8PPMV 指的是百万分之 8 的容积比；kg/m^3 表示混合组分的密度，如图 4-32 所示。

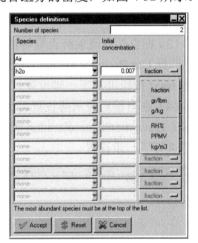

图 4-31　　　　　　　　　　　图 4-32

注意：在组分面板中，只能输入 $N-1$ 个组分浓度，求解器会自动将组分浓度换算为质量百分比；然后用 1 减去 $N-1$ 个组分质量百分比之和，剩余质量百分比是混合组分中质量最大气体的百分比，默认质量最大的气体为空气。

4.4.2 物理问题向导定义设置

ANSYS Icepak 提供了 Problem setup wizard，即物理问题向导定义设置，对于初学者来说，比较实用一些。双击左侧模型树 Problem setup 打开 Problem setup wizard 面板，依次介绍如下。

（1）在选择变量求解设置对话框中选择 Solve for velocity and pressure 选项，表示求解连续性方程和动量方程，计算速度和压力；选择 Solve for temperature 选项，表示计算能力方程；选择 Solve for individual species 选项，表示计算单组分的流体，如图 4-33 所示，单击 Next 按钮进行下一步设置。

（2）在流动条件求解设置对话框选择 Flow has inlet/outlet（forced convection）选项，表示热模型有进出口，输入强迫风冷计算；选择 Flow is buoyancy driven（natural convection）选项，表示热模型通过自然冷却计算，如图 4-34 所示，单击 Next 按钮进行下一步设置。

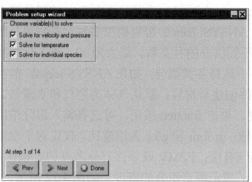 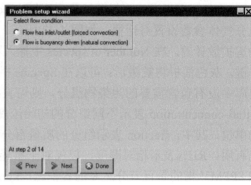

图 4-33　　　　　　　　　　　　图 4-34

（3）在自然对流求解设置对话框中选择 Use ideal gas law 选项，表示使用理想其他方程；选择 Use Boussinesq approximation 选项，表示使用布辛涅司克近似，如图 4-35 所示，单击 Next 按钮进行下一步设置。

（4）在自然对流求解设置对话框中选择 Operating pressure 表示工作的环境压力，选项 Set gravitational acceleration 表示设置相应的重力加速度，如图 4-36 所示，单击 Next 按钮进行下一步设置。

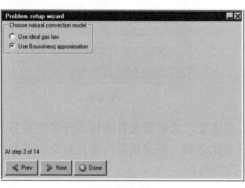 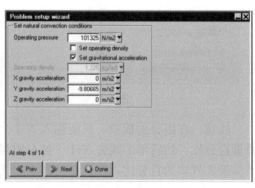

图 4-35　　　　　　　　　　　　图 4-36

（5）在流动状态求解设置对话框中选择 Set flow regime to laminar 选项，表示设置流体的流态为层流；选择 Set flow regime to turbulent 选项，表示设置流体的流态为湍流，如图 4-37 所示，单击 Next 按钮进行下一步设置。

（6）在湍流模型求解设置对话框可以进行不同的湍流模型选取，推荐选择 Zero equation（mixing length）选项，如图 4-38 所示，单击 Next 按钮进行下一步设置。

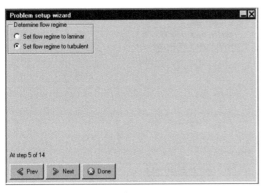
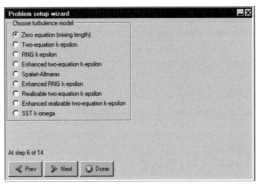

图 4-37　　　　　　　　　　　　　　　　　图 4-38

（7）在辐射传热设置对话框中选择 Include heat transfer due to radiation 选项，表示包括辐射换热计算；选择 Ignore heat transfer due to radiation 选项，表示忽略辐射换热计算，如图 4-39 所示，单击 Next 按钮进行下一步设置。

（8）在辐射换热设置对话框可以进行不同辐射换热模型的选取，如图 4-40 所示，单击 Next 按钮进行下一步设置。

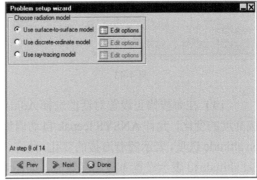

图 4-39　　　　　　　　　　　　　　　　　图 4-40

（9）在太阳光辐射设置对话框选择 Include solar radiation 选项，表示考虑太阳辐射热载荷计算，如图 4-41 所示，单击 Next 按钮进行下一步设置。

（10）在暂稳态设置对话框选择 Variables are time-dependent（transient）选项，表示变量随时间进行变化，即瞬态热模拟；选择 Variables do not vary with time（steady-state）选项，表示变量不随时间变化，即稳态热模拟计算，如图 4-42 所示，单击 Next 按钮进行下一步设置。

（11）在瞬态计算时间步长设置对话框，可以进行起始时间、结束时间及时间步长设置，如图 4-43 所示，单击 Next 按钮进行下一步设置。

（12）在瞬态计算时间步长设置对话框，可以进行非稳态时间函数设置，如图 4-44 所示，单击 Next 按钮进行下一步设置。

（13）在组分设置对话框，可以进行气体多组分设置，如图 4-45 所示，单击 Next 按钮进行下一步设置。

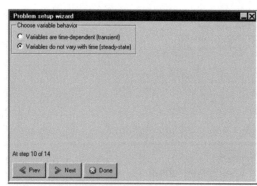

图 4-41　　　　　　　　　　　　　　图 4-42

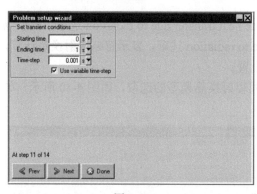
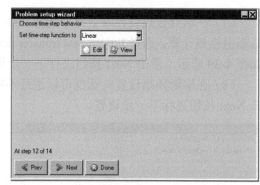

图 4-43　　　　　　　　　　　　　　图 4-44

（14）在海拔修正设置对话框选择 Adjust properties based on altitude 选项，表示随着海拔高度的变化，允许 ANSYS Icepak 自动调整默认的环境条件；选择 Adjust fan curves based on altitude 选项，表示随着海拔的变化，允许 ANSYS Icepak 自动调整风机的风量-风压曲线；Set altitude to 表示设置海拔高度数值，如图 4-46 所示，单击 Next 按钮进行下一步设置。

单击 Done 按钮完成全部设置。

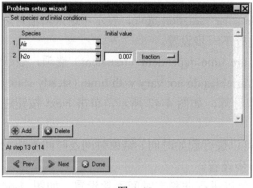
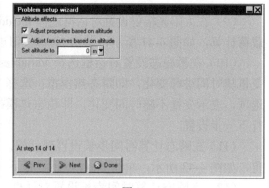

图 4-45　　　　　　　　　　　　　　图 4-46

4.4.3　求解计算基本设置

单击模型树 Project 下 Solution settings 的"+"符号，打开 Solution settings 求解设置

界面。求解基本设置包括 Basic settings（基本设置）、Parallel settings（并行设置）及 Advanced settings（高级设置），如图 4-47 所示。

1. Basic settings

（1）双击左侧模型树 Solution settings→Basic settings 选项，打开基本设置对话框，如图 4-48 所示。Number of iterations 表示稳态求解计算的迭代步数；Iterations/timestep 表示瞬态计算中每个时间步长的迭代步数，默认为 20 步，通常可修改增大此数值，以保证每个时间步长的求解计算均收敛。Convergence criteria 表示求解计算的耦合残差标准；其中，Flow 表示流动的残差收敛标准，连续性方程的残差、三个方向的动量方程残差均要满足 Flow 的残差标准；Energy 表示能量（温度）方程的残差收敛标准。默认的 Flow 流动残差值为 1e-3，Energy 能量残差值为 1e-7。

（2）单击 Reset 按钮，在消息窗口显示雷诺数值，进行流动模型的流态判断，如层流或湍流，如图 4-49 所示。

图 4-47

图 4-48

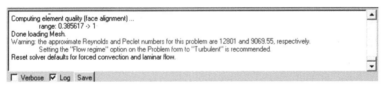
图 4-49

2. Parallel settings

双击 Parallel settings 选项，打开并行计算设置对话框。其中，Serial 表示单核计算；GPU computing 表示使用 Nvida GPU 模块加速并行计算；Parallel 表示多核并行计算，可以在 Parallel options 中输入参与并行计算 CPU 的核数，如图 4-50 所示。

3. Advanced settings

单击求解设置 Solution settings 下的 Advanced settings 选项，打开高级设置对话框，如图 4-51 所示。

（1）Discretization scheme 表示离散格式，用于将 N-S 方程的偏微分方程进行离散，有一阶迎风、二阶迎风等格式。

（2）Under-relaxation 表示离散方程中变量的迭代因子，对于强迫对流计算而言，压力迭代因子输入 0.3，Momentum 动量方程迭代因子输入 0.7；而对于自然对流或复杂的对流散热计算而言，建议 Momentum 动量方程迭代因子输入 0.3，而边迭代因子输入 0.7，同时压力的离散格式选择 Body Force。

（3）Linear solver 表示线性求解器，用于加速计算。

（4）Precision 表示计算的精度，默认是 Single，建议所有的热模拟计算均使用 Double（双精度）。

针对焦耳热仿真计算，温度的离散格式建议选择二阶迎风格式。在 Linear solver 求解器中，温度的 stabilization 选择 BCGSTAB 算法，此外，双精度可改进焦耳热求解计算的精度和稳定性。

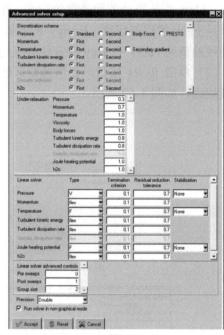

图 4-50   图 4-51

4.4.4 求解计算设置

ANSYS Icepak 求解计算为调用 Fluent 求解器进行热模型的计算。直接单击快捷工具栏中的计算图标，即可打开求解计算设置对话框，如图 4-52 所示。求解计算面板包含通用设置、高级设置及结果管理设置。

1. 通用设置

（1）Solution 中的 ID 表示热模拟结果的名称，默认的设置方法为热模型本身的名称，外加相应的数字，如 hsink-rad00。

（2）Restart 表示以别的计算结果作为初始条件进行新的计算；通过单击 Select 按钮，可选择已有工况的计算结果；其中，Interpolated data 表示使用内插数据；而 Full data 表示使用全部数据，建议选择 Full data 进行重新计算。

（3）Disable radiation 表示不考虑辐射换热计算，即忽略辐射换热。

（4） Disable varying joule heating 表示忽略变化电流的焦耳热计算。

（5） Sequential solution of flow and energy equations 表示先计算流动，当流动计算收敛以后，在收敛的流场基础上，再计算能量方程，此选项仅适用于强迫冷却，不适合自然对流、混合对流的工况。由于没有同时求解 N-S 控制方程，因此这种方法可加速强迫冷却的求解计算。

（6） Temperature secondary gradients for skewed meshes 表示对 skewness 数值小于 0.64 的网格使用温度第二梯度方法进行矫正，可提高计算结果的精度。

（7） Alternative secondary gradient formulation as walls 表示对壁面进行梯度处理，可增强求解计算的鲁棒性，使求解计算容易收敛。

（8） Coupled pressure-velocity formulation 表示将使用压力基的耦合算法来求解计算，与传统的 Simple 算法（分离算法）相比，其鲁棒性更强，计算速度更快。

2. 高级设置

高级设置对话框如图 4-53 所示，具体说明如下所述。

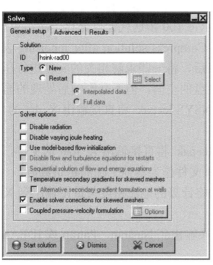

图 4-52

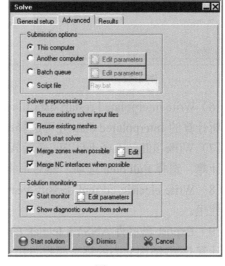

图 4-53

（1） Submission options 表示提交计算的选项。默认为 This computer，表示提交本机进行计算；Another computer 表示使用局域网内的其他计算机进行计算。单击 Edit parameters 按钮，可打开远程执行参数面板。Script file 主要用于建立模型求解的多个 .bat 批处理文件，然后将所有的批处理文件进行合并。

（2） Reuse existing solver input files 表示使用已有的 cas 文件和脚本文件，当模型所有参数没有改变时，选择此选项可继续进行以前的求解计算。

（3） Don't start solver 表示不打开求解器，可用于 ANSYS Icepak 输出 .bat 批处理文件。

（4） Merge zones when possible 表示引导 ANSYS Icepak 通过合并 Zone 来优化求解。

（5） Merge NC interface when possible 表示引导 ANSYS Icepak 尽可能合并非连续性网格的界面。

(6) Start monitor 表示显示计算过程中的残差曲线。

(7) Show diagnostic output from solver 表示将残差曲线显示在一个单独的窗口中。

3. 结果管理设置

结果管理设置对话框如图 4-54 所示，具体说明如下所述。

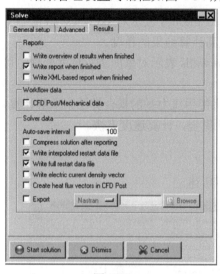

图 4-54

（1）Write overview of results when finished 表示在求解结束时，ANSYS Icepak 会自动将 Overview 的整体报告输出。

（2）Write report when finished 表示将对 Summary report 面板中定义的结果进行自动输出。

（3）Create heat flux vectors in CFD Post 表示会将导热率及其他变量输出到 CFD-Post 中，用于建立热流（Heat flux）矢量图。

（4）Auto-save interval 表示 ANSYS Icepak 在进行稳态计算时保存计算结果的频率，默认为 100，表示每 100 步迭代计算保存一次结果。

（5）Compress solution after reporting 表示在计算结束后，将一些求解相关的文件进行压缩，以节省硬盘的空间，但不会影响后处理的显示。

（6）Write interpolated restart data file 表示 ANSYS Icepak 将直接输出 X.dat 的文件；在重新计算的 Interpolated data 处可选择此文件。

（7）Write full restart data file 表示 ANSYS Icepak 将直接输出 X.fdat 的义件，用于重新计算，选择 Full data 选项，然后可将 X.fdat 文件作为其他工况的初始数值。

（8）Write electric current density vector 表示将计算的电流密度矢量图输出到 X.resd 的文件里。

（9）Export 表示将 ANSYS Icepak 的计算结果输出到 Nastran、Patran 或 IDEAS 中，用于计算热流-结构动力的耦合模拟分析。

4.4.5 ANSYS Icepak 计算收敛标准

对于 ANSYS Icepak 热模型的求解计算，需要符合以下三点，即可认为此模型的求解计算是收敛的。

1. 残差曲线

模型求解计算的各变量方程（连续性、动量、能量方程）残差达到 ANSYS Icepak 默认的残差标准。对于外太空环境下的散热，由于仅仅计算热传导和辐射换热，需要考虑将能量方程残差 Energy 设置得更低，残差曲线监测对话框如图 4-55 所示。在求解计算过程中，单击残差面板中的 Terminate 按钮，可终止模型的计算，如图 4-56 所示。

图 4-55

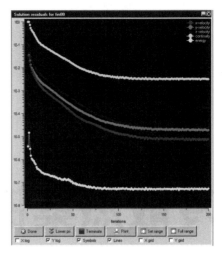
图 4-56

2. 进出口差值

汇总报告将分别统计系统进出口的质量流量、体积流量及热耗,也可以统计进出口各变量差值的相对误差,以此来判断模型是否收敛。通常进出口流量相对误差在 1%之内,可认为模型求解收敛。

3. 变量监控点曲线

通过求解计算的变量监控点是否变化来判断收敛。

如果在计算前设置了不同变量的监控点,那么 ANSYS Icepak 将在独立的窗口中显示变量数值随迭代步数的变化情况。建议设置监控某点的温度、速度、压力,如果这些监控变量不再随着求解迭代而继续改变,则热模型的计算完全收敛。

4.5 本章小结

本章主要讲解了 ANSYS Icepak 的自然对流控制方程、自然对流设置及其适用的范围;介绍了自然对流使用的模型及进行自然对流计算时计算区域的选择等问题;讲解了自然对流计算的详细步骤;详细讲解了 ANSYS Icepak 中三种辐射换热模型及各自的适用范围,并对它们进行了比较;重点讲解 ANSYS Icepak 针对户外产品开发的太阳辐射模型设置,ANSYS Icepak 求解计算所涉及的模型设置,包括基本物理问题的定义,默认环境温度、压力、海拔、流体、固体、面材料设置,求解的初始化,以及求解迭代步数和残差标准设置。

第5章

风冷散热案例详解

　　风冷散热作为最基本的散热方式,被广泛应用在电子器件散热领域。本章通过对机柜内翅片散热器散热及射频放大器散热两个案例进行操作演示,介绍了如何用 ANSYS Icepak 自建模工具进行散热器翅片、PCB 和热源的几何模型创建及性能参数设置,重点说明了如何在 ANSYS Icepak 内进行风扇的搜索、风扇曲线查看及建模。此外,还重点讲解了 ANSYS Icepak 自然对流换热求解设置及计算结果后处理分析,使读者基本掌握电子设备风冷散热的仿真流程。

学习目标

- 掌握 ANSYS Icepak 几何模型创建及性能参数设置;
- 掌握 ANSYS Icepak 湍流模型选取及设置;
- 掌握 ANSYS Icepak PCB 参数设置;
- 掌握 ANSYS Icepak 自然对流换热求解设置;
- 掌握 ANSYS Icepak 求解计算及结果后处理分析。

5.1 机柜内翅片散热器散热性能仿真分析

本案例是对机柜内翅片散热器散热性能所进行的仿真分析。简化的三维模型如图5-1所示。机柜内包含5个高功率发热器件，这些高功率器件布置在背板上，背板上布置10个散热翅片，机柜一侧布置三个轴流风扇吹风强制对流换热。当环境温度为20℃时，对高功率器件、背板及翅片的温度分布特性进行仿真计算分析。

5.1.1 项目创建

（1）单击"启动"→"所有程序"→ANSYS 2020R1→ANSYS Icepak 2020R1，进入ANSYS Icepak 启动界面。

（2）在 ANSYS Icepak 启动界面，会自动弹出如图5-2所示的提示框，单击 New 按钮创建一个新项目，单击 Unpack 按钮解压打开之前保存的项目。

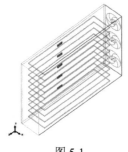

图 5-1

图 5-2

（3）单击 New 按钮，创建一个新的 ANSYS Icepak 分析项目 Project，在 New project 对话框内 Directory 处下设置工作目录，在 Project name 处输入项目名称 fin，如图5-3所示，单击 Create 按钮完成项目创建。

（4）ANSYS Icepak 软件在工作区默认创建一个计算域，尺寸为 1 m×1 m×1 m，如图5-4所示。

图 5-3

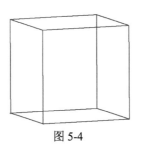

图 5-4

5.1.2 几何结构及性能参数设置

首先创建计算域，再依次创建背板、进出口、风扇、热源及翅片等，具体操作步骤如下所述。

1．计算域模型创建

（1）右击左侧模型树 Model→Cabinet，在弹出的快捷菜单中执行 Edit 命令，如图 5-5 所示，弹出如图 5-6 所示的计算域尺寸设置对话框。

图 5-5

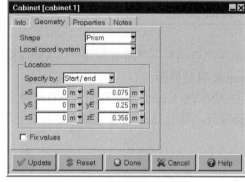
图 5-6

（2）在该对话框中选择 Geometry 选项卡，在 xE 处输入 0.075，在 yE 处输入 0.25，在 zE 处输入 0.356，其他保持默认，单击 Done 按钮完成机柜几何模型创建，创建完成的计算域模型如图 5-7 所示。

（3）执行菜单栏中的 Orient→Model→Scale to fit 命令，则可以使计算域在工作区显示最佳效果。

2．背板模型创建

（1）单击自建模工具栏中的 ▨（Blocks）按钮，创建背板模型。

（2）右击左侧模型树 Model→block.1，在弹出的快捷菜单中执行 Edit 命令，弹出如图 5-8 所示的背板尺寸设置对话框。

（3）选择 Geometry 选项卡，在 xE 处输入 0.006，在 yE 处输入 0.25，在 zE 处输入 0.356，其他保持默认，单击 Done 按钮完成背板几何模型创建，创建完成的背板模型如图 5-9 所示。

3．出口模型创建

（1）单击自建模工具栏中的 ▨（Openings）按钮，创建出口模型。

（2）右击左侧模型树 Model→openings.1，在弹出的快捷菜单中执行 Edit 命令，弹出如图 5-10 所示的出口模型设置对话框。

（3）选择 Geometry 选项卡，在 xS 处输入 0.006，在 xE 处输入 0.075，在 yE 处输入 0.25，在 zS 处输入 0.356，其他保持默认，单击 Done 按钮完成出口几何模型创建，创建完成的出口模型如图 5-11 所示。

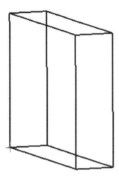

图 5-7

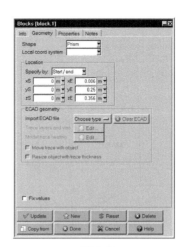

图 5-8

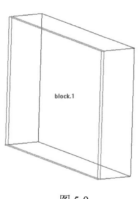

图 5-9

图 5-10

4．风扇模型创建

（1）单击自建模工具栏中的 （Fans）按钮，创建风扇模型。

（2）右击左侧模型树 Model→fans.1，在弹出的快捷菜单中执行 Edit 命令，弹出如图 5-12 所示的风扇尺寸设置对话框。

（3）选择 Geometry 选项卡，在 Plane 处选择 X-Y 平面，在 xC 处输入 0.04，在 yC 处输入 0.0475，在 zC 处输入 0，在 Radius 处输入 0.03，在 Int radius 处输入 0.01，其他保持默认。

（4）选择 Properties 选项卡，在 Fan type 处选择 Intake，在 Fan flow 下选择 Fixed 选项，在 Volumetric 处输入 18，单位选择 cfm，如图 5-13 所示。

（5）单击 Done 按钮完成风扇模型创建，创建完成的风扇模型如图 5-14 所示。

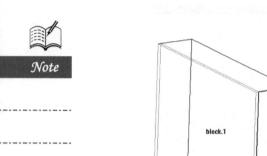
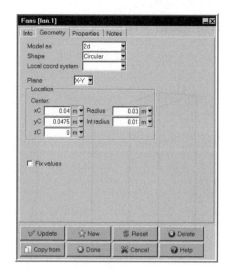

图 5-11　　　　　　　　　　　图 5-12

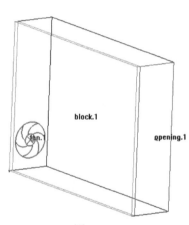

图 5-13　　　　　　　　　　　图 5-14

（6）右击左侧模型树 Model→fans.1，在弹出的快捷菜单中执行 Copy 命令，弹出如图 5-15 所示的风扇复制设置对话框。在 Number of copies 处输入 2，在 Operations 处选择 Translate 选项，在 Y offset 处输入 0.0775，单击 Apply 按钮完成风扇模型的复制，如图 5-16 所示。

5．热源模型创建

（1）单击自建模工具栏中的 ![icon] （Source）按钮，创建热源模型。

（2）右击左侧模型树 Model→source.1，在弹出的快捷菜单中执行 Edit 命令，弹出如图 5-17 所示的热源尺寸设置对话框。

（3）选择 Geometry 选项卡，在 Plane 处选择 Y-Z 平面，在 xS 处输入 0，在 yS 处输入 0.0315，在 yE 处输入 0.0385，在 zS 处输入 0.1805，在 zE 处输入 0.2005，其他保持默认。

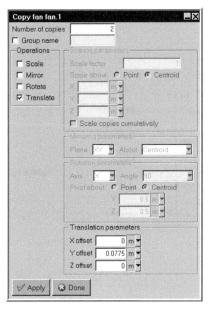 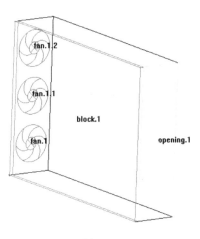

图 5-15　　　　　　　　　　　　　图 5-16

（4）选择 Properties 选项卡，在 Thermal condition 处选择 Total power 选项，在 Total power 处输入 33，单位选择 W，如图 5-18 所示。

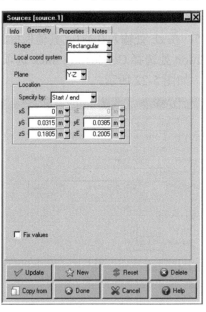 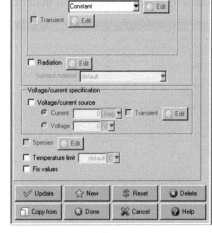

图 5-17　　　　　　　　　　　　　图 5-18

（5）单击 Done 按钮完成单个热源模型创建。

（6）右击左侧模型树 Model→source.1，在弹出的快捷菜单中执行 Copy 命令，弹出如图 5-19 所示的热源复制设置对话框。在 Number of copies 处输入 4，在 Operations 处选择 Translate 选项，在 Y offset 处输入 0.045，单击 Apply 按钮完成热源模型的复制，如图 5-20 所示。

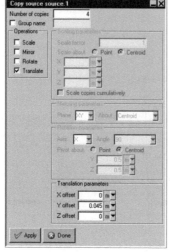

图 5-19

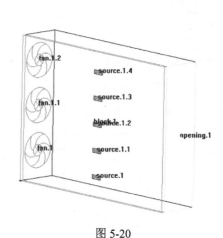

图 5-20

6．翅片模型创建

（1）单击自建模工具栏中的 按钮，创建翅片模型。

（2）右击左侧模型树 Model→plates.1，在弹出的快捷菜单中执行 Edit 命令，弹出如图 5-21 所示的翅片尺寸设置对话框。

（3）选择 Geometry 选项卡，在 Plane 处选择 X-Z 平面，在 xS 处输入 0.006，在 xE 处输入 0.075，在 yS 处输入 0.0125，在 zS 处输入 0.05，在 zE 处输入 0.331，其他保持默认。

（4）选择 Properties 选项卡，在 Thermal condition 处选择 Conducting thick 选项，在 Thickness 处输入 0.0025，Solid material 保持不变，如图 5-22 所示。

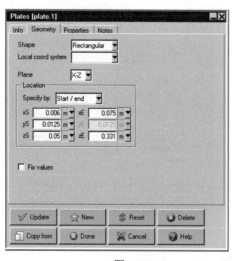

图 5-21

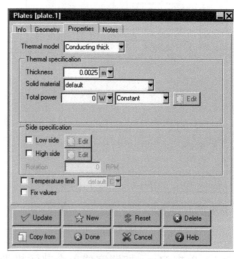

图 5-22

（5）单击 Done 按钮完成单个翅片模型创建，如图 5-23 所示。

（6）右击左侧模型树 Model→plates.1，在弹出的快捷菜单中执行 Copy 命令，弹出如图 5-24 所示的翅片复制设置对话框。在 Number of copies 处输入 9，在 Operations 处选择 Translate，在 Y offset 处输入 0.025，单击 Apply 按钮完成翅片模型的复制，如图 5-25 所示。

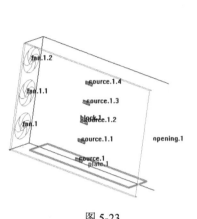

图 5-23

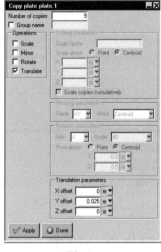

图 5-24

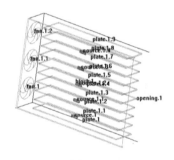

图 5-25

7．模型显示及检查

（1）执行菜单栏中的 Model→Show objects by type 命令，弹出如图 5-26 所示的对话框，在 Object type 处选择 Plate，在 Sub type 处选择 Conducting thick 选项，单击 Display 按钮，则在工作区显示如图 5-27 所示结果，单击 Close 按钮关闭对话框。

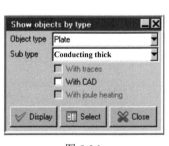

图 5-26

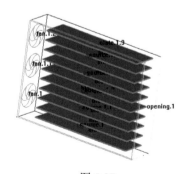

图 5-27

（2）单击快捷命令工具栏中的 （Check model）按钮进行创建模型的检查，在消息窗口会显示详细信息，提示建模无问题，如图 5-28 所示。

（3）执行菜单栏中的 View→Summary（HTML）命令，可以查看所有创建几何模型的参数，以便进行校核确认，如图 5-29 所示。

图 5-28　　　　　　　　　　　　　　　　　图 5-29

5.1.3　网格划分设置

1．Coarse方法网格划分

（1）单击快捷命令工具栏中的 ▦（Generate mesh）按钮，弹出网格划分设置对话框，如图 5-30 所示。

（2）在 Mesh parameters 处选择 Coarse 选项，在 Mesh units 及 Minimum gap 处选择 mm，在 Minimum gap 下 X、Y、Z 处均输入 1，在 Max element size 下 X、Y、Z 处依次输入 3.5、12.5 及 17.5，单击 Generate 按钮进行网格划分。

（3）选择 Mesh control 对话框中的 Display 选项卡，选择 Cut plane 选项，在 Set position 下拉框里选择 X plane through center 选项，其他参数设置如图 5-31 所示。显示的网格效果如图 5-32 所示，由图可知网格尺寸较大，因此需要进一步进行网格优化。

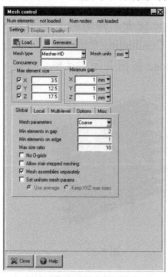

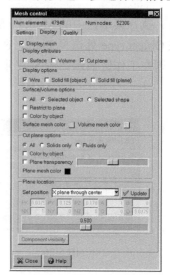

图 5-30　　　　　　　　　　　　　　　　　图 5-31

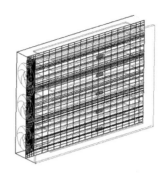

图 5-32

2．Normal方法网格划分

（1）选择网格划分对话框中的 Settings 选项卡，选择 Global→Mesh parameters→Normal 选项，其他参数设置保持默认，如图 5-33 所示，单击 Generate 按钮进行网格划分，优化后的网格如图 5-34 所示。

图 5-33　　　　　　　　　　　图 5-34

（2）选择 Mesh control 对话框中的 Display 选项卡，取消选择 Display mesh 选项，关闭网格显示。

5.1.4　物理模型设置

1．流动模型校核

（1）双击左侧模型树 Solution settings→Basic settings，打开基本设置对话框，如图 5-35 所示。

（2）单击 Reset 按钮，在消息窗口显示雷诺数值，提示流动模型选择湍流，如图 5-36 所示。

（3）在 Number of iterations 处输入 100，单击 Accept 按钮保存设置。

图 5-35

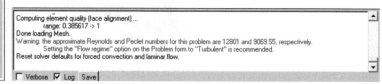

图 5-36

2．物理模型设置

（1）双击左侧模型树 Problem setup，弹出 Problem setup wizard 设置对话框。

（2）在对话框选择 Solve for velocity and pressure 及 Solve for temperature 选项，如图 5-37 所示，单击 Next 按钮进行下一步设置。

（3）在流动条件求解设置对话框的选择如图 5-38 所示，单击 Next 按钮进行下一步设置。

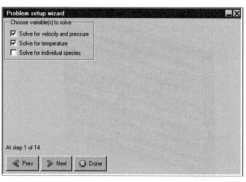

图 5-37

图 5-38

（4）在流动状态设置对话框选择 Set flow regime to turbulent 选项，如图 5-39 所示，单击 Next 按钮进行下一步设置。

（5）在湍流模型设置对话框选择 Zero equation（mixing length）选项，如图 5-40 所示，单击 Next 按钮进行下一步设置。

（6）因为本案例不考虑辐射换热，所以在辐射换热设置对话框选择 Ignore heat transfer due to radiation，如图 5-41 所示，单击 Next 按钮进行下一步设置。

（7）在太阳光辐射设置对话框，不勾选 Include solar radiation 选项，如图 5-42 所示，单击 Next 按钮进行下一步设置。

（8）因为本案例为稳态计算，所以在暂稳态设置对话框选择 Variables do not vary with time（steady-state）选项，如图 5-43 所示，单击 Next 按钮进行下一步设置。

（9）因为本案例不考虑海拔修正，所以在海拔修正设置对话框保持默认设置，如图 5-44 所示，单击 Next 按钮进行下一步设置。

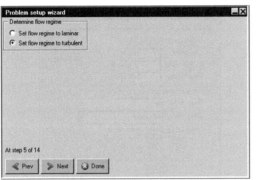

图 5-39

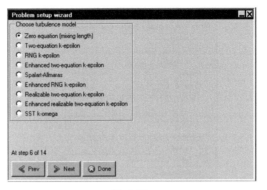

图 5-40

图 5-41

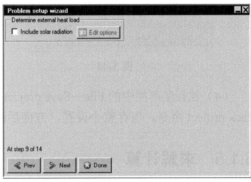

图 5-42

（10）单击 Done 按钮完成 Problem setup wizard 全部设置。

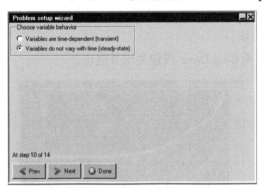

图 5-43

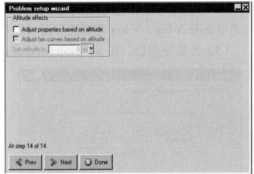

图 5-44

3. 基本参数设置及保存

（1）双击左侧模型树 Problem setup→Basic parameters，打开基本参数设置对话框。

（2）选择 General setup 选项卡，如图 5-45 所示，保持默认设置不变。选择 Defaults 选项卡，保持默认环境温度 20℃不变，如图 5-46 所示。

（3）单击 Accept 按钮保存基本参数设置。

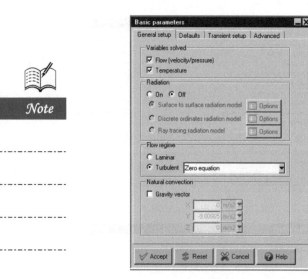

图 5-45

图 5-46

（4）执行菜单栏中的 File→Save project 命令，保存整个文件，执行菜单栏中的 File→Pack project 命令，保存整个设置，方便后续打开查看。

5.1.5 求解计算

（1）单击快捷命令工具栏中的 ■（Run solution）按钮，弹出求解设置对话框，如图 5-47 所示，保持默认设置，单击 Start solution 按钮开始计算。

（2）开始计算后，会自动弹出残差曲线监测对话框，如图 5-48 所示。在对话框内可以通过选择 X log、Y log 等调整界面的显示效果。

（3）计算完成后，在 Solution residuals 界面单击 Done 按钮关闭并退出。

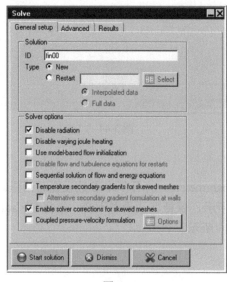

图 5-47

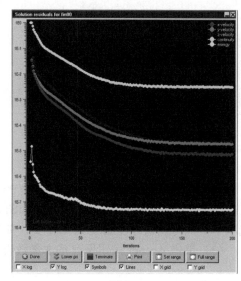

图 5-48

5.1.6 计算结果分析

ANSYS Icepak 结果后处理功能非常强大，可以选择 Plane cut views、Object face views 及 Summary report 等方式进行计算结果查看。

1. 速度矢量图分析

（1）单击快捷命令工具栏中的 （Plane cut）按钮，弹出截图设置对话框，在 Name 处输入 cut-velocity，在 Set position 下拉框里选择 X plane through center，选择 Show vectors 选项，如图 5-49 所示。

（2）单击 Parameters 按钮，弹出如图 5-50 所示的速度矢量图设置对话框，在 Arrow style 下拉框里选择 Dart 选项，其他参数保持默认，单击 Apply 按钮保存。

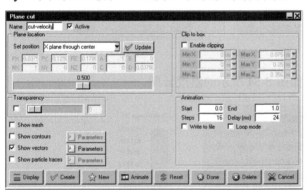
图 5-49

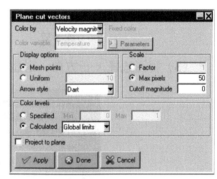
图 5-50

（3）视图选择 X 正方向，则显示如图 5-51 所示的速度矢量图。

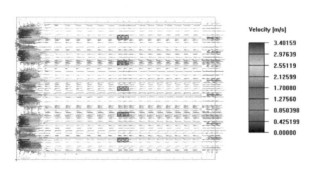
图 5-51

（4）右击左侧模型树 Post-processing→cut-velocity，在弹出的快捷菜单中取消选择 Show vectors 选项，则不显示速度矢量云图，如需要显示，则选取 Show vectors 选项。

2. 温度矢量图分析

（1）单击快捷命令工具栏中的 （Plane cut）按钮，弹出截图设置对话框，在 Name 处输入 cut- temperature，在 Set position 下拉框里选择 X plane through center，选择 Show contours 选项，如图 5-52 所示。

（2）单击 Parameters 按钮，弹出如图 5-53 所示的温度云图设置对话框，在 Contours of 处选择 Temperature 选项，在 Shading options 处选择 Banded 选项，在 Color levels 下选择 Calculated 选项，并在其下拉对话框里选择 This object 选项，其他参数保持默认，单击 Apply 按钮保存。

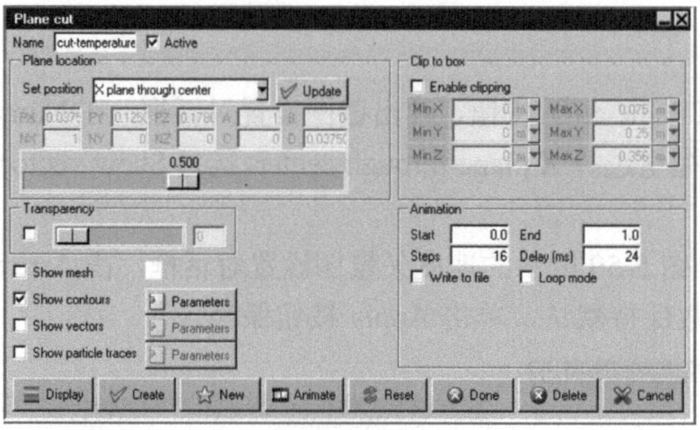

图 5-52 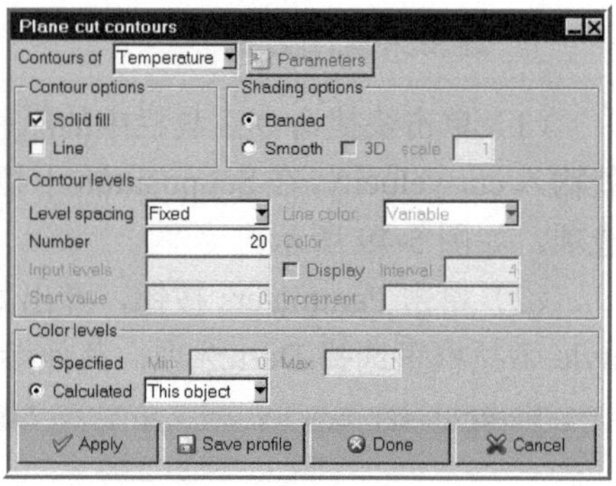   图 5-53

（3）视图选择 X 正方向，则显示如图 5-54 所示的温度云图。

图 5-54

（4）右击左侧模型树 Post-processing→cut-temperature，在弹出的快捷菜单中取消选择 Show contours 选项，则不再显示温度云图。

3．速度矢量图及压力云图叠加显示分析

（1）单击快捷命令工具栏中的 （Plane cut）按钮，弹出截图设置对话框，在 Name 处输入 cut- prvelocity，在 Set position 下拉框里选择 X plane through center 选项，选择 Show vectors 选项，如图 5-55 所示。

（2）单击 Parameters 按钮，弹出速度矢量图设置对话框，如图 5-56 所示，在 Color by 下拉框里选择 Fixed 选项，在 Fixed color 处选择黑色，单击 Apply 按钮保存并退出。

（3）在截图设置对话框里选择 Show contours 选项，如图 5-57 所示。

（4）单击 Parameters 按钮，弹出压力云图设置对话框，在 Contours of 处选择 Pressure 选项，在 Shading options 处选择 Banded 选项，在 Color levels 下选择 Calculated 选项，并在下拉对话框里选择 This object 选项，其他参数保持默认，如图 5-58 所示，单击 Apply 按钮保存并退出。

第 5 章　风冷散热案例详解

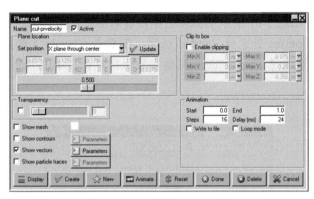

图 5-55

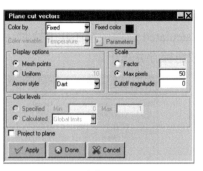

图 5-56

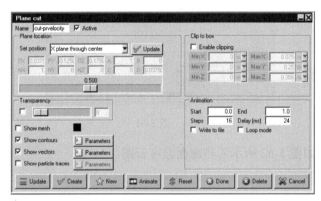

图 5-57

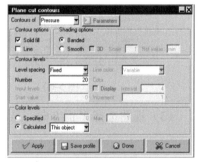

图 5-58

（5）视图选择 X 正方向，则显示如图 5-59 所示的速度矢量及压力云图叠加示意图。

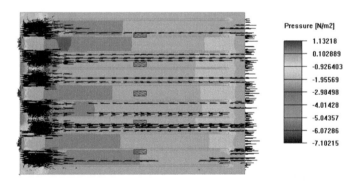

图 5-59

（6）右击左侧模型树 Post-processing→cut-temperature，在弹出的快捷菜单中取消选择 Show contours 及 Show vectors 选项，则不再显示速度矢量图及压力云图。

4．发热源温度云图显示

（1）单击快捷命令工具栏中的 （Object face）按钮，弹出面显示设置对话框，在 Name 处输入 face-tempsource，在 Object 下拉框里选择所有的热源面（按住 Shift 键），选择 Show contours 选项，如图 5-60 所示。

（2）单击 Parameters 按钮，弹出如图 5-61 所示的温度云图设置对话框，在 Contours of 处选择 Temperature，在 Shading options 处选择 Banded 选项，在 Color levels 下选择 Calculated 选项，并在其下拉对话框里选择 This object，其他参数保持默认，单击 Apply 按钮保存并退出。

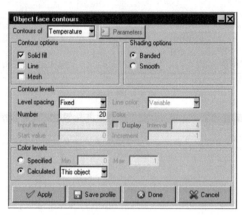

图 5-60　　　　　　　　　　　　图 5-61

（3）视图选择 X 正方向，显示如图 5-62 所示的热源面温度云图。

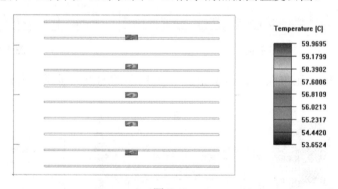

图 5-62

（4）右击左侧 Post-processing 下的 face-tempsource，取消选择 active 选项，则不再激活显示云图。

5．计算结果报告输出

（1）执行菜单栏中的 Report→Summary report 命令，弹出 Define summary report 设置对话框，单击 New 按钮，依次创建 5 行几何体，如图 5-63 所示。

（2）在第一行几何体里选择 object block.1，单击 Accept 按钮保存，在 Value 下拉框里选择 Heat flow 选项。

（3）在第二行几何体里选择 object fan.1、object fan.2 及 object fan.3，单击 Accept 按钮保存，在 Value 下拉框里选择 Volume flow 选项。

（4）在第三行几何体里选择 object source.1、object source.2、object source.3、object source.4 及 object source.5，单击 Accept 按钮保存，在 Value 下拉框里选择 Heat flow 选项。

（5）在第四行几何体里选择 object plate.1-object plate.10，单击 Accept 按钮保存，在 Value 下拉框里选择 Heat flow 选项。

（6）在第五行几何体里选择 post cut-temperature，单击 Accept 按钮保存，在 Value 下拉框里选择 Temperature 选项。

（7）单击 Write 按钮，弹出总结报告输出界面，单击 Done 按钮退出总结报告输出界面，如图 5-64 所示。

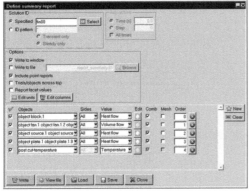

图 5-63

图 5-64

（8）单击总结报告设置对话框中的 Save 按钮，保存设置。

5.2 射频放大器散热性能仿真分析

本案例对射频放大器散热性能进行仿真分析，简化的三维模型如图 5-65 所示。射频放大器内包含 12 个高功率发热器件，高功率器件布置在 PCB 上，通过散热翅片进行散热，机柜一侧布置一个轴流风扇吹风强制对流换热。当环境温度为 20℃时，分析功率器件及翅片温度分布特性。

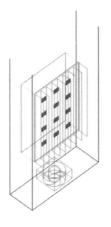

图 5-65

5.2.1 项目创建

(1) 在 ANSYS Icepak 启动界面,单击 New 按钮,创建一个新的分析项目,在项目创建对话框内 Directory 处下设置工作目录,在 Project name 处输入项目名称 rf_amp,如图 5-66 所示,单击 Create 按钮完成项目创建。

(2) 在工作区默认创建一个计算域,尺寸为 1 m×1 m×1 m,如图 5-67 所示。

图 5-66

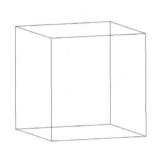

图 5-67

5.2.2 几何结构及性能参数设置

首先创建计算域,再依次创建热源、风扇及翅片等,具体操作步骤如下所述。

1. 计算域模型创建

(1) 右击左侧模型树 Model→Cabinet,在弹出的快捷菜单中执行 Edit 命令,弹出如图 5-68 所示的计算域尺寸设置对话框,在该对话框中选择 Geometry 选项卡,在 xE 处输入 0.1,在 yE 处输入 0.6,在 zS 处输入-0.05,在 zE 处输入 0.25,其他保持默认。

(2) 选择 Properties 选项卡,在 Max Y 处由 Default 改为 Opening,进而完成机柜右侧为出口边界设置,如图 5-69 所示。

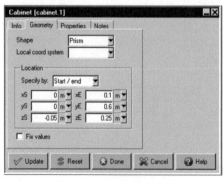

图 5-68

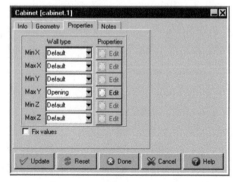

图 5-69

(3)单击 Done 按钮完成计算域模型创建,创建完成的计算域模型如图 5-70 所示。

2. 外壳模型创建

(1)单击自建模工具栏中的 ■(Enclosures)按钮,创建外壳模型。

(2)右击左侧模型树 Model→enclosures.1,在弹出的快捷菜单中执行 Edit 命令,弹出如图 5-71 所示的外壳尺寸设置对话框。选择 Geometry 选项卡,在 xE 处输入 0.006,在 yS 处输入 0.15,在 yE 处输入 0.45,在 zE 处输入 0.2,其他保持默认。

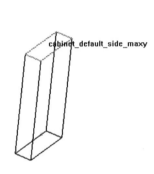

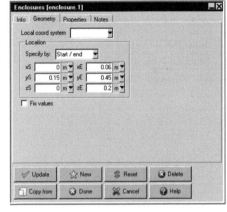

图 5-70　　　　　　　　　　　图 5-71

(3)选择 Properties 选项卡,将 Min X 及 Max X 由 Default 改为 Open,其他边界保持默认不变,将 Solid material 处选择为 Polystyrene-rigid-R12,如图 5-72 所示。

(4)单击 Done 按钮完成外壳几何模型创建,创建完成的外壳模型如图 5-73 所示。

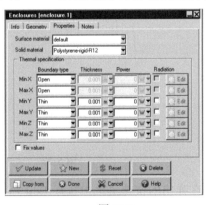

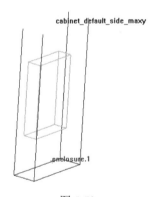

图 5-72　　　　　　　　　　　图 5-73

3. 外壳面模型创建

(1)单击自建模工具栏中的 ■(Walls)按钮,创建外壳面模型。

(2)右击左侧模型树 Model→walls.1,在弹出的快捷菜单中执行 Edit 命令,弹出如图 5-74 所示的外壳面参数设置对话框,选择 Geometry 选项卡,在 Plane 处选择 Y-Z,单击 Done 按钮完成外壳面几何模型创建。

(3)单击自建模工具栏中的 ■(Morph edges)按钮,进行外壳面匹配调整,单击选择 Wall.1 的 Z max 边，单击 Middle 按钮确认，单击外壳的 Z max 边，单击 Middle 按钮确认完成 Z max 边的尺寸匹配，如图 5-75 及图 5-76 所示。

（4）单击自建模工具栏中的 （Morph edges）按钮，单击选择 Wall.1 的 Z min 边，单击 Middle 按钮确认，单击外壳的 Z min 边，单击 Middle 按钮确认完成 Z min 边的尺寸匹配，如图 5-77 所示。

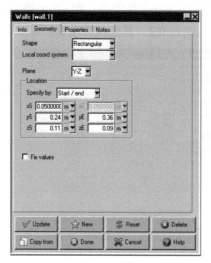

图 5-74

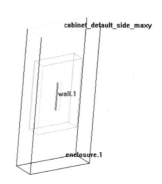

图 5-75

图 5-76

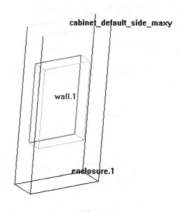

图 5-77

（5）右击左侧模型树 Model→walls.1，在弹出的快捷菜单中执行 Edit 命令，弹出外壳面参数设置对话框，如图 5-78 所示，选择 Properties 选项卡，在 Wall thickness 处输入 0.001，在 Solid material 处选择为 Polystyrene-rigid-R12，在 External conditions 处选择 Heat transfer coefficient，并单击下侧的 Edit 按钮，弹出如图 5-79 所示的外壳面对流换热参数设置对话框，在 Thermal conditions 下选择 Heat transfer coeff，并在 Heat transfer coeff 处输入 5，其他参数默认，单击 Done 按钮完成对流换热系数设置及外壳面模型创建。

4．PCB 模型创建

（1）单击自建模工具栏中的 ▥（Printed circuit boards）按钮，创建 PCB 模型。

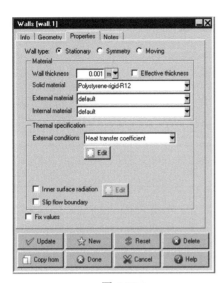
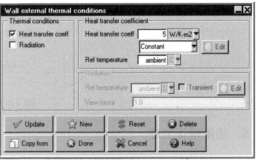

图 5-78　　　　　　　　　　　　　　　图 5-79

（2）右击左侧模型树 Model→pcb.1，在弹出的快捷菜单中执行 Edit 命令，弹出如图 5-80 所示的 PCB 模型参数设置对话框，在该对话框中选择 Geometry 选项卡，在 Plane 处选择 Y-Z，在 xS 处输入 0.0584，在 yS 处输入 0.15，在 yE 处输入 0.45，在 zS 处输入 0，在 zE 处输入 0.2，其他保持默认。

（3）选择 Properties 选项卡，在 Trace layer type 处选择 Detailed，单击 Add layer 按钮添加三层。将 Layer thickness 的单位改为 microns，在第一层 Layer thickness 处输入 20，在 % coverage 处输入 80，在第二层 Layer thickness 处输入 10，在 % coverage 处输入 70，在第三层 Layer thickness 处输入 10，在 % coverage 处输入 70，在第四层 Layer thickness 处输入 10，在 % coverage 处输入 70，其他参数保持默认，如图 5-81 所示，单击 Update 按钮，则可以查看 PCB 等效传热系数。

（4）单击 Done 按钮完成 PCB 模型创建，创建完成的 PCB 模型如图 5-82 所示。

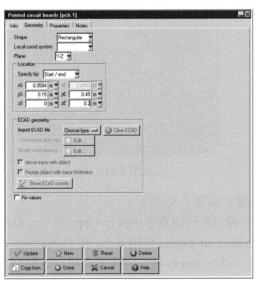
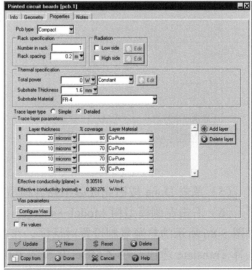

图 5-80　　　　　　　　　　　　　　　图 5-81

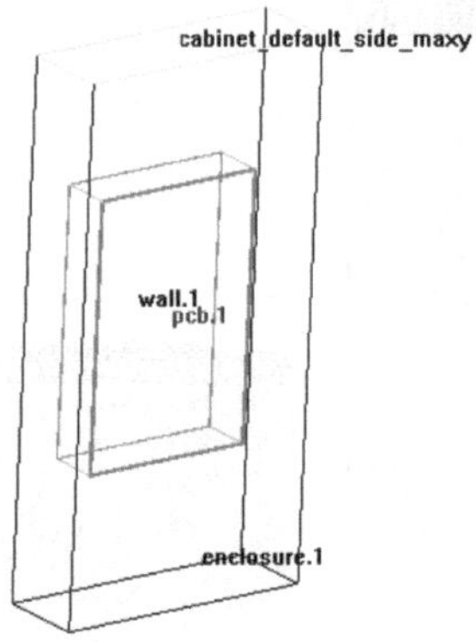

图 5-82

5. 热源模型创建

（1）单击自建模工具栏中的 （Source）按钮，创建热源模型。

（2）右击左侧模型树 Model→source.1，在弹出的快捷菜单中执行 Edit 命令，弹出如图 5-83 所示的热源参数设置对话框。

（3）选择 Geometry 选项卡，在 Plane 处选择 Y-Z 平面，在 xS 处输入 0.0584，在 yS 处输入 0.194，在 yE 处输入 0.21，在 zS 处输入 0.035，在 zE 处输入 0.055，其他保持默认。

（4）选择 Properties 选项卡，在 Thermal condition 处选择 Total power 选项，在 Total power 处输入 7，单位选择 W，如图 5-84 所示。

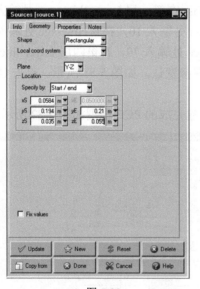

图 5-83

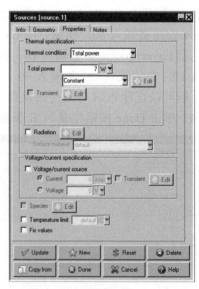

图 5-84

（5）单击 Done 按钮完成单个热源模型创建，如图 5-85 所示。

（6）右击左侧模型树 Model→source.1，在弹出的快捷菜单中执行 Copy 命令，弹出如图 5-86 所示的热源复制设置对话框。在 Number of copies 处输入 2，在 Operations 处选择 Translate 选项，在 Z offset 处输入 0.055，单击 Apply 按钮完成热源模型的复制，如图 5-87 所示。

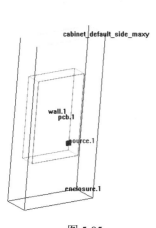 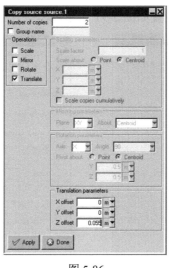 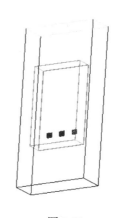 

图 5-85　　　　　　　图 5-86　　　　　　　图 5-87

（7）同步骤 6，同时右击选择 source.1、source.1.1 及 source.1.2，在弹出的快捷菜单中执行 Copy 命令，弹出如图 5-88 所示的热源复制设置对话框。在 Number of copies 处输入 3，在 Operations 处选择 Translate 选项，在 Y offset 处输入 0.064，单击 Apply 按钮完成热源模型的复制，如图 5-89 所示。

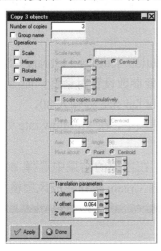 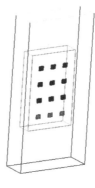

图 5-88　　　　　　　　　　　　　图 5-89

6．翅片模型创建

（1）单击自建模工具栏中的 （Heat sinks）按钮，创建翅片模型。

（2）右击左侧模型树 Model→heat sinks.1，在弹出的快捷菜单中执行 Edit 命令，弹出如图 5-90 所示的翅片参数设置对话框。

（3）选择 Geometry 选项卡，在 Plane 处选择 Y-Z 平面，在 xS 处输入 0.06，在 yS 处输入 0.15，在 yE 处输入 0.45，在 zS 处输入 0，在 zE 处输入 0.2，在 Base height 处输入 0.004，在 Overall height 处输入 0.04，其他保持默认。

（4）选择 Properties 选项卡，在 Type 处选择 Detailed 选项，在 Count 处输入 9，在

Thickness 处输入 0.002,其他设置如图 5-91 所示。

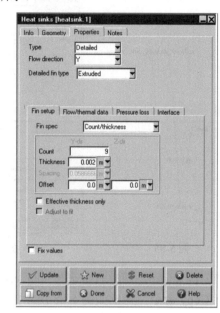

图 5-90　　　　　　　　　　　图 5-91

(5) 单击 Done 按钮完成翅片模型创建,如图 5-92 所示。

7. 风扇模型创建

(1) 右击左侧模型树 Solution settings→Library→Search fans,如图 5-93 所示,打开风扇搜索参数设置对话框,如图 5-94 所示,取消选择 Min fan size,在 Max fan size 处输入 80。

(2) 选择 Thermal/flow 选项卡,在 Min flow rate 处输入 80,如图 5-95 所示。

(3) 单击 Search 按钮,在出现的结果中选择 delta.FFB0812_24EHE,如图 5-96 所示,单击 Create 按钮完成风扇模型创建。

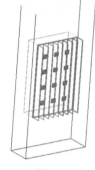

图 5-92

图 5-93

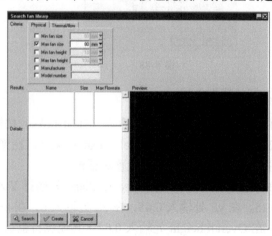

图 5-94

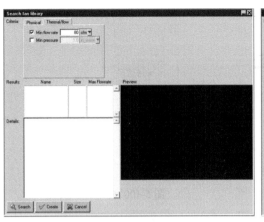 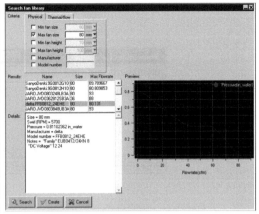

图 5-95　　　　　　　　　　　图 5-96

（4）右击左侧模型树 Model→delta.FFB0812_24EHE.1，在弹出的快捷菜单中执行 Edit 命令，弹出如图 5-97 所示的风扇参数设置对话框。

（5）选择 Geometry 选项卡，在 Plane 处选择 X-Z 平面，在 xC 处输入 0.05，在 yC 处输入 0，在 zC 处输入 0.1，在 Radius 处输入 0.036，在 Hub radius 处输入 0.018。

（6）单击 Done 按钮完成风扇模型创建，创建完成的风扇模型如图 5-98 所示。

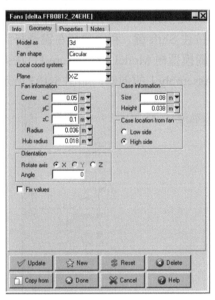 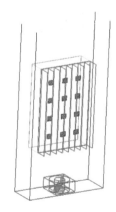

图 5-97　　　　　　　　　　　图 5-98

8．模型显示及检查

（1）执行菜单栏中的 Model→Show objects by type 命令，弹出如图 5-99 所示的热源模型显示设置对话框，在 Object type 处选择 Source 选项，单击 Display 按钮，则在工作区的显示如图 5-100 所示，单击 Close 按钮关闭对话框。

（2）单击快捷命令工具栏中的 （Check model）按钮进行创建模型检查，在消息窗口会显示详细信息，提示建模无问题，如图 5-101 所示。

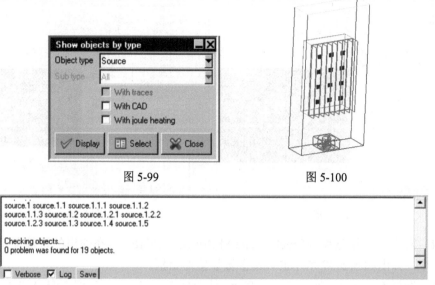

图 5-99　　　　　　　　图 5-100

图 5-101

9. 装配体创建

为了更好地进行网格划分，针对风扇及外壳创建两个装配体，具体如下所述。

（1）调整工作区界面为 X 正方向视图，按住 Shift 键，利用鼠标左键选择除风扇之外的其他几何模型，如图 5-102 所示，右击左侧模型树 Model→enclosure.1，在弹出的快捷菜单中执行 Create→Assembly 命令，完成 Assembly.1 的创建，如图 5-103 所示。

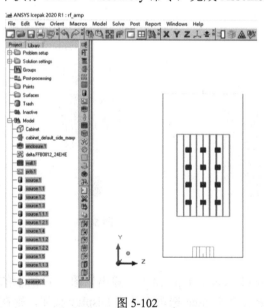

图 5-102　　　　　　　　图 5-103

（2）右击左侧模型树 Model→delta.FFB0812_24EHE.1，在弹出的快捷菜单中执行 Create→Assembly 命令，完成 Assembly.2 的创建。

（3）创建好的两个装配体如图 5-104 所示。

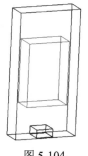

图 5-104

5.2.3 网格划分设置

1．装配体模型网格划分设置

（1）右击左侧模型树 Model→Assembly.1，在弹出的快捷菜单中执行 Edit 命令，弹出如图 5-105 所示的 Assembly.1 设置对话框。选择 Meshing 选项卡，选择 Mesh separately 选项，在 Min X 处输入 0，在 Min Y 处输入 0.02，在 Min Z 处输入 0.01，在 Max X 处输入 0，在 Max Y 处输入 0.05，在 Max Z 处输入 0.01，其他保持默认设置不变，单击 Done 按钮保存退出。

（2）右击左侧模型树 Model→Assembly.2，在弹出的快捷菜单中执行 Edit 命令，弹出如图 5-106 所示的 Assembly.2 设置对话框。选择 Meshing 选项卡，选择 Mesh separately 选项，在 Min X 处输入 0.01，在 Min Y 处输入 0，在 Min Z 处输入 0.01，在 Max X 处输入 0.01，在 Max Y 处输入 0.05，在 Max Z 处输入 0.01，其他保持默认设置不变，单击 Done 按钮保存退出。

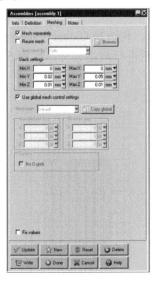

图 5-105

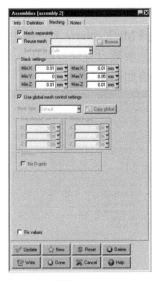

图 5-106

2．Coarse 方法网格划分

（1）单击快捷命令工具栏中的 （Generate mesh）按钮，弹出网格划分设置对话框，如图 5-107 所示。

（2）在 Mesh parameters 处选择 Coarse 选项，在 Max element size 下 X、Y、Z 处依次输入 0.005、0.03 及 0.015，在 Minimum gap 下 X、Y、Z 处输入 1e-4、2e-4 及 1e-3，单击 Generate 按钮进行网格划分。

（3）选择 Mesh control 对话框中的 Display 选项卡，选择 Cut plane 选项，在 Set position 下拉框里选择 X plane through center 选项，选择 Display mesh 选项，其他参数设置如图 5-108 所示。显示的网格效果如图 5-109 所示，从图中可知网格尺寸较大，因此需要进一步进行网格优化。

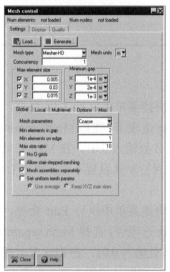
图 5-107

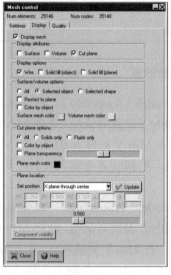
图 5-108

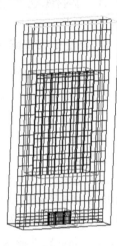
图 5-109

3. Normal 方法网格划分

（1）选择 Mesh control 对话框中的 Settings 选项卡，再选择 Global→Mesh parameters→Normal，其他参数设置保持默认，单击 Generate 按钮进行网格划分，如图 5-110 所示，优化后的网格如图 5-111 所示。

图 5-110

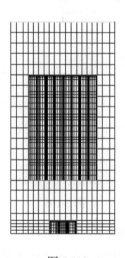
图 5-111

（2）选择 Mesh control 对话框中的 Display 选项卡，取消选择 Display mesh 选项，关闭网格显示。

5.2.4 物理模型设置

1．流动模型校核

（1）双击左侧模型树 Solution settings→Basic settings，打开基本设置对话框，如图 5-112 所示。

（2）单击 Reset 按钮，在消息窗口显示雷诺数值，提示流动模型选择湍流，如图 5-113 所示。

（3）在 Number of iterations 处输入 100，单击 Accept 按钮保存设置。

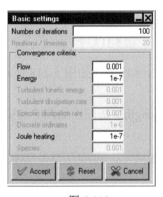

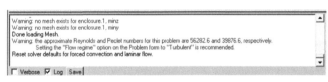

图 5-112　　　　　　　　　　　　　　图 5-113

2．物理模型设置

（1）双击左侧模型树 Problem setup，弹出 Problem setup wizard 设置对话框。

（2）在选择变量求解设置对话框中选择 Solve for velocity and pressure 及 Solve for temperature 选项，如图 5-114 所示，单击 Next 按钮进行下一步设置。

（3）在流动条件求解设置对话框中选择 Flow is buoyancy driven（natural convection）选项，如图 5-115 所示，单击 Next 按钮进行下一步设置。

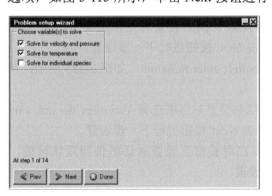
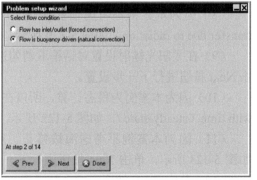

图 5-114　　　　　　　　　　　　　　图 5-115

（4）在自然对流求解设置对话框选择 Use Boussinesq approximation 选项，如图 5-116 所示，单击 Next 按钮进行下一步设置。

（5）在自然对流求解设置对话框保持 Operating pressure 数值不变，选择 Set gravitational acceleration 选项，如图 5-117 所示，单击 Next 按钮进行下一步设置。

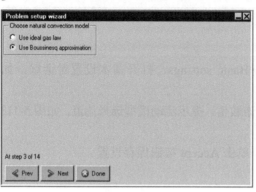 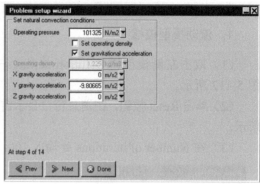

图 5-116　　　　　　　　　　　　图 5-117

（6）在流动状态设置对话框选择 Set flow regime to turbulent 选项，如图 5-118 所示，单击 Next 按钮进行下一步设置。

（7）在湍流模型设置对话框选择 Zero equation（mixing length）选项，如图 5-119 所示，单击 Next 按钮进行下一步设置。

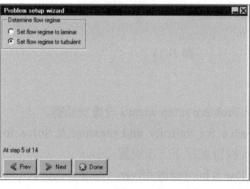 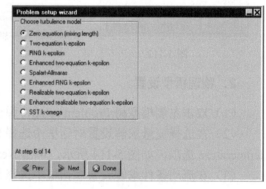

图 5-118　　　　　　　　　　　　图 5-119

（8）因为本案例不考虑辐射换热，所以在辐射换热设置对话框选择 Ignore heat transfer due to radiation，如图 5-120 所示，单击 Next 按钮进行下一步设置。

（9）在太阳光辐射设置对话框取消勾选 Include solar radiation，如图 5-121 所示，单击 Next 按钮进行下一步设置。

（10）因为本案例为稳态计算，所以在暂稳态设置对话框选择 Variables do not vary with time（steady-state），如图 5-122 所示，单击 Next 按钮进行下一步设置。

（11）因为本案例不考虑海拔修正，所以在海拔修正设置对话框保持默认设置，如图 5-123 所示，单击 Next 按钮进行下一步设置。

（12）单击 Done 按钮完成全部设置。

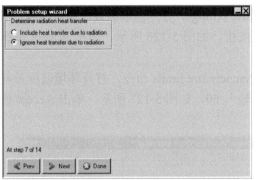
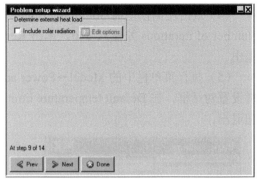

图 5-120　　　　　　　　　　　　　图 5-121

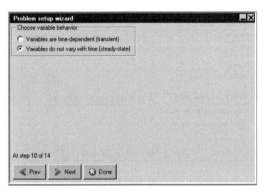
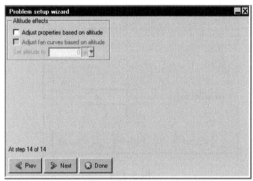

图 5-122　　　　　　　　　　　　　图 5-123

3．基本参数设置及保存

（1）双击左侧模型树 Problem setup→Basic parameters，打开基本参数设置对话框。选择 General setup 选项卡，如图 5-124 所示，保持默认设置不变。

（2）选择 Defaults 选项卡，保持默认环境温度 20℃不变，如图 5-125 所示。

（3）单击 Accept 按钮保存基本参数设置。

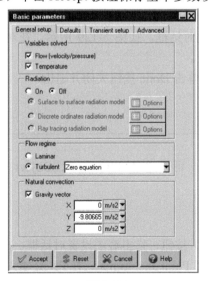
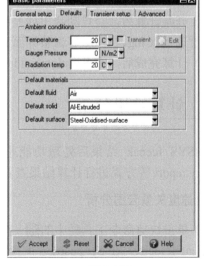

图 5-124　　　　　　　　　　　　　图 5-125

（4）双击左侧模型树 Solution settings→Basic settings，打开基本参数设置对话框，在 Number of iterations 处输入 300，单击 Reset 按钮，如图 5-126 所示，单击 Accept 按钮退出。

（5）执行菜单栏中的 Model→Power and temperature limits 命令，打开环境温度及材料设置对话框，在 Default temperature limit 处输入 60，如图 5-127 所示，单击 Accept 按钮退出。

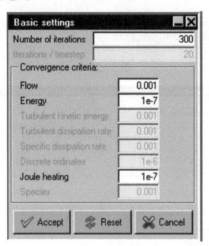

图 5-126

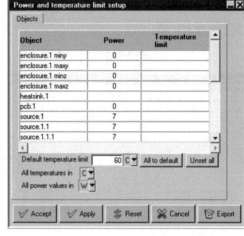

图 5-127

（6）执行菜单栏中的 File→Save project 命令，保存整个文件，执行菜单栏中的 File→Pack project 命令，保存整个设置，以便于后续打开查看。

5.2.5 求解计算

（1）单击快捷命令工具栏中的 ![] (Run solution) 按钮，弹出求解设置对话框，如图 5-128 所示，保持默认设置不变，单击 Start solution 按钮开始计算。

（2）开始计算后，会自动弹出残差曲线监测对话框，如图 5-129 所示。在对话框内可以通过选择 X log、Y log 等调整界面显示效果。

（3）计算完成后，在 Solution residuals 界面单击 Done 按钮关闭并退出。

5.2.6 计算结果分析

ANSYS Icepak 结果后处理功能非常强大，可以选择 Plane cut、Object face 及 Summary report 等方式进行计算结果查看。

1．速度矢量云图分析

（1）单击快捷命令工具栏中的 ![] (Plane cut) 按钮，弹出截图设置对话框，在 Name 处输入 cut-velocity，在 Set position 下拉框里选择 Point and normal，在 PX 处输入 0.068，在 PY 处输入 0.31，在 PZ 处输入 0.136，选择 Show vectors 选项，如图 5-130 所示。

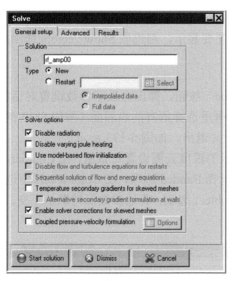

图 5-128

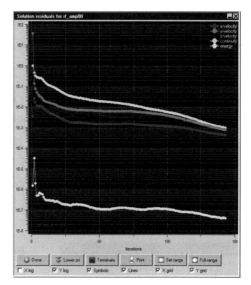

图 5-129

（2）单击 Parameters 按钮，弹出如图 5-131 所示的速度矢量云图设置对话框，在 Display options 下选择 Uniform 选项，其他参数保持默认不变，单击 Apply 按钮保存。

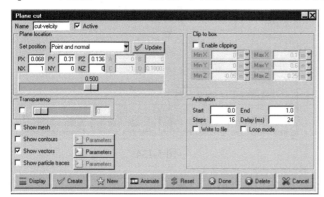

图 5-130　　　　　　　　　　　图 5-131

（3）视图选择 X 正方向，显示如图 5-132 所示的速度矢量云图。

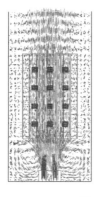
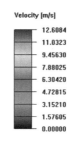

图 5-132

（4）右击左侧模型树 Post-processing→cut-velocity，在弹出的快捷菜单中取消选择 Show vectors 选项，则不显示速度矢量云图，如需要显示，则选取 Show vectors 选项。

2. 热源温度云图显示

（1）单击快捷命令工具栏中的 （Object face）按钮，弹出面显示参数设置对话框，在 Name 处输入 face-tempsource，在 Object 下拉框里选择所有的热源面（按住 Shift 键），选择 Show contours 选项，单击 Accept 按钮保存并退出，如图 5-133 所示。

（2）单击 Parameters 按钮，弹出图 5-134 所示的温度云图设置对话框，在 Contours of 处选择 Temperature 选项，在 Shading options 处选择 Banded 选项，在 Color levels 下选择 Calculated 选项，并在其下拉对话框里选择 This object 选项，其他参数保持默认不变，单击 Apply 按钮保存并退出。

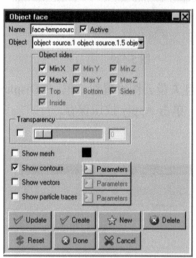
图 5-133

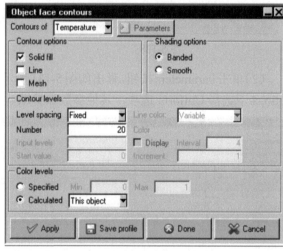
图 5-134

（3）视图选择 X 正方向，则显示如图 5-135 所示的热源面温度云图。

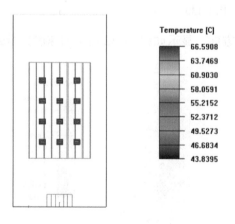
图 5-135

(4) 右击左侧 Post-processing 下的 face-tempsource,取消选择 active 选项,则不再激活显示云图。

3. 计算结果报告输出

(1) 执行菜单栏中的 Report→Summary report 命令,弹出总结报告设置对话框,单击 New 按钮,依次创建 3 行几何体,如图 5-136 所示。

(2) 在第一行几何体里选择 object heatsink.1,单击 Accept 按钮保存,在 Value 下拉框里选择 Temperature 选项。

(3) 在第二行几何体里选择 object delta.FFB0812_24EHE.1,单击 Accept 按钮保存,在 Value 下拉框里选择 Volume flow 选项。

(4) 在第三行几何体里选择 object source.1.1、object source.1.2 及 object source.1.3,单击 Accept 按钮保存,在 Value 下拉框里选择 Temperature 选项。

(5) 单击 Write 按钮,弹出总结报告对话框,单击 Done 按钮保存,如图 5-137 所示。

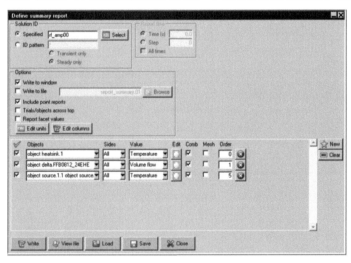

图 5-136

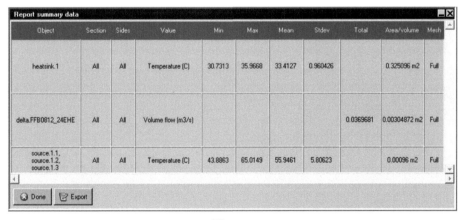

图 5-137

(6) 单击 Define summary report 设置对话框中的 Save 按钮,保存设置并退出。

5.3 本章小结

本章通过对机柜内翅片散热器散热仿真分析及射频放大器散热仿真分析两个案例进行讲解，详细介绍了如何用 ANSYS Icepak 自建模工具进行散热器翅片、风扇、PCB 及热源建模，并重点说明了风扇模型的选择及加载，通过对本章两个案例的学习，可以让读者基本掌握运用 ANSYS Icepak 进行电子设备风冷散热的建模、参数设置、网格划分、求解及仿真结果分析。

第6章

PCB 散热案例详解

印制电路板（PCB）是由绝缘材料和铜组成的多层板。PCB 在法向平面方向的导热系数与在平面内方向的导热系数不同，且数值差异很大。单位面积上功率器件功耗密度的增加，给 PCB 及其上侧封装的芯片冷却带来了更大的挑战，因此如何准确地对 PCB 的传热特性进行分析非常重要。本章通过对 IDF 文件导入和 PCB 导入及热仿真分析两个案例进行操作演示，详细介绍了如何进行 IDF 文件导入、PCB 模型参数设置及导热系数计算，使读者基本掌握 PCB 散热的仿真流程。

> **学习目标**
> - 掌握 ANSYS Icepak 进行 IDF 文件导入的步骤；
> - 掌握如何运用不同的方法对导入模型进行简化设置；
> - 掌握如何导入 Trace 文件；
> - 掌握如何进行 PCB 模型参数设置及导热系数计算。

6.1 项目创建与 IDF 文件导入

本案例介绍了如何在 ANSYS Icepak 里将 IDF 文件导入并进行简化处理，导入后的几何模型如图 6-1 所示。IDF 文件常用于 ECAD 和 MCAD 之间设计数据交换及对印制电路板的分析。IDF CAD 模型是由 Mentor 等软件生成的图形，典型的 IDF CAD 模型包括一个 PCB 文件和一个库文件，其中，PCB 文件包括 PCB 布局（PCB 的尺寸、形状和组件的位置），库文件包含组件信息（尺寸、功耗、结到外壳和结到板的热阻等）。

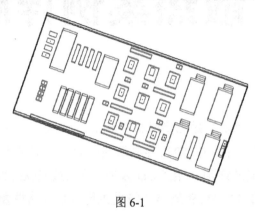

图 6-1

6.1.1 项目创建

（1）在 ANSYS Icepak 启动界面，单击 New 按钮，创建一个新的分析项目，在 New project 对话框内 Directory 下设置工作目录，在 Project name 处输入项目名称 IDF，如图 6-2 所示，单击 Create 按钮完成项目创建。

（2）在工作区默认创建一个计算域，尺寸为 1 m×1 m×1 m，如图 6-3 所示。

图 6-2

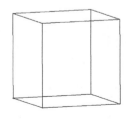

图 6-3

6.1.2 IDF 文件导入

（1）执行菜单栏中的 File→Import→IDF file→New 命令，如图 6-4 所示。

（2）在弹出的 IDF 文件导入对话框中单击 Browse 按钮，从工作目录文件中选择 brd_board.emn 文件，如图 6-5 所示。

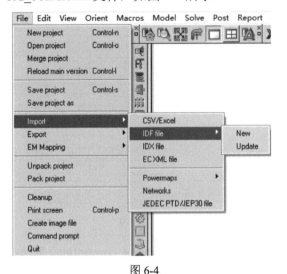

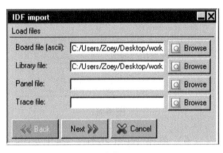

图 6-4　　　　　　　　　　　　　　　　图 6-5

（3）单击 Next 按钮，弹出如图 6-6 所示的对话框，在 Import type 处选择 Detail，在 Board plane 处选择 XY，在 Board shape 处选择 Rectangular 选项，在 Detail options 下选择 Make all components rectangular 选项。在 Board properties 处单击 Edit 按钮，弹出如图 6-7 所示的对话框，在该对话框内可以输入 PCB 层数、PCB 层厚度尺寸、材料及基板材料、覆盖量等，单击 Cancel 按钮关闭对话框。

图 6-6　　　　　　　　　　　　　　　　图 6-7

（4）单击 Next 按钮，弹出如图 6-8 所示的对话框，在该对话框中可以进行导入组件过滤原则的选取，既可以按照尺寸/功耗或组件类型也可以按照所有组件类型选择组件。此处选择 Filter by components 及 Import all components 选项。

(5) 单击 Next 按钮，弹出如图 6-9 所示的对话框，选择 Model all components as 选项，其余参数保持默认不变。

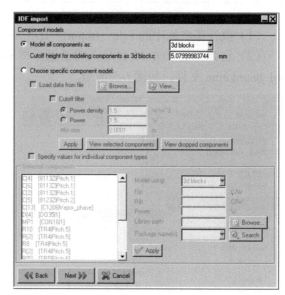

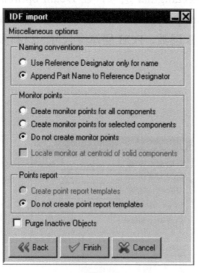

图 6-8　　　　　　　　　　　　　　　　　图 6-9

(6) 单击 Next 按钮，弹出如图 6-10 所示的对话框，在 Naming conventions 处选择 Append Part Name to Reference Designator 选项，其余参数保持默认不变。

(7) 单击 Finish 按钮，完成 IDF 文件的导入，自动弹出如图 6-11 所示的提示框，显示 PCB 的详细参数，单击 Dismiss 按钮退出，导入完成的效果如图 6-12 所示。

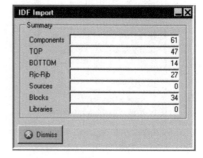

图 6-10　　　　　　　　　　　　　　　　　图 6-11

(8) 如果在步骤 (4)，选择 Filter by size/power/component type 选项，则可以输入组件筛选的尺寸、功耗及其他参数，如图 6-13 所示，在 Size filter 处输入 5，在 Power filter 处输入 100，按照此原则筛选后的汇总如图 6-14 所示。

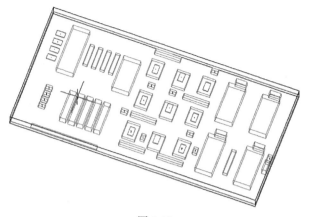

图 6-12

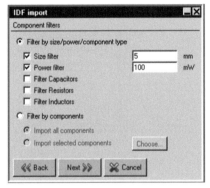

图 6-13

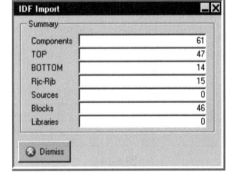

图 6-14

6.2 PCB 导入及热仿真分析

本案例对 PCB 的 IDF 文件导入进行简化处理，导入后的 PCB 模型如图 6-15 所示，下面对其温度分布特性如何进行仿真分析验证展开说明。

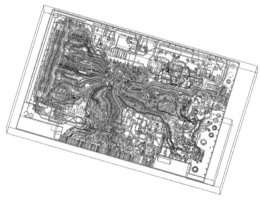

图 6-15

6.2.1 项目创建

(1) 在 ANSYS Icepak 启动界面单击 New 按钮,创建一个新的 ANSYS Icepak 分析项目,在项目创建对话框中的 Directory 下设置工作目录,在 Project name 处输入项目名称 Trace-import.,如图 6-16 所示,单击 Create 按钮完成项目创建。

(2) 在工作区默认创建一个计算域,尺寸为 1 m×1 m×1 m,如图 6-17 所示。

图 6-16

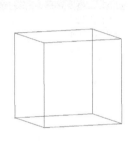

图 6-17

6.2.2 模型导入

(1) 执行菜单栏中的 File→Import Model→IDF file→New 命令,可以打开 IDF 文件导入设置对话框,如图 6-18 所示。在 Board file 处单击 Browse 按钮,选择 A1.bdf 文件,则在 Library file 处会自动打开关联文件。

(2) 单击 Next 按钮继续,弹出如图 6-19 所示的对话框,在 Import type 处选择 Detail,在 Board plane 处选择 XY,在 Board shape 处选择 Rectangular,其他参数保持默认不变。

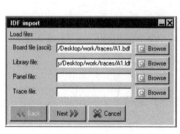

图 6-18

图 6-19

(3)单击 Next 按钮继续,弹出如图 6-20 所示的对话框,在 Component filters 处选择 Filter by components 选项,在其下选择 Import all components 选项。

(4)单击 Next 按钮继续,弹出如图 6-21 所示的对话框,在 Model all components as 处选择 3d blocks 选项,在 Cutoff height for modeling components as 3d blocks 处的数值保持默认不变。

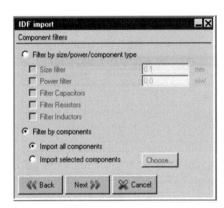
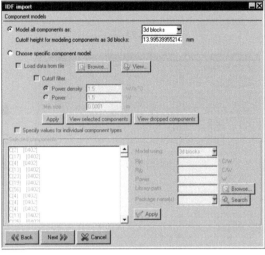

图 6-20   图 6-21

(5)单击 Next 按钮继续,弹出如图 6-22 所示的对话框,保持默认设置不变,单击 Finish 按钮,自动弹出如图 6-23 所示的提示框,可以显示详细的导入文件信息。

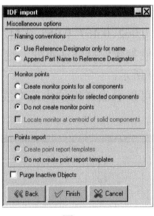
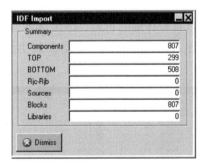

图 6-22   图 6-23

(6)导入完成的几何模型如图 6-24 所示。原始导入的 PCB 模型比较复杂,部件组成较多,为了节省时间,本案例后续分析计算用简化好的模型代替。执行菜单栏中的 File→Unpack project 命令,可以打开 A11.tzr 文件,打开后的几何模型如图 6-25 所示。

(7)右击左侧模型树 Model→board→BOARD_OUTLINE.1,在弹出的快捷菜单中执行 Edit 命令,弹出如图 6-26 所示的对话框,在该对话框中选择 Geometry 选项卡,在 Import ECAD file 的 choose type 处选择 Ansoft Neutral ANF,弹出如图 6-27 所示的对话框,在 File name 处选择 A1.anf 文件。

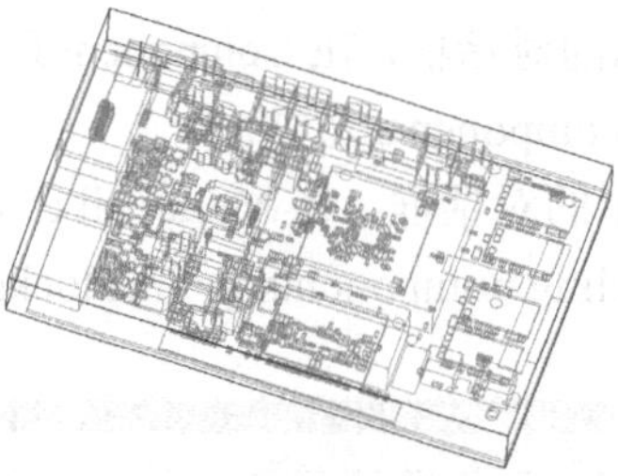

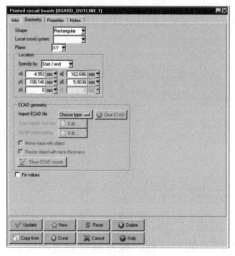

图 6-24

图 6-25

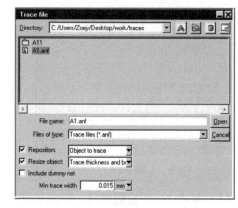

图 6-26

图 6-27

(8) 单击 Open 按钮，自动弹出如图 6-28 所示的对话框，在 M1 TOP 处输入 0.04，第二层至最后层的厚度参数从上至下依次为 0.45364、0.062、0.467、0.055、0.442 及 0.045。在 By size 的 rows 和 columns 处分别输入 0.508，其他参数保持默认不变。选择 Vias 选项卡，可以查看详细的材料、厚度等参数，如图 6-29 所示。

(9) 导入完成后的模型如图 6-30 所示，从图中可以看出详细的内部布线图及过孔信息。

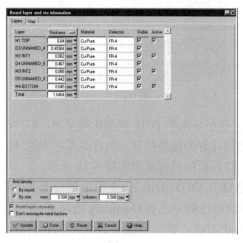

图 6-28

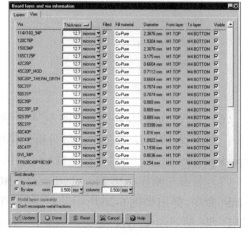

图 6-29

图 6-30

（10）执行菜单栏中的 Model→Show metal fractions 命令，在弹出对话框中的 Object with traces 处选择 BOARD_OUTLINE.1，其他参数设置如图 6-31 所示，单击 Display 按钮，则显示如图 6-32 所示的示意图。

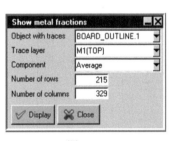

图 6-31

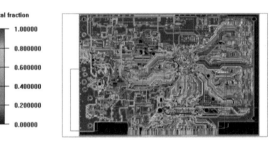

图 6-32

6.2.3 网格划分设置

（1）对 BOARD_OUTLINE.1 以外的其他几何体进行抑制，右击左侧模型树 Model→cabinet，在弹出的快捷菜单中执行 Auto scale 命令，则可以将外部域调整至合适的尺寸。

（2）右击左侧模型树 Model→cabinet，在弹出的快捷菜单中执行 Edit 命令，弹出如图 6-33 所示的对话框，在该对话框中选择 Properties 选项卡，在 Min Z 和 Max Z 处选择 Wall。单击 Min Z 后面的 Edit 按钮，弹出如图 6-34 所示的对话框，在 External conditions 处选择 Temperature，单击 Done 按钮完成设置。

（3）单击 Max Z 后面的 Edit 按钮，则弹出如图 6-35 所示的壁面设置对话框，在 External conditions 处选择 Heat flux，数值输入 20000，单击 Done 按钮完成设置。

（4）单击快捷命令工具栏中的 （Generate mesh）按钮进行网格划分，弹出的对话框如图 6-36 所示。在 Mesh type 处选择 Mesher-HD，在 Max element size 下 X、Y、Z 处分别输入 2.032、2.032 及 0.05，在 Minimum gap 下 X、Y、Z 处分别输入 1、1 及 0.01 mm，其他参数保持默认不变，单击 Generate 按钮开始网格划分。

（5）选择 Mesh control 对话框中的 Display 选项卡，选择 Surface 选项，在 Set position 下拉框里选择 Point and normal，选择 Display mesh 选项，其他参数设置如图 6-37 所示。

显示的网格效果如图 6-38 所示。

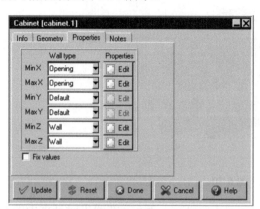

图 6-33

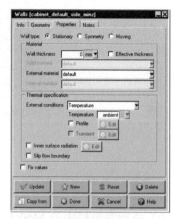

图 6-34

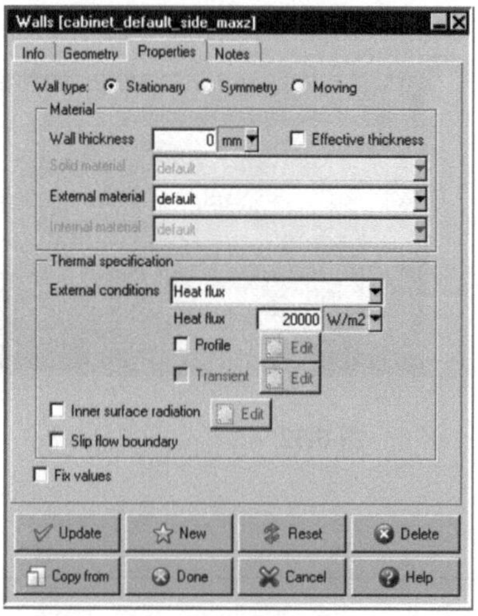

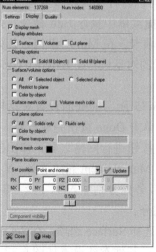

图 6-35

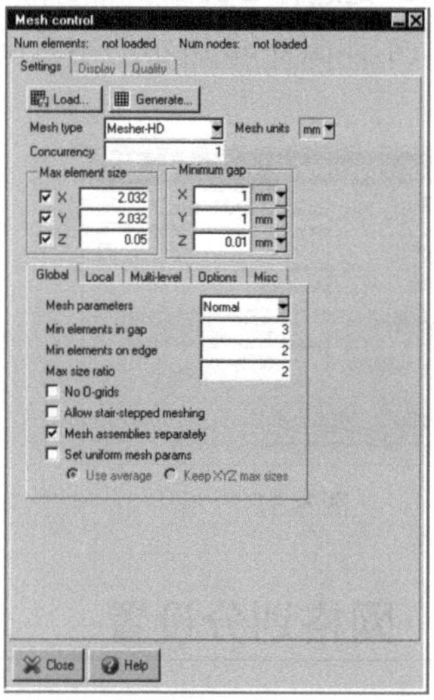

图 6-36

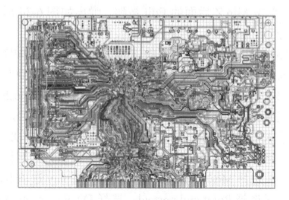

图 6-37

图 6-38

6.2.4 只考虑导热时模型设置及计算

1. 物理模型设置及求解

本案例只计算 PCB 的导热过程，因此只需打开换热模型。

（1）双击左侧模型树 Problem setup→Basic parameters，打开基本参数设置对话框。选择 General setup 选项卡，在 Variables Solved 中选择 Temperature，不启动辐射换热模型，如图 6-39 所示。单击 Accept 按钮退出基本参数设置对话框。

（2）双击左侧模型树 Solution settings→Basic settings，打开基本设置对话框，如图 6-40 所示，将 Energy 处数值改为 1e-12，其他参数保持默认不变，单击 Accept 按钮退出基本设置对话框。

图 6-39

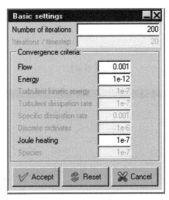

图 6-40

（3）双击左侧模型树 Solution settings→Advanced settings，打开高级求解设置对话框，在 Linear solver 下 Temperature 处选择 F，在 Termination criterion 及 Residual reduction tolerance 处输入 1e-6，其他设置如图 6-41 所示，单击 Accept 按钮退出。

（4）单击快捷命令工具栏中的 （Run solution）按钮，弹出求解设置对话框，如图 6-42 所示，在 ID 处输入 A11-0.508，其他参数保持默认设置，单击 Start solution 按钮开始计算。计算完成后，在 Solution residuals 界面单击 Done 按钮关闭退出。

2. 结果后处理分析

（1）单击快捷命令工具栏中的 （Plane cut）按钮，弹出截图设置对话框，在 Name 处输入 cut.1，在 Set position 下拉框里选择 Point and normal，在 PX、PY、PZ 处依次输入 0、0 及 0.78232，在 NX、NY、NZ 处依次输入 0、0 及 1，如图 6-43 所示。选择 Show contours 选项，单击 Parameters 按钮，弹出如图 6-44 所示的温度云图设置对话框，在 Contours of 处选择 Temperature，在 Shading options 处选择 Banded，在 Color levels 下选择 Calculated，并在其下拉对话框里选择 This object，其他参数保持默认不变，单击 Apply 按钮，弹出如图 6-45 所示的温度分布云图。

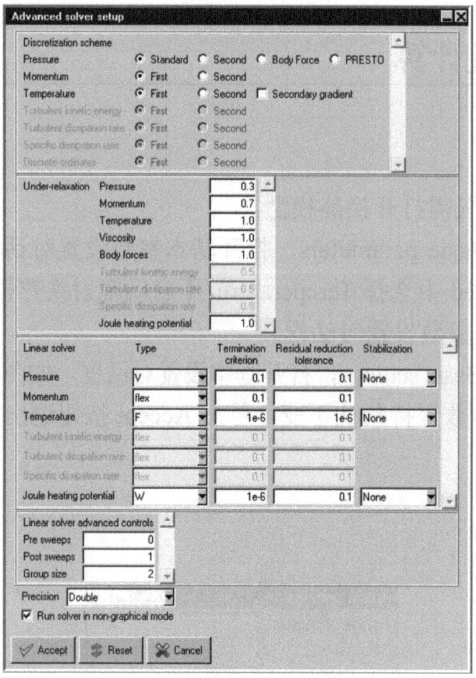

图 6-41

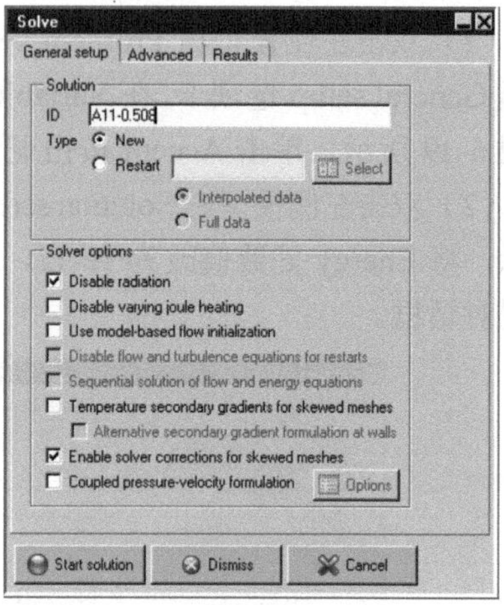

图 6-42

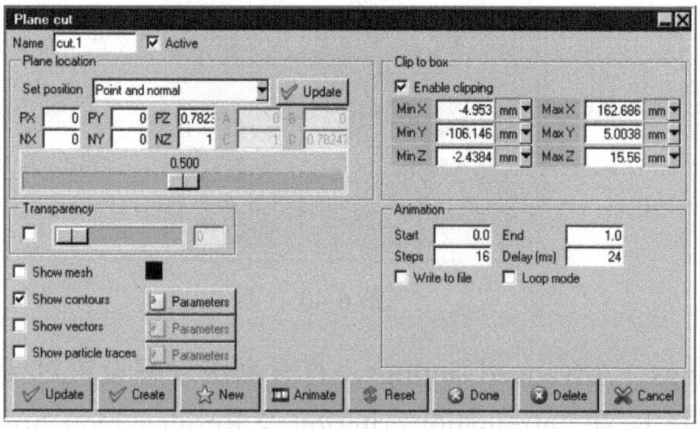

图 6-43

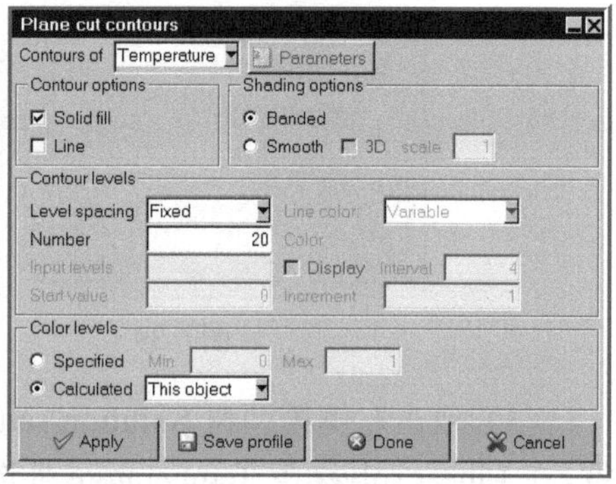

图 6-44

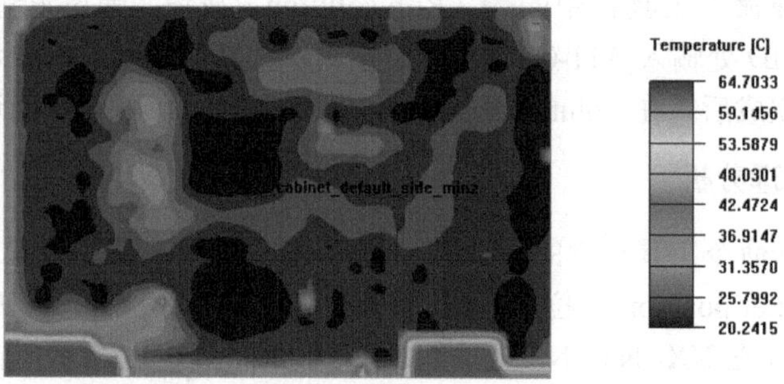

图 6-45

（2）单击 Parameters 按钮，弹出如图 6-46 所示的导热系数设置对话框，在 Contours of 处选择 K_Z，在 Shading options 处选择 Banded，在 Color levels 下选择 Calculated，并

在其下拉对话框里选择 This object，其他参数如图 6-46 所示，单击 Apply 按钮，弹出如图 6-47 所示的 K_Z 方向导热系数云图。

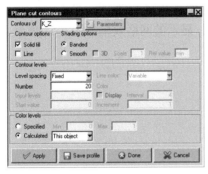
图 6-46

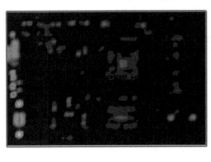
图 6-47

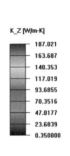

6.2.5 考虑其他功率器件时模型设置及计算

1. 网格划分

（1）双击左侧模型树 Inactive，选中所有部件，右击选择 Active，即可将所有的元器件激活显示，激活显示后的效果如图 6-48 所示。

（2）右击左侧模型树 Model→cabinet，在弹出的快捷菜单中执行 Auto scale 命令，则可以将外部域调整为合适的尺寸。

（3）右击左侧模型树 Model→cabinet，在弹出的快捷菜单中执行 Edit 命令，弹出如图 6-49 所示的 Cabinet 设置对话框，在该对话框中选择 Properties 选项卡，在 X Velocity 处输入-1.5，单击 Done 按钮完成设置。

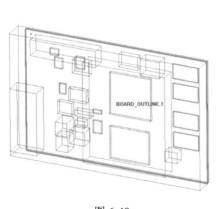
图 6-48

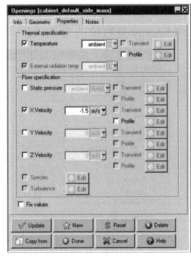
图 6-49

（4）单击快捷命令工具栏中的 （Generate mesh）按钮进行网格划分，弹出网格划分设置对话框，如图 6-50 所示。在 Mesh type 处选择 Mesher-HD，在 Max element size

下 X、Y、Z 处分别输入 9.5、7 及 0.7，在 Minimum gap 下的 X、Y、Z 处分别输入 1、1 及 0.01 mm，其他参数保持默认不变，单击 Generate 按钮开始网格划分。

（5）选择 Mesh control 对话框中的 Display 选项卡，选择 Surface 选项，在 Set position 下拉框里选择 Point and normal，选择 Display mesh 选项，显示的网格效果如图 6-51 所示。

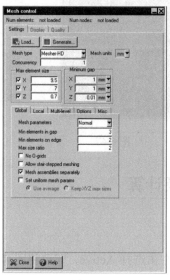

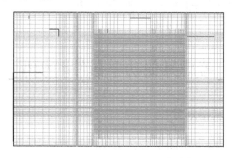

图 6-50　　　　　　　　　　　　　　　图 6-51

2. 物理模型设置

（1）双击左侧模型树 Problem setup→Basic parameters，打开如图 6-52 所示的基本参数设置对话框。选择 General setup 选项卡，在 Variables solved 中选择 Flow 及 Temperature，不启动辐射换热模型，单击 Accept 按钮退出基本参数设置对话框。

（2）双击左侧模型树 Solution settings→Basic settings，打开基本设置对话框，如图 6-53 所示，将 Energy 处数值改为 1e-12，其他参数保持默认不变，单击 Accept 按钮退出。

图 6-52　　　　　　　　　　　　　　　图 6-53

（3）双击左侧模型树 Problem setup，弹出 Problem setup wizard 设置对话框。

（4）在对话框选择 Solve for velocity and pressure 及 Solve for temperature 选项，如图 6-54 所示，单击 Next 按钮进行下一步设置。

（5）在流动条件求解设置对话框参照如图 6-55 所示进行选择，单击 Next 按钮进行下一步设置。

 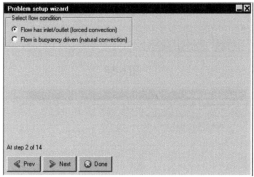

图 6-54　　　　　　　　　　　　图 6-55

（6）在流动状态设置对话框选择 Set flow regime to turbulent 选项，如图 6-56 所示，单击 Next 按钮进行下一步设置。

（7）在湍流模型设置对话框选择 Zero equation（mixing length）选项，如图 6-57 所示，单击 Next 按钮进行下一步设置。

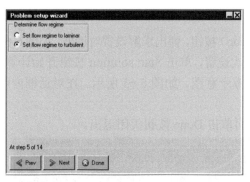 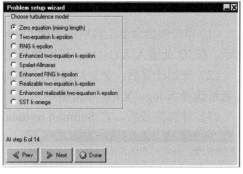

图 6-56　　　　　　　　　　　　图 6-57

（8）因为本案例不考虑辐射传热，所以在辐射传热设置对话框选择 Ignore heat transfer due to radiation 选项，如图 6-58 所示，单击 Next 按钮进行下一步设置。

（9）在太阳光辐射设置对话框不选择 Include solar radiation 选项，如图 6-59 所示，单击 Next 按钮进行下一步设置。

（10）因为本案例为稳态计算，所以在暂稳态设置对话框选择 Variables do not vary with time（steady-state）选项，如图 6-60 所示，单击 Next 按钮进行下一步设置。

（11）因为本案例不考虑海拔修正，所以在海拔修正设置对话框保持默认设置，如图 6-61 所示，单击 Next 按钮进行下一步设置。

（12）单击 Done 按钮完成全部设置。

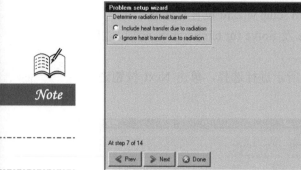

图 6-58

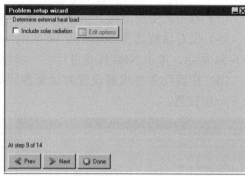

图 6-59

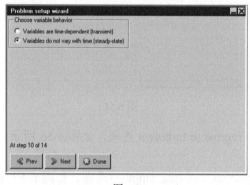

图 6-60

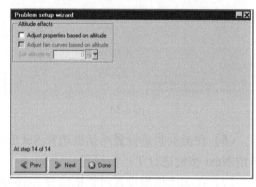

图 6-61

3. 求解计算

（1）单击快捷命令工具栏中的 （Run solution）按钮，弹出求解设置对话框，如图 6-62 所示，在 ID 处输入 A11-con，其他参数保持默认设置，单击 Start solution 按钮开始计算。

（2）开始计算后，会自动弹出残差曲线计算示意图，如图 6-63 所示。在对话框内可以通过选择 X log、Y log 等调整界面显示效果。

（3）计算完成后，在 Solution residuals 界面单击 Done 按钮关闭退出。

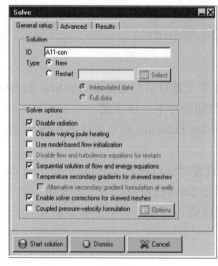

图 6-62

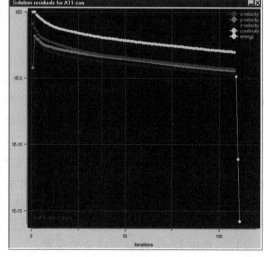

图 6-63

4. 结果后处理分析

(1) 单击快捷命令工具栏中的 (Object face) 按钮,弹出面显示参数设置对话框,在 Name 处输入 face.1,在 Object 下拉框里选择 object BOARD_OUTLINE.1,单击 Accept 按钮保存,选择 Show contours 选项,如图 6-64 所示。

(2) 单击 Parameters 按钮,弹出如图 6-65 所示的温度云图设置对话框,在 Contours of 处选择 Temperature,在 Shading options 下选择 Banded,在 Color levels 下选择 Calculated,并在其下拉对话框里选择 This object,其他参数保持默认,单击 Apply 按钮保存并退出,即显示如图 6-66 所示的温度分布云图。

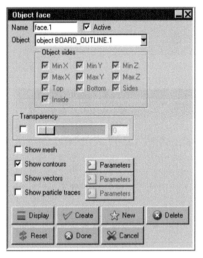
图 6-64

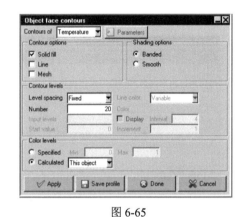
图 6-65

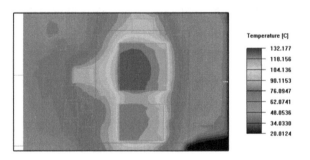
图 6-66

(3) 执行菜单栏中的 Report→Summary report 命令,弹出总结报告设置对话框,单击 New 按钮,依次创建 2 行几何体,如图 6-67 所示。

(4) 在第一行几何体里选择 object BOARD_OUTLINE.1,在 Value 下拉框里选择 Temperature。

(5) 在第二行几何体里选择 object U8,在 Value 下拉框里选择 Temperature。

(6) 单击 Write 按钮,弹出总结报告输出界面,单击 Done 按钮保存退出该界面,如图 6-68 所示。

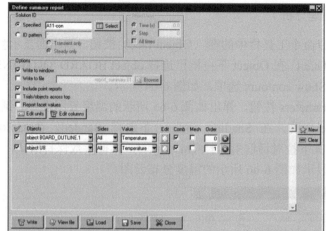

图 6-67

图 6-68

（7）单击总结报告设置对话框中的 Save 按钮，保存设置退出。

6.3 本章小结

本章通过 IDF 文件导入和 PCB 导热及热仿真分析两个案例，详细介绍了如何用 ANSYS Icepak 进行 IDF 文件导入，并运用不同的方法对导入的 IDF 文件模型进行简化。此外还对 PCB 模型参数设置及导热系数计算进行了讲解，说明如何进行单独传热计算。通过对本章的学习，可以让读者基本掌握运用 ANSYS Icepak 进行 PCB 类问题的建模、参数设置及仿真结果分析。

第7章

辐射换热及热管散热案例详解

器件的温度越高，辐射换热在器件对外传热过程中的占比就越高，因此对于高温环境下电子器件散热仿真分析，以及如何考虑辐射换热并选取准确的辐射换热模型就显得尤为重要。此外，热管散热技术充分利用了热传导原理与相变介质的快速热传递性质，透过热管将发热物体的热量迅速传递到热源外，因此被广泛应用在电子行业散热设计中。本章通过对辐射换热及热管散热两个案例进行操作演示，详细介绍了如何用 ANSYS Icepak 进行 S2S 辐射换热模型、DO 辐射换热模型及 Ray-Tracing 辐射换热模型设置。此外，讲解了 ANSYS Icepak 进行各向异性导热材料设置及对热管传热等效处理设置。通过对本章的学习，读者可以基本掌握辐射换热及热管散热的仿真流程。

学习目标

- 掌握如何进行 S2S 辐射换热模型设置；
- 掌握如何进行 DO 辐射换热模型设置；
- 掌握如何进行 Ray-Tracing 辐射换热模型设置；
- 掌握各向异性导热材料及热管等效设置；
- 掌握如何对热管散热进行等效处理设置；
- 掌握 ANSYS Icepak 非连续网格划分设置。

7.1 辐射换热案例详解

本案例以一个带有散热翅片的印制电路板（PCB）为例，模型如图 7-1 所示，在自然对流冷却条件下，依次分析了不考虑辐射换热，以及使用 S2S 辐射换热模型、DO 辐射换热模型及射线追踪辐射换热模型进行辐射换热，并对比了不同换热模型对温度分布的影响。

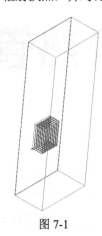

图 7-1

7.1.1 项目创建

（1）在 ANSYS Icepak 启动界面，单击 New 按钮，创建一个新的 ANSYS Icepak 分析项目，在项目创建对话框内 Directory 下设置工作目录，在 Project name 处输入项目名称 Hsink-rad，如图 7-2 所示，单击 Create 按钮完成项目创建。

（2）在工作区默认创建一个计算域，尺寸为 1 m×1 m×1 m，如图 7-3 所示。

图 7-2

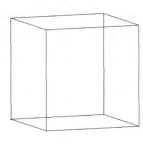

图 7-3

7.1.2 几何结构及性能参数设置

1. 计算域模型创建

(1) 右击左侧模型树 Model→Cabinet,在弹出的快捷菜单中执行 Edit 命令,如图 7-4 所示,弹出如图 7-5 所示的机柜尺寸设置对话框。

图 7-4

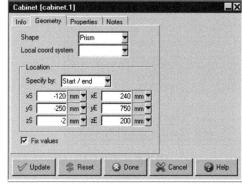

图 7-5

(2) 在该对话框中选择 Geometry 选项卡,将尺寸单位改为 mm,在 xS 处输入-120,在 yS 处输入-250,在 zS 处输入-2,在 xE 处输入 240,在 yE 处输入 750,在 zE 处输入 200,其他保持默认。

(3) 选择 Properties 选项卡,在 MinY 及 Max Y 处将 Default 改为 Opening,进而完成计算域出口边界设置,如图 7-6 所示,单击 Done 按钮完成计算域模型创建,如图 7-7 所示。

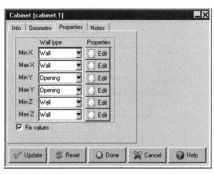

图 7-6

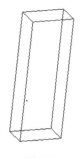

图 7-7

2. PCB 模型创建

(1) 单击自建模工具栏中的 (Blocks)按钮,创建 PCB 模型。

(2) 右击左侧模型树 Model→block.1,在弹出的快捷菜单中执行 Edit 命令,弹出如图 7-8 所示的对话框,选择 Info 选项卡,在 Name 处输入 PCB。

(3) 选择 Geometry 选项卡,在 xS 处输入-120,在 yS 处输入-250,在 zS 处输入-2,在 xE 处输入 240,在 yE 处输入 750,在 zE 处输入 0,其他保持默认,如图 7-9 所示,单击 Done 按钮完成 PCB 几何模型创建。

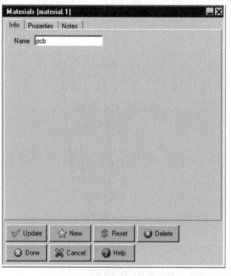

图 7-8　　　　　　　　　　　图 7-9

（4）右击左侧模型树 Model→Create object→Material，弹出如图 7-10 所示的材料设置对话框，选择 Info 选项卡，在 Name 处输入 pcb。选择 Properties 选项卡，在 Conductivity type 处选择 Orthotropic，设置 PCB 材料的导热系数为各向异性，在三个坐标下依次输入 40、40 及 0.4，代表在 X、Y 方向的导热系数为 40W/m·K，在 Z 方向的导热系数为 0.4W/m·K，如图 7-11 所示。但实际工程应用过程中，由于 PCB 内过孔、布线等特征的存在，PCB Z 方向的导热系数需要详细分析确认。

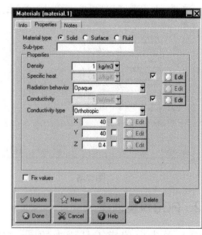

图 7-10　　　　　　　　　　图 7-11

（5）右击左侧模型树 Model→PCB.1，在弹出的快捷菜单中执行 Edit 命令，弹出如图 7-12 所示的对话框，选择 Properties 选项卡，在 Solid material 下拉框里选择 pcb 材料，单击 Done 按钮保存退出。

3. 散热基板模型创建

（1）单击自建模工具栏中的 ▦（Blocks）按钮，创建散热基板模型。

（2）右击左侧模型树 Model→block.2，在弹出的快捷菜单中执行 Edit 命令，弹出如图 7-13 所示的散热基板参数设置对话框，选择 Info 选项卡，在 Name 处输入 hs-base。

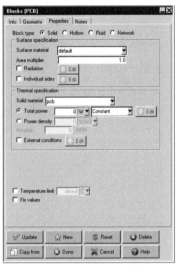

图 7-12　　　　　　　　　　　　　　图 7-13

（3）选择 Geometry 选项卡，在 xS 处输入 0，在 yS 处输入 0，在 zS 处输入 0，在 xE 处输入 123，在 yE 处输入 160，在 zE 处输入 10，其他保持默认，如图 7-14 所示，单击 Done 按钮完成散热基板模型创建，如图 7-15 所示。

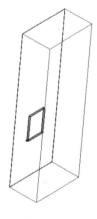

图 7-14　　　　　　　　　　　　　　图 7-15

4. 散热翅片模型创建

（1）单击自建模工具栏中的 ▦（Blocks）按钮，创建散热翅片模型。

（2）右击左侧模型树 Model→block.3，在弹出的快捷菜单中执行 Edit 命令，弹出如

图 7-16 所示的对话框,选择 Info 选项卡,在 Name 处输入 hs-fin1.1。

(3)选择 Geometry 选项卡,在 xS 处输入 0,在 yS 处输入 0,在 zS 处输入 10,在 xE 处输入 3,在 yE 处输入 160,在 zE 处输入 70,其他参数设置如图 7-17 所示,单击 Done 按钮完成散热翅片模型创建,创建好的散热翅片模型如图 7-18 所示。

图 7-16

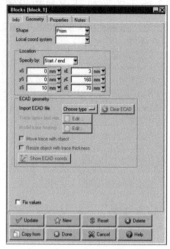
图 7-17

(4)右击左侧模型树 Model→hs-fin1.1,在弹出的快捷菜单中执行 Copy 命令,弹出如图 7-19 所示的翅片复制设置对话框。在 Number of copies 处输入 8,在 Operations 处选择 Translate 选项,在 X offset 处输入 15,单击 Apply 按钮完成翅片模型的复制。复制好的翅片模型如图 7-20 所示。

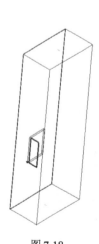
图 7-18

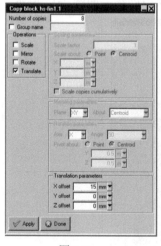
图 7-19

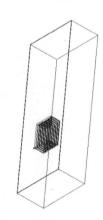
图 7-20

5. 热源模型创建

(1)单击自建模工具栏中的 (Source)按钮,创建热源模型。

(2)右击左侧模型树 Model→source.1,在弹出的快捷菜单中执行 Edit 命令,弹出如图 7-21 所示的热源参数设置对话框。

(3）选择 Geometry 选项卡，在 Plane 处选择 X-Y 平面，在 xS 处输入 20，在 yS 处输入 20，在 zS 处输入 0，在 xE 处输入 103，在 yE 处输入 140，其他保持默认。

(4）选择 Properties 选项卡，在 Thermal condition 处选择 Total power，在 Total power 处输入 75，单位选择 W，如图 7-22 所示。

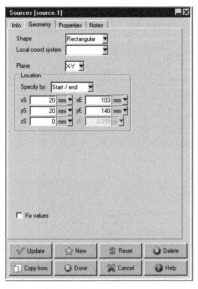

图 7-21

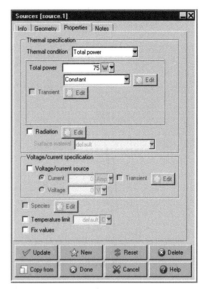

图 7-22

(5）单击 Done 按钮完成热源模型创建。

7.1.3 网格划分设置

1．装配体模型创建

为了更好地进行网格划分，针对散热基板及翅片创建装配体，具体如下所述。

（1）调整工作区界面为 X 正方向视图，按住 Shift 键，用鼠标左键选择 hs-base、hs-fin1.1 等所有翅片模型后右击，在弹出的快捷菜单中执行 Create→Assembly 命令，完成 Assembly.1 的创建，如图 7-23 所示。

（2）右击左侧模型树 Model→Assembly.1，在弹出的快捷菜单中执行 Edit 命令，弹出如图 7-24 所示的装配体网格设置对话框。选择 Meshing 选项卡，再选择 Mesh separately 选项，在 Min X 处输入 40，在 Min Y 处输入 40，在 Min Z 处输入 2，在 Max X 处输入 40，在 Max Y 处输入 80，在 Max Z 处输入 40，其他如图所示，单击 Done 按钮保存退出。

2．网格划分设置

（1）单击快捷命令工具栏中的 （Generate mesh）按钮进行网格划分，弹出网格划分设置对话框，如图 7-25 所示。在 Mesh type 处选择 Mesher-HD，在 Max element size 下三个坐标中分别输入 10、30 及 8，在 Minimum gap 下三个坐标中分别输入 0.001、0.001 及 0.001，其他参数保持默认。

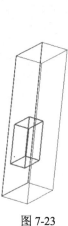
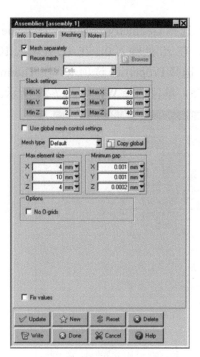

图 7-23　　　　　　　　　　　　　　图 7-24

（2）选择 Misc 选项卡，选择 Allow minimum gap changes 选项，如图 7-26 所示，单击 Generate 按钮开始网格划分。

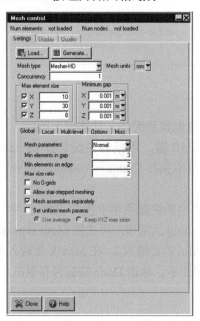
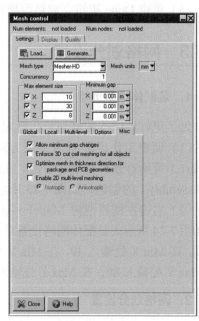

图 7-25　　　　　　　　　　　　　　图 7-26

（3）选择 Mesh control 对话框中的 Display 选项卡，选择 Cut plane 选项，在 Set position 下拉框里选择 Point and normal，选择 Display mesh 选项，其他参数设置如图 7-27 所示，显示的网格效果如图 7-28 所示。

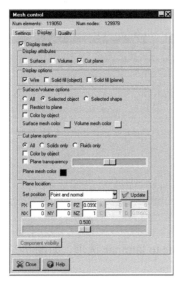

图 7-27

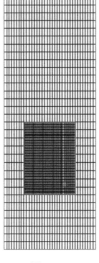

图 7-28

7.1.4　不考虑辐射换热物理模型设置及计算

1．流动模型校核

（1）双击左侧模型树 Solution settings→Basic settings，打开基本设置对话框，如图 7-29 所示。

（2）单击 Reset 按钮，则在消息窗口显示雷诺数值，提示流动模型选择湍流，如图 7-30 所示。

（3）在 Number of iterations 处输入 400，单击 Accept 按钮保存设置。

图 7-29

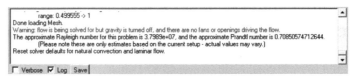

图 7-30

2．物理模型设置

（1）双击左侧模型树 Problem setup，弹出 Problem setup wizard 设置对话框。

（2）在对话框选择 Solve for velocity and pressure 及 Solve for temperature 选项，如图 7-31 所示，单击 Next 按钮进行下一步设置。

（3）在流动条件求解设置对话框选择 Flow has inlet/outlet 选项，如图 7-32 所示，单击 Next 按钮进行下一步设置。

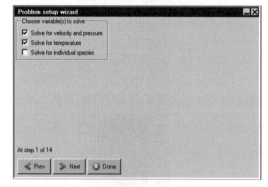

图 7-31

图 7-32

（4）在流动状态设置对话框选择 Set flow regime to laminar 选项，如图 7-33 所示，单击 Next 按钮进行下一步设置。

（5）因为本案例不考虑辐射换热，所以在辐射换热设置对话框选择 Ignore heat transfer due to radiation 选项，如图 7-34 所示，单击 Next 按钮进行下一步设置。

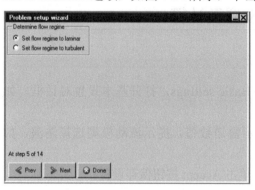

图 7-33

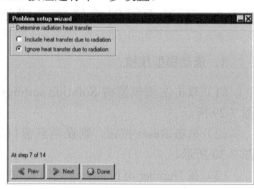

图 7-34

（6）在太阳光辐射设置对话框不勾选 Include solar radiation 选项，如图 7-35 所示，单击 Next 按钮进行下一步设置。

（7）因为本案例为稳态计算，所以在暂稳态设置对话框选择 Variables do not vary with time (steady-state)选项，如图 7-36 所示，单击 Next 按钮进行下一步设置。

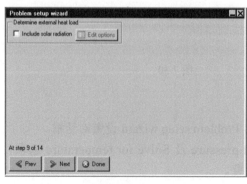

图 7-35

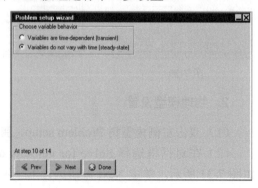

图 7-36

(8）因为本案例不考虑海拔修正，所以在海拔修正设置对话框保持默认设置，如图 7-37 所示，单击 Next 按钮进行下一步设置。

（9）单击 Done 按钮完成变量求解全部设置。

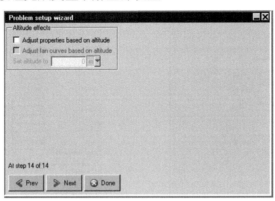

图 7-37

3．基本参数设置及保存

（1）双击左侧模型树 Problem setup→Basic parameters，打开基本参数设置对话框。

（2）选择 General setup 选项卡，如图 7-38 所示，选择 Gravity vector 选项，在 Y 方向输入-9.80665，其他保持默认设置不变。选择 Defaults 选项卡，环境温度输入 40℃，如图 7-39 所示。

图 7-38

图 7-39

（3）选择 Transient setup 选项卡，如图 7-40 所示，在 Y Velocity 处输入 0.01，其他保持默认设置不变。

（4）单击 Accept 按钮保存基本参数设置。

（5）双击左侧模型树 Solution settings→Advanced settings，打开高级求解设置对话框，在 Under-relaxation 下的 Pressure 及 Momentum 处输入 0.7 及 0.3，其他参数设置如图 7-41 所示，单击 Accept 按钮保存退出。

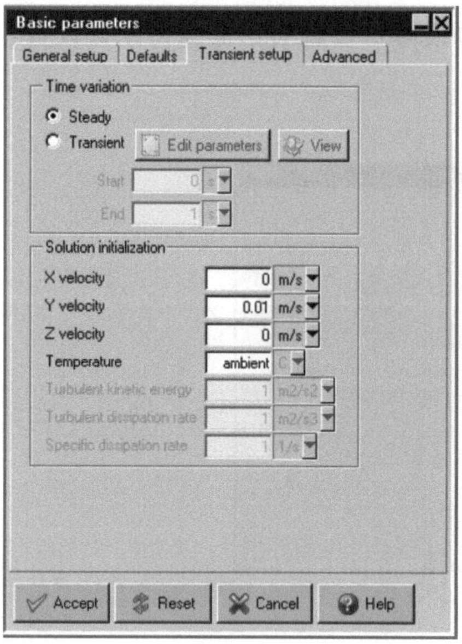

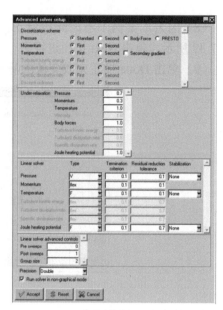

图 7-40

图 7-41

4．求解计算

（1）单击快捷命令工具栏中的（Run solution）按钮，弹出求解设置对话框，如图 7-42 所示，保持默认设置，单击 Start solution 按钮开始计算。

（2）开始计算后，自动弹出残差曲线监测对话框，如图 7-43 所示。在对话框内可以通过选择 X log、Y log 等调整界面显示效果。

（3）计算完成后，在 Solution residuals 界面单击 Done 按钮关闭退出。

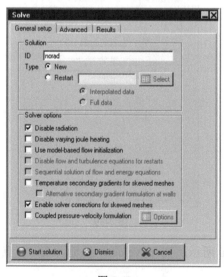

图 7-42

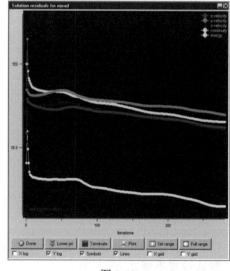

图 7-43

5．截面温度云图分析

（1）单击快捷命令工具栏中的（Plane cut）按钮，弹出截图设置对话框，在 Name

第 7 章 辐射换热及热管散热案例详解

处输入 cut.1，在 Set position 下拉框里选择 Z plane through center，选择 Show contours 选项，如图 7-44 所示。

（2）单击 Parameters 按钮，弹出如图 7-45 所示的温度云图设置对话框，在 Contours of 处选择 Temperature，在 Shading options 处选择 Banded，在 Color levels 下选择 Calculated，并在其下拉对话框里选择 This object，其他参数保持默认，单击 Apply 按钮保存。

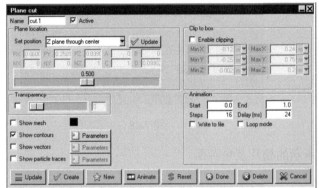

图 7-44

图 7-45

（3）若视图选择 Z 正方向，则显示如图 7-46 所示的温度云图。

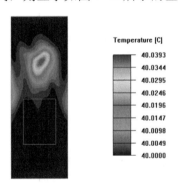

图 7-46

（4）右击左侧模型树 Post-processing→cut.1，在弹出的快捷菜单中取消选择 Show contours 选项，温度云图则不再显示。

6．器件表面温度云图分析

（1）单击快捷命令工具栏中的 （Object face）按钮，弹出面显示参数设置对话框，在 Name 处输入 face.1，在 Object 下拉框里选择所有的热源面和翅片，单击 Create 按钮保存，选择 Show contours 选项，如图 7-47 所示。

（2）单击 Parameters 按钮，弹出如图 7-48 所示的温度云图设置对话框，在 Contours of 处选择 Temperature 选项，在 Shading options 处选择 Banded 选项，在 Color levels 下选择 Calculated 选项，并在其下拉对话框里选择 This object 选项，其他参数保持默认，单击 Apply 按钮保存退出。

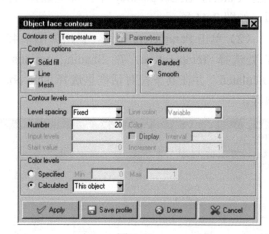

图 7-47　　　　　　　　　　　　图 7-48

（3）调整视图，显示如图 7-49 所示的翅片及热源面温度云图。

（4）右击左侧 Post-processing 下的 face.1，取消选择 active 选项，则云图不再激活显示。

7. 速度矢量图分析

（1）单击快捷命令工具栏中的 (Plane cut) 按钮，弹出截图设置对话框，在 Name 处输入 cut.2，在 Set position 下拉框里选择 Z plane through center 选项，选择 Show vectors 选项，如图 7-50 所示。

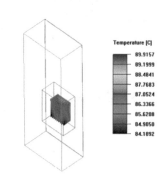

图 7-49

（2）单击 Parameters 按钮，弹出如图 7-51 所示的速度矢量图设置对话框，在 Display options 下选择 Mesh points 选项，其他参数保持默认，单击 Apply 按钮保存。

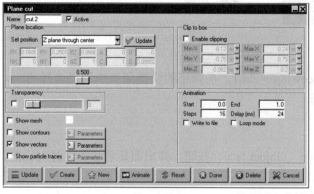

图 7-50　　　　　　　　　　　　图 7-51

（3）调整视图，显示如图 7-52 所示的速度矢量图。

（4）右击左侧模型树 Post-processing→cut.2，在弹出的快捷菜单中取消选择 Show vectors 选项，速度矢量云图则不显示，如需要显示，则选择 Show vectors 选项。

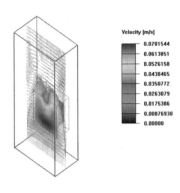

图 7-52

8．计算结果报告输出

（1）执行菜单栏中的 Report→Summary report 命令，弹出总结报告设置对话框，单击 New 按钮，依次创建 2 行几何体，如图 7-53 所示。

（2）在第一行几何体里选择 object PCB，单击 Accept 按钮保存，在 Value 下拉框里选择 Temperature 选项。

（3）在第二行几何体里选择 object assembly.1，单击 Accept 按钮保存，在 Value 下拉框里选择 Temperature 选项。

（4）单击 Write 按钮，弹出总结报告输出数据界面，如图 7-54 所示，单击 Done 按钮保存退出总结报告输出数据界面。

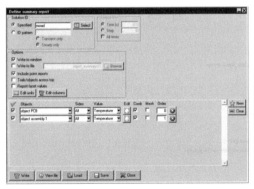

图 7-53

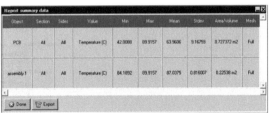

图 7-54

（5）单击总结报告设置对话框中的 Save 按钮，保存设置并退出。

7.1.5　S2S 辐射换热物理模型设置及计算

因为辐射换热模型添加计算是在上述设置的基础上进行的，因此仅需在基本参数设置里快速打开辐射换热模型，具体如下所述。

1．S2S辐射换热模型开启

（1）双击左侧模型树 Problem setup→Basic parameters，打开基本参数设置对话框。

(2)选择 General setup 选项卡,如图 7-55 所示,在 Radiation 下选择 On 选项,并选择 Surface to surface radiation model 选项,单击 Accept 按钮保存基本参数设置。

(3)执行菜单栏中的 Model→Radiation form factors 命令,弹出 Form factors 设置对话框,在 Participating objects 下选中所有的体,其他参数保持默认,单击 Compute 按钮开始计算,如图 7-56 所示。计算完成后,在 Display object values 下选择 PCB 选项,则显示如图 7-57 所示的计算结果。

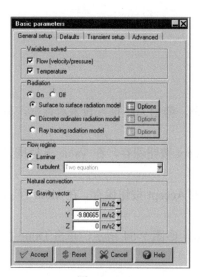

图 7-55

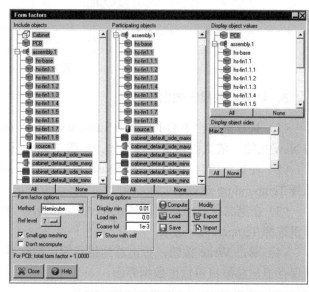

图 7-56

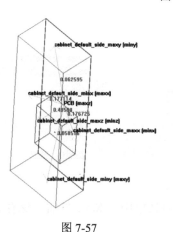

图 7-57

2. 求解计算

(1)单击快捷命令工具栏中的 ▦ (Run solution)按钮,弹出求解设置对话框,如图 7-58 所示,在 ID 处输入 S2S,其他保持默认设置,单击 Start solution 按钮开始计算。

(2)开始计算后,自动弹出残差曲线监测对话框,如图 7-59 所示。在对话框内可以通过选择 X log、Y log 等调整界面显示效果。

(3)计算完成后,在 Solution residuals 界面单击 Done 按钮关闭退出。

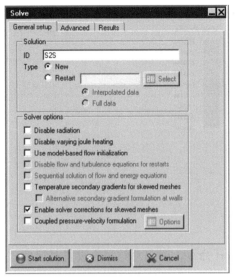
图 7-58

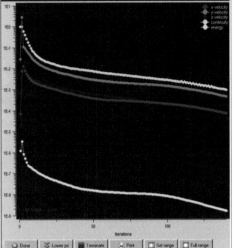
图 7-59

3. 器件表面温度云图分析

（1）单击快捷命令工具栏中的 （Object face）按钮，弹出面显示参数设置对话框，在 Name 处输入 face.1，在 Object 下拉框里选择所有的热源面和翅片，单击 Accept 按钮保存，选择 Show contours 选项，如图 7-60 所示。

（2）单击 Parameters 按钮，弹出如图 7-61 所示的温度云图设置对话框，在 Contours of 处选择 Temperature，在 Shading options 处选择 Banded 选项，在 Color levels 下选择 Calculated 选项，并在其下拉对话框里选择 This object 选项，其他参数保持默认，单击 Apply 按钮保存并退出。

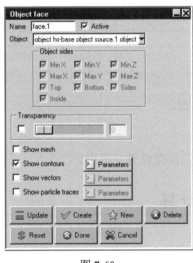
图 7-60

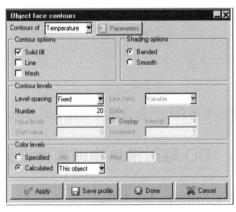
图 7-61

（3）调整视图，显示如图 7-62 所示的翅片及热源面温度云图。
（4）右击左侧 Post-processing 下的 face.1，取消选择 active 选项，则云图不再激活显示。

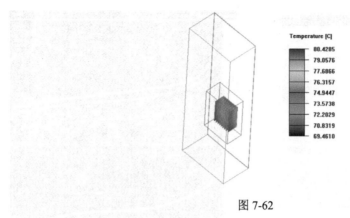

图 7-62

4. 计算结果报告输出

（1）执行菜单栏中的 Report→Summary report 命令，弹出总结报告设置对话框，单击 New 按钮，依次创建 2 行几何体，如图 7-63 所示。

（2）在第一行几何体里选择 object PCB 选项，单击 Accept 按钮保存，在 Value 下拉框里选择 Temperature 选项。

（3）在第二行几何体里选择 object assembly.1 选项，单击 Accept 按钮保存，在 Value 下拉框里选择 Temperature 选项。

（4）单击 Write 按钮，弹出总结报告对话框，单击 Done 按钮保存退出总结报告对话框，如图 7-64 所示。

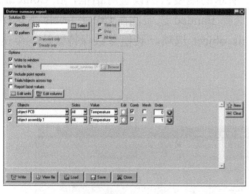

图 7-63

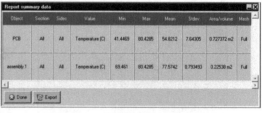

图 7-64

（5）单击总结报告设置对话框中的 Save 按钮，保存设置并退出。

7.1.6 DO 辐射换热物理模型设置及计算

1. DO 辐射换热模型开启

（1）双击左侧模型树 Problem setup→Basic parameters，打开基本参数设置对话框。

（2）选择 General setup 选项卡，如图 7-65 所示，在 Radiation 下选择 On 选项，并选择 Discrete ordinates radiation model 选项，单击 Options 按钮打开 Do 模型设置对话框，

如图 7-66 所示。

（3）单击 Accept 按钮保存基本参数设置。

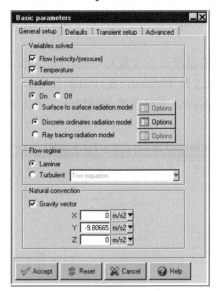

图 7-65

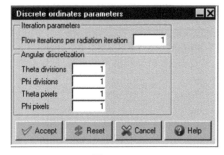

图 7-66

2．求解计算

（1）单击快捷命令工具栏中的 ■（Run solution）按钮，弹出求解设置对话框，如图 7-67 所示，在 ID 处输入 DO，其他保持默认设置，单击 Start solution 按钮开始计算。

（2）开始计算后，自动弹出残差曲线监测对话框，如图 7-68 所示。在对话框内可以通过选择 X log、Y log 等调整界面显示效果。

（3）计算完成后，单击 Done 按钮关闭退出。

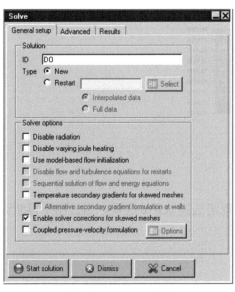

图 7-67

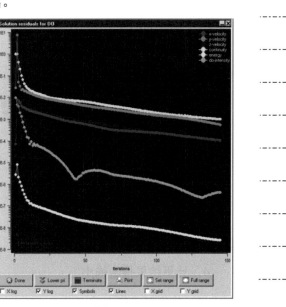

图 7-68

3. 器件表面温度云图分析

（1）单击快捷命令工具栏中的 （Object face）按钮，弹出面显示参数设置对话框，在 Name 处输入 face.1，在 Object 下拉框里选择所有的热源面和翅片，单击 Accept 按钮保存，选择 Show contours 选项，如图 7-69 所示。

（2）单击 Parameters 按钮，弹出图 7-70 所示的温度云图设置对话框，在 Contours of 处选择 Temperature 选项，在 Shading options 处选择 Banded，在 Color levels 下选择 Calculated 选项，并在其下拉对话框里选择 This object，其他参数保持默认，单击 Apply 按钮保存并退出。

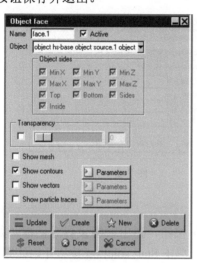

图 7-69

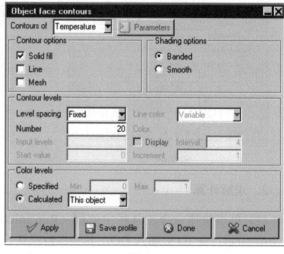

图 7-70

（3）调整视图，显示如图 7-71 所示的翅片及热源面温度云图。

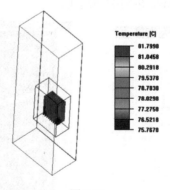

图 7-71

（4）右击左侧 Post-processing 下的 face.1，取消选择 active 选项，则云图不再激活显示。

4. 计算结果报告输出

（1）执行菜单栏中的 Report→Summary report 命令，弹出总结报告设置对话框，单击 New 按钮，依次创建 2 行几何体，如图 7-72 所示。

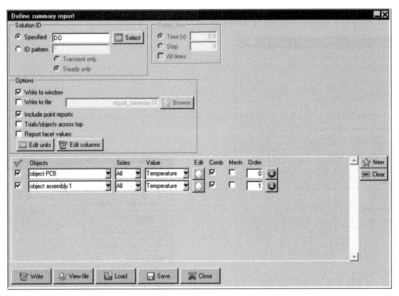

图 7-72

（2）在第一行几何体里选择 object PCB，单击 Accept 按钮保存，在 Value 下拉框里选择 Temperature 选项。

（3）在第二行几何体里选择 object assembly.1，单击 Accept 按钮保存，在 Value 下拉框里选择 Temperature 选项。

（4）单击 Write 按钮，弹出总结报告设置对话框，单击 Done 按钮保存退出总结报告设置对话框，如图 7-73 所示。

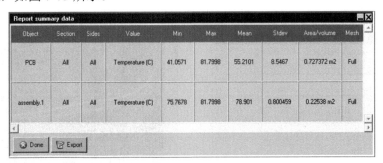

图 7-73

（5）单击总结报告设置对话框中的 Save 按钮，保存设置并退出。

7.1.7　Ray-Tracing 辐射换热物理模型设置及计算

1．Ray-Tracing 辐射换热模型开启

（1）双击左侧模型树 Problem setup→Basic parameters，打开基本参数设置对话框。

（2）选择 General setup 选项卡，如图 7-74 所示，在 Radiation 下选择 On 选项，并选择 Ray tracing radiation model 选项，单击 Options 按钮打开如图 7-75 所示的对话框。

（3）单击 Accept 按钮保存基本参数设置。

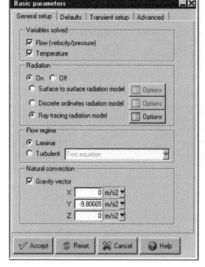

图 7-74

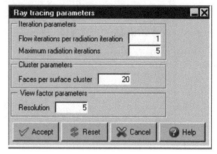

图 7-75

2．求解计算

（1）单击快捷命令工具栏中的 （Run solution）按钮，弹出求解设置对话框，如图 7-76 所示，在 ID 处输入 Ray，其他保持默认设置，单击 Start solution 按钮开始计算。

（2）开始计算后，自动弹出残差曲线监测对话框，如图 7-77 所示。在对话框内可以通过选择 X log、Y log 等调整界面显示效果。

（3）计算完成后，单击 Done 按钮关闭并退出。

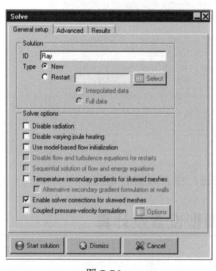

图 7-76

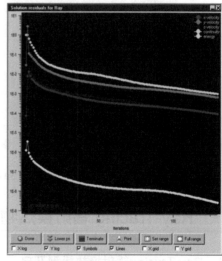

图 7-77

3．器件表面温度云图分析

（1）单击快捷命令工具栏中的 （Object face）按钮，弹出面显示参数设置对话框，在 Name 处输入 face.1，在 Object 下拉框里选择所有的热源面和翅片，单击 Accept 按钮保存，选择 Show contours 选项，如图 7-78 所示。

（2）单击 Parameters 按钮，弹出如图 7-79 所示的温度云图设置对话框，在 Contours of 处选择 Temperature 选项，在 Shading options 处选择 Banded 选项，在 Color levels 下选择 Calculated 选项，并在其下拉对话框里选择 This object 选项，其他参数保持默认，单击 Apply 按钮保存并退出。

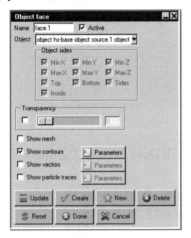
图 7-78

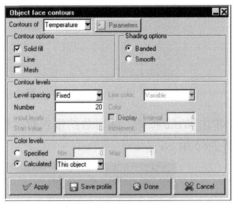
图 7-79

（3）调整视图，显示如图 7-80 所示的翅片及热源面温度云图。

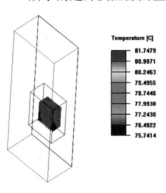
图 7-80

（4）右击左侧 Post-processing 下的 face.1，取消选择 active 选项，则云图不再激活显示。

4．计算结果报告输出

（1）执行菜单栏中的 Report→Summary report 命令，弹出总结报告设置对话框，单击 New 按钮，依次创建 2 行几何体，如图 7-81 所示。

（2）在第一行几何体里选择 object PCB，单击 Accept 按钮保存，在 Value 下拉框里选择 Temperature 选项。

（3）在第二行几何体里选择 object assembly.1，单击 Accept 按钮保存，在 Value 下拉框里选择 Temperature 选项。

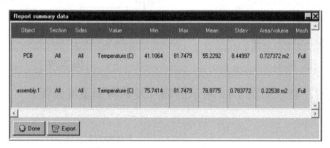

图 7-81

（4）单击 Write 按钮，弹出总结报告对话框，单击 Done 按钮保存退出总结报告对话框，如图 7-82 所示。

图 7-82

（5）单击总结报告设置对话框中的 Save 按钮，保存设置并退出。

7.2 热管散热案例详解

本案例以一个带有散热翅片的印制电路板（PCB）为例来分析内部温度分布情况，模型如图 7-83 所示，热源与散热器中间由热管进行热量传递。

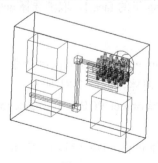

图 7-83

7.2.1 项目创建

(1) 在 ANSYS Icepak 启动界面（如图 7-84 所示）单击 Unpack 按钮，通过解压来创建一个 ANSYS Icepak 分析项目，在 File selection 设置对话框内选择 heat-pipe-nested-NC.tzr 文件，如图 7-85 所示。

图 7-84

图 7-85

(2) 单击 File selection 设置对话框中的"打开"按钮，弹出如图 7-86 所示的对话框，在 New project 处输入 Heat-pipe。

(3) 单击 Unpack 按钮，在工作区会显示如图 7-87 所示的几何模型。

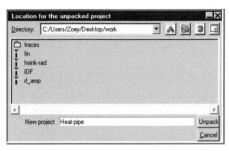

图 7-86

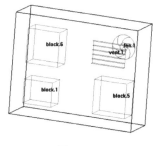

图 7-87

7.2.2 几何结构及性能参数设置

1. 热管材料创建

(1) 单击自建模工具栏中的 （Material）按钮，创建热管材料 material.1。

(2) 右击左侧模型树 Model→Materials→Solid→material.1，在弹出的快捷菜单中执行 Edit 命令，弹出如图 7-88 所示的 material.1 参数设置对话框。选择 Properties 选项卡，在 Material type 处选择 Solid 选项，在 Conductivity type 处选择 Orthotropic（各向异性）选项，并在 X、Y、Z 下依次输入 1.0、0.005、0.005。

(3) 单击 Conductivity 项的 Edit 按钮，打开如图 7-89 所示的对话框，在 Type 处选择 Constant 选项，在数值处输入 20000，单击 Accept 按钮保存，单击 Done 按钮完成 material.1 材料创建。

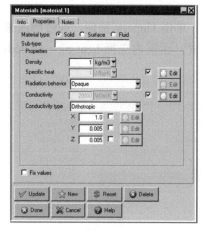

图 7-88

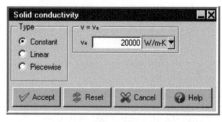

图 7-89

（4）单击自建模工具栏中的 （Material）按钮，创建热管材料 material.2。

（5）右击左侧模型树 Model→Materials→Solid→material.2，在弹出的快捷菜单中执行 Edit 命令，弹出如图 7-90 所示的 material.2 参数设置对话框。选择 Properties 选项卡，在 Material type 处选择 Solid，在 Conductivity type 处选择 Orthotropic（各向异性），并在 X、Y、Z 下依次输入 0.005、1.0、0.005。

（6）单击 Conductivity 项的 Edit 按钮，打开如图 7-91 所示的对话框，在 Type 处选择 Constant，在数值处输入 20000，单击 Accept 按钮保存，单击 Done 按钮完成 material.2 材料创建。

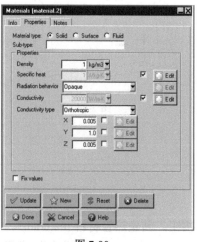

图 7-90

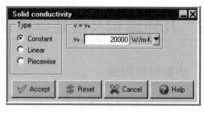

图 7-91

（7）单击自建模工具栏中的 （Material）按钮，创建热管材料 material.3。

（8）右击左侧模型树 Model→Materials→Solid→material.3，在弹出的快捷菜单中执行 Edit 命令，弹出如图 7-92 所示的 material.3 参数设置对话框。选择 Properties 选项卡，在 Material type 处选择 Solid，在 Conductivity type 处选择 Orthotropic（各向异性），并在

X、Y、Z 下依次输入 1.0、1.0、0.005。

（9）单击 Conductivity 项的 Edit 按钮，打开如图 7-93 所示的对话框，在 Type 处选择 Constant，在数值处输入 20000，单击 Accept 按钮保存，单击 Done 按钮完成 material.3 材料创建。

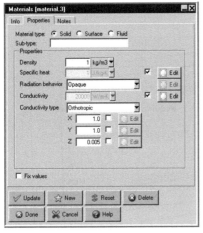

图 7-92

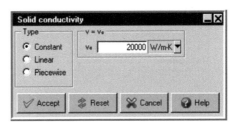

图 7-93

2. 热管模型创建

（1）单击自建模工具栏中的 （Blocks）按钮，创建热管 1 模型。

（2）右击左侧模型树 Model→block.1，在弹出的快捷菜单中执行 Edit 命令，弹出如图 7-94 所示的对话框，选择 Info 选项卡，在 Name 处输入 pipe1。

（3）选择 Geometry 选项卡，在 Shape 处选择 Cylinder，在 Plane 处选择 Y-Z，在 xC 处输入 0.05，在 yC 处输入 0.11，在 zC 处输入 0.1，在 Height 处输入 0.245，在 Radius 处输入 0.01，在 Int radius 处输入 0，其他保持默认，如图 7-95 所示。

图 7-94

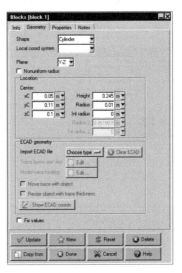

图 7-95

(4) 选择 Properties 选项卡，在 Block type 处选择 Solid 选项，在 Solid material 处选择 material.1 选项，如图 7-96 所示，单击 Done 按钮完成热管 1 模型创建，创建好的几何模型如图 7-97 所示。

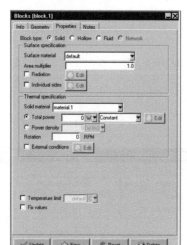
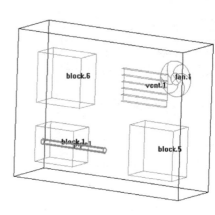

图 7-96　　　　　　　　　　　图 7-97

(5) 单击自建模工具栏中的（Blocks）按钮，创建热管 2 模型。

(6) 右击左侧模型树 Model→block.1，在弹出的快捷菜单中执行 Edit 命令，弹出如图 7-98 所示的对话框，选择 Info 选项卡，在 Name 处输入 pipe2。

(7) 选择 Geometry 选项卡，在 Shape 处选择 Cylinder，在 Plane 处选择 Y-Z，在 xC 处输入 0.325，在 yC 处输入 0.365，在 zC 处输入 0.1，在 Height 处输入 0.267，在 Radius 处输入 0.01，在 Int radius 处输入 0，其他保持默认，如图 7-99 所示。

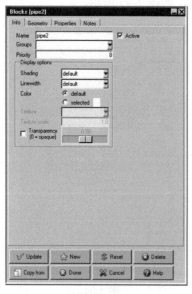
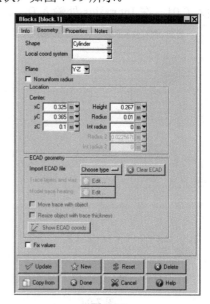

图 7-98　　　　　　　　　　　图 7-99

(8)选择 Properties 选项卡,在 Block type 处选择 Solid,在 Solid material 处选择 material.2 选项,如图 7-100 所示,单击 Done 按钮完成热管 2 模型创建,创建好的几何模型如图 7-101 所示。

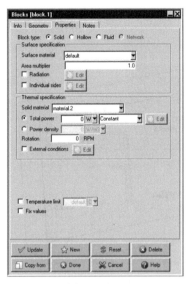

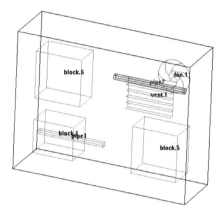

图 7-100　　　　　　　　　　　　　　图 7-101

(9)单击自建模工具栏中的 (Blocks)按钮,创建热管 3 模型。

(10)右击左侧模型树 Model→block.1,在弹出的快捷菜单中执行 Edit 命令,弹出如图 7-102 所示的对话框,选择 Info 选项卡,在 Name 处输入 pipe3。

(11)选择 Geometry 选项卡,在 Shape 处选择 Cylinder,在 Plane 处选择 X-Z,在 xC 处输入 0.31,在 yC 处输入 0.125,在 zC 处输入 0.1,在 Height 处输入 0.225,在 Radius 处输入 0.01,在 Int radius 处输入 0,其他保持默认,如图 7-103 所示。

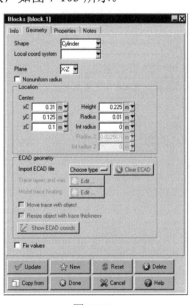

图 7-102　　　　　　　　　　　　　　图 7-103

(12)选择 Properties 选项卡,在 Block type 处选择 Solid 选项,在 Solid material 处选择 material.3 选项,如图 7-104 所示,单击 Done 按钮完成热管 3 模型创建,创建好的几何模型如图 7-105 所示。

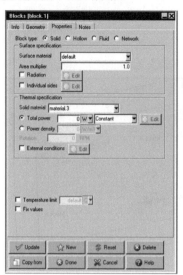
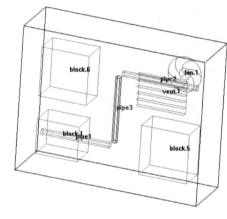

图 7-104　　　　　　　　　　　　　图 7-105

(13)单击自建模工具栏中的 (Blocks) 按钮,创建连接块 1 模型。

(14)右击左侧模型树 Model→block.1,在弹出的快捷菜单中执行 Edit 命令,弹出如图 7-106 所示的对话框,选择 Info 选项卡,在 Name 处输入 Joint1。

(15)选择 Geometry 选项卡,在 Shape 处选择 Prism 选项,在 xS 处输入 0.295,在 yS 处输入 0.095,在 zS 处输入 0.085,在 xE 处输入 0.325,在 yE 处输入 0.125,在 zE 处输入 0.115,其他保持默认,如图 7-107 所示。

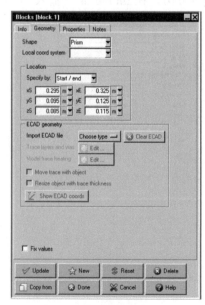

图 7-106　　　　　　　　　　　　　图 7-107

（16）选择 Properties 选项卡，在 Block type 处选择 Solid，在 Solid material 处选择 material.3 选项，如图 7-108 所示，单击 Done 按钮完成连接块 1 模型创建，创建好的几何模型如图 7-109 所示。

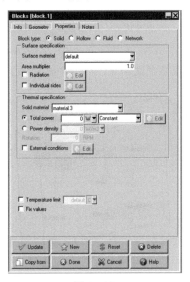
图 7-108

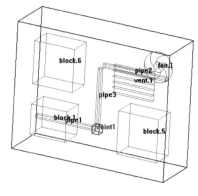
图 7-109

（17）单击自建模工具栏中的 (Blocks) 按钮，创建连接块 2 模型。

（18）右击左侧模型树 Model→block.1，在弹出的快捷菜单中执行 Edit 命令，弹出如图 7-110 所示的对话框，选择 Info 选项卡，在 Name 处输入 Joint2。

（19）选择 Geometry 选项卡，在 Shape 处选择 Prism 选项，在 xS 处输入 0.295，在 yS 处输入 0.35，在 zS 处输入 0.085，在 xE 处输入 0.325，在 yE 处输入 0.38，在 zE 处输入 0.115，其他保持默认，如图 7-111 所示。

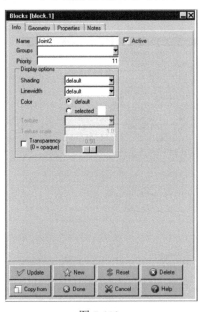
图 7-110

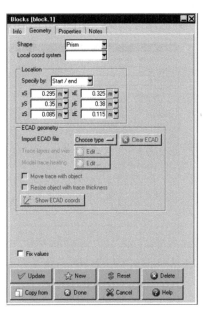
图 7-111

（20）选择 Properties 选项卡，在 Block type 处选择 Solid，在 Solid material 处选择 material.3 选项，如图 7-112 所示，单击 Done 按钮完成连接块 2 模型创建，创建好的几何模型如图 7-113 所示。

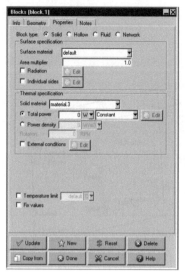
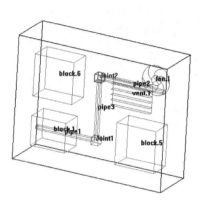

图 7-112　　　　　　　　　　　图 7-113

3. 基板模型创建

（1）单击自建模工具栏中的 ▣（Blocks）按钮，创建基板模型。

（2）右击左侧模型树 Model→block.1，在弹出的快捷菜单中执行 Edit 命令，弹出如图 7-114 所示的对话框，选择 Info 选项卡，在 Name 处输入 Base。

（3）选择 Geometry 选项卡，在 Shape 处选择 Prism 选项，在 xS 处输入 0.42，在 yS 处输入 0.35，在 zS 处输入 0.05，在 xE 处输入 0.592，在 yE 处输入 0.38，在 zE 处输入 0.15，其他保持默认，如图 7-115 所示。

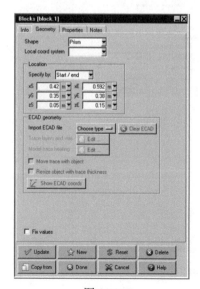

图 7-114　　　　　　　　　　　图 7-115

（4）选择 Properties 选项卡，在 Block type 处选择 Solid，在 Solid material 处选择 default 选项，如图 7-116 所示，单击 Done 按钮完成基板模型创建，创建好的几何模型如图 7-117 所示。

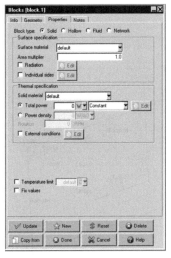
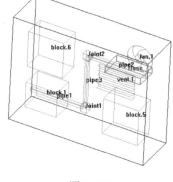

图 7-116　　　　　　　　　　　　　　图 7-117

4．翅片模型创建

（1）单击自建模工具栏中的 (Blocks) 按钮，创建翅片模型。

（2）右击左侧模型树 Model→block.1，在弹出的快捷菜单中执行 Edit 命令，弹出如图 7-118 所示的对话框，选择 Info 选项卡，在 Name 处输入 pin。

（3）选择 Geometry 选项卡，在 Shape 处选择 Cylinder，在 Plane 处选择 X-Z，并选择 Nonuniform radius 选项，在 xC 处输入 0.44，在 yC 处输入 0.38，在 zC 处输入 0.067，在 Height 处输入 0.04，在 Radius 处输入 0.01，在 Int radius 处输入 0，在 Radius2 处输入 0.006，在 Int radius2 处输入 0，其他保持默认，如图 7-119 所示。

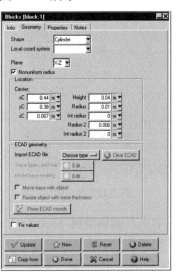

图 7-118　　　　　　　　　　　　　　图 7-119

（4）选择 Properties 选项卡，在 Block type 处选择 Solid，在 Solid material 处选择 default 选项，如图 7-120 所示，单击 Done 按钮完成基板模型创建，创建好的几何模型如图 7-121 所示。

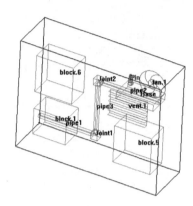

图 7-120　　　　　　　　　　图 7-121

（5）右击左侧模型树 Model→Pin，在弹出的快捷菜单中执行 Copy 命令，弹出如图 7-122 所示的翅片复制设置对话框。在 Number of copies 处输入 2，在 Operations 处选择 Translate 选项，在 Z offset 处输入 0.033，单击 Apply 按钮完成翅片模型的复制，如图 7-123 所示。

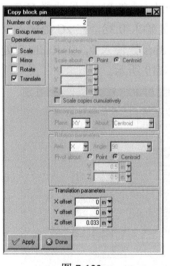 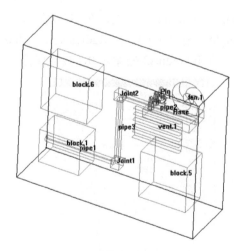

图 7-122　　　　　　　　　　图 7-123

（6）右击左侧模型树 Model→Pin、Pin.1 及 Pin.2，在弹出的快捷菜单中执行 Copy 命令，弹出如图 7-124 所示的翅片复制设置对话框。在 Number of copies 处输入 4，在 Operations 处选择 Translate 选项，在 X offset 处输入 0.033，单击 Apply 按钮完成翅片模型的复制，如图 7-125 所示。

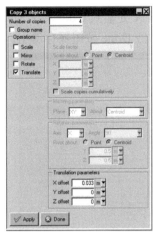
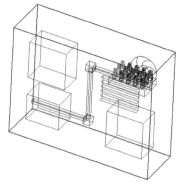

图 7-124　　　　　　　　　　图 7-125

（7）右击左侧模型树 Model→Pin、Pin.1、Pin.2 等所有翅片，在弹出的快捷菜单中执行 Copy 命令，弹出如图 7-126 所示的翅片复制设置对话框。在 Number of copies 处输入 1，在 Operations 处选择 Mirror 及 Translate 选项，在 Mirroring parameters 下 Plane 处选择 XZ 选项，在 About 处选择 Low end 选项，在 Y offset 处输入-0.03，单击 Apply 按钮完成翅片模型的复制，如图 7-127 所示。

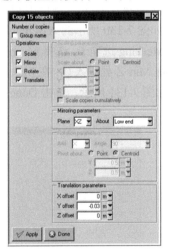
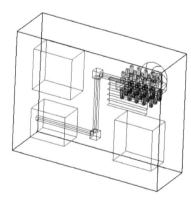

图 7-126　　　　　　　　　　图 7-127

5．装配体模型创建

为了更好地进行网格划分，针对基板及翅片、风扇及百叶窗依次创建装配体，具体如下所述。

（1）调整工作区界面为 Z 正方向视图，按住 Shift 键，用鼠标左键选择 Base、Pin 等所有翅片模型后右击，在弹出的快捷菜单中执行 Create→Assembly 命令，完成 Assembly.1 的创建。右击左侧模型树 Model→Assembly.1，在弹出的快捷菜单中执行 Edit 命令，弹出如图 7-128 所示的 Assembly.1 设置对话框。选择 Info 选项卡，在 Name 处输入 Heatsink-asy。选择 Meshing 选项卡，选择 Mesh separately 选项，在 Min X 处输入 0.005，在 Min Y 处输入 0.005，在 Min Z 处输入 0.015，在 Max X 处输入 0.005，在 Max Y 处输入 0.005，在 Max Z 处输入 0.005，如图 7-129 所示，单击 Done 按钮保存退出。

图 7-128　　　　　　　　　　　　　图 7-129

（2）按住 Shift 键，用鼠标左键选择 Fan.1 风扇模型后右击，在弹出的快捷菜单中执行 Create→Assembly 命令，完成 Assembly.1 的创建。右击左侧模型树 Model→Assembly.1，在弹出的快捷菜单中执行 Edit 命令，弹出如图 7-130 所示的 Assembly.1 设置对话框。选择 Info 选项卡，在 Name 处输入 Fan-asy。选择 Meshing 选项卡，选择 Mesh separately 选项，在 Min X 处输入 0.01，在 Min Y 处输入 0.01，在 Min Z 处输入 0，在 Max X 处输入 0.01，在 Max Y 处输入 0.01，在 Max Z 处输入 0.01，如图 7-131 所示，单击 Done 按钮保存退出。

　　　　　　　　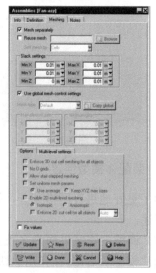

图 7-130　　　　　　　　　　　　　图 7-131

（3）按住 Shift 键，用鼠标左键选择 Vent.1 风扇模型后右击，在弹出的快捷菜单中执行 Create→Assembly 命令，完成 Assembly.1 的创建。右击左侧模型树 Model→Assembly.1，在弹出的快捷菜单中执行 Edit 命令，弹出如图 7-132 所示的 Assembly.1 设置对话框。选择 Info 选项卡，在 Name 处输入 Vent-asy。选择 Meshing 选项卡，选择 Mesh separately 选项，在 Min X 处输入 0.01，在 Min Y 处输入 0.01，在 Min Z 处输入 0，在 Max X 处输入 0.01，在 Max Y 处输入 0.01，在 Max Z 处输入 0，如图 7-133 所示，单击 Done 按钮保存退出。

图 7-132

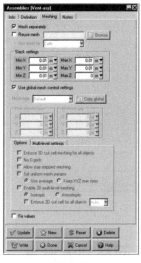

图 7-133

（4）用上述基板、翅片、风扇及百叶窗依次创建装配体后的几何模型如图 7-134 所示。

（5）按住 Shift 键，用鼠标左键选择上述创建好的 Heatsink-asy、Fan-asy 及 Vent-asy 三个装配体，在弹出的快捷菜单中执行 Create→Assembly 命令，完成 Assembly.1 的创建。右击左侧模型树 Model→Assembly.1，在弹出的快捷菜单中执行 Edit 命令，弹出如图 7-135 所示的 Assembly.1 设置对话框。选择 Info 选项卡，在 Name 处输入 HS-vent-fan-asy。选择 Meshing 选项卡，选择 Mesh separately 选项，在 Min X 处输入 0.02，在 Min Y 处输入 0.02，在 Min Z 处输入 0，在 Max X 处输入 0.02，在 Max Y 处输入 0.02，在 Max Z 处输入 0，如图 7-136 所示，单击 Done 按钮保存退出。创建好的组合装配体如图 7-137 所示。

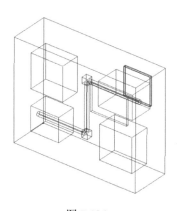

图 7-134

图 7-135

图 7-136

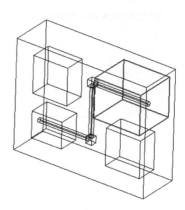

图 7-137

7.2.3 网格划分设置

（1）单击快捷命令工具栏中的 (Generate mesh) 按钮进行网格划分，弹出如图 7-138 所示的对话框，在 Mesh type 处选择 Mesher-HD，在 Max element size 下 X、Y、Z 处分别输入 0.025、0.025 及 0.025，在 Minimum gap 下的 X、Y、Z 处分别输入 0.001、0.001 及 0.001，选择 Mesh assemblies separately，其他参数保持默认。

（2）选择 Options 选项卡，在 Init element height 处输入 0.003，其他参数保持默认，如图 7-139 所示，单击 Generate 按钮开始网格划分。

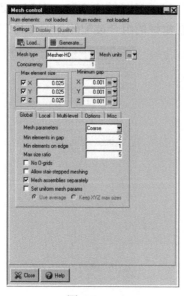

图 7-138

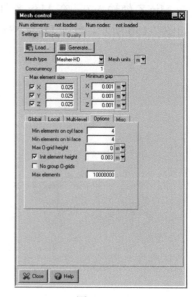

图 7-139

（3）选择 Mesh control 对话框中的 Display 选项卡，选择 Cut plane 选项，在 Set position 下拉框里选择 Point and normal 选项，选择 Display mesh 选项，其他参数设置如图 7-140 所示，显示的网格效果如图 7-141 所示。

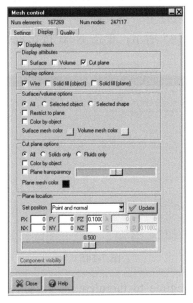
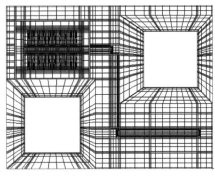

图 7-140　　　　　　　　　　　　　　图 7-141

7.2.4　物理模型设置

1．流动模型校核

（1）双击左侧模型树 Solution settings→Basic settings，打开基本设置对话框，如图 7-142 所示。

（2）单击 Reset 按钮，在消息窗口显示雷诺数值，提示流动模型选择湍流，如图 7-143 所示。

（3）在图 7-142 的 Number of iterations 处输入 200，单击 Accept 按钮保存设置。

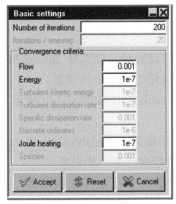

图 7-142　　　　　　　　　　　　　　图 7-143

2. 物理模型设置

（1）双击左侧模型树 Problem setup，弹出选择变量求解设置对话框。

（2）在选择变量求解设置对话框选择 Solve for velocity and pressure 及 Solve for temperature 选项，如图 7-144 所示，单击 Next 按钮进行下一步设置。

（3）在流动条件求解设置对话框的选择如图 7-145 所示，单击 Next 按钮进行下一步设置。

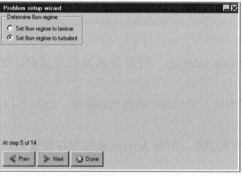

图 7-144

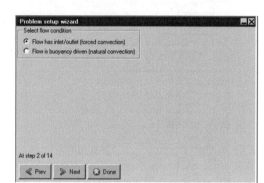

图 7-145

（4）在流动状态求解设置对话框选择 Set flow regime to turbulent 选项，如图 7-146 所示，单击 Next 按钮进行下一步设置。

（5）在湍流模型求解设置对话框选择 Zero equation (mixing length) 选项，如图 7-147 所示，单击 Next 按钮进行下一步设置。

图 7-146

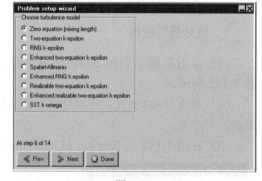

图 7-147

（6）因为本案例不考虑辐射换热，所以在辐射换热求解设置对话框选择 Ignore heat transfer due to radiation 选项，如图 7-148 所示，单击 Next 按钮进行下一步设置。

（7）在太阳光辐射求解设置对话框不勾选 Include solar radiation，如图 7-149 所示，单击 Next 按钮进行下一步设置。

（8）因为本案例为稳态计算，所以在暂稳态求解设置对话框选择 Variables do not vary with time (steady-state)选项，如图 7-150 所示，单击 Next 按钮进行下一步设置。

（9）因为本案例不考虑海拔修正，所以在海拔修正设置对话框保持默认设置，如图 7-151 所示，单击 Next 按钮进行下一步设置。

图 7-148

图 7-149

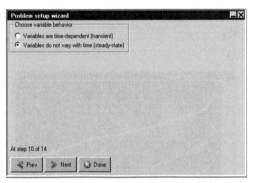

图 7-150

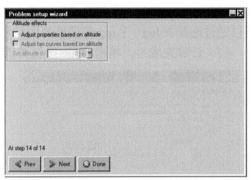

图 7-151

（10）单击 Done 按钮完成选择变量求解全部设置。

3. 基本参数设置及保存

（1）双击左侧模型树 Problem setup→Basic parameters，打开基本参数设置对话框。

（2）选择 General setup 选项卡，如图 7-152 所示，保持默认设置不变。选择 Defaults 选项卡，保持默认环境温度 20℃不变，如图 7-153 所示。

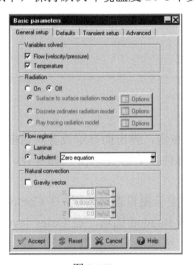

图 7-152

图 7-153

（3）单击 Accept 按钮保存基本参数设置。

（4）执行菜单栏中的 File→Save project 命令，保存整个文件，执行菜单栏中的 File→Pack project 命令，保存整个设置，方便后续打开查看。

7.2.5 求解计算

（1）单击快捷命令工具栏中的 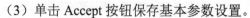（Run solution）按钮，弹出求解设置对话框，如图 7-154 所示，在 ID 处输入 Heat-pipe00，其他参数保持默认设置，单击 Start solution 按钮开始计算。

（2）开始计算后，会自动弹出残差曲线监测对话框，如图 7-155 所示。在对话框内可以通过选择 X log、Y log 等调整界面显示效果。

（3）计算完成后，单击 Done 按钮关闭退出。

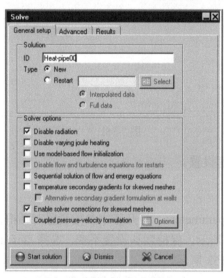

图 7-154

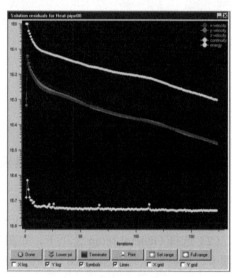

图 7-155

7.2.6 计算结果分析

1．器件表面温度云图分析

（1）单击快捷命令工具栏中的 （Object face）按钮，弹出面显示设置对话框，在 Name 处输入 face.1，在 Object 下拉框里选择所有的部件，单击 Accept 按钮保存，选择 Show contours 选项，如图 7-156 所示。

（2）单击 Parameters 按钮，弹出图 7-157 所示的温度云图设置对话框，在 Contours of 处选择 Temperature 选项，在 Shading options 处选择 Banded 选项，在 Color levels 下选择 Calculated，并在其下拉列表中选择 This object 选项，其他参数保持默认，单击 Apply 按钮保存退出。

（3）调整视图，显示如图 7-158 所示的翅片、热源及热管温度云图。

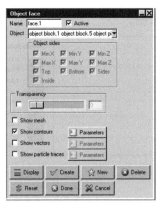

图 7-156

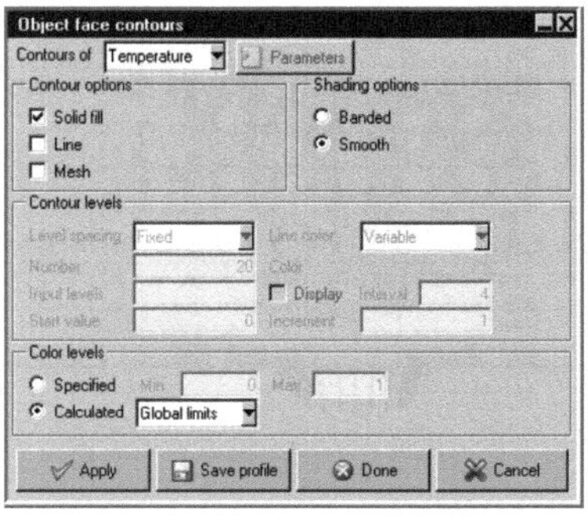

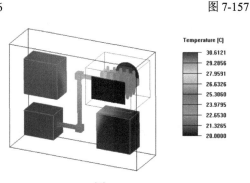

图 7-157 （右上）

图 7-158

（4）右击左侧 Post-processing 下的 face.1，取消选择 active 选项，则云图不再激活显示。

2. 速度矢量云图分析

（1）单击快捷命令工具栏中的 按钮，弹出截面设置对话框，在 Name 处输入 cut.1，在 Set position 下拉框里选择 Point and normal 选项，在 PX 内输入 0.325，在 PY 内输入 0.4，在 PZ 内输入 0.1，在 NX 内输入 0，在 NY 内输入 1，在 NZ 内输入 0，选择 Show vectors 选项，如图 7-159 所示。

（2）单击 Parameters 按钮，弹出如图 7-160 所示的速度矢量云图设置对话框，在 Display options 下选择 Mesh points 选项，其他参数保持默认，单击 Apply 按钮保存。

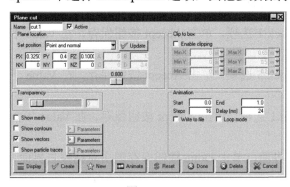

图 7-159

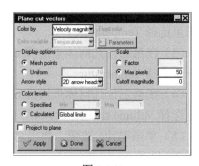

图 7-160

（3）调整视图，显示如图 7-161 所示的速度矢量云图。

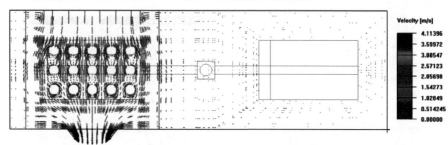

图 7-161

（4）右击左侧模型树 Post-processing→cut.1，在弹出的快捷菜单中取消选择 Show vectors 选项，则不显示速度矢量云图，如需要显示，则选取 Show vectors 选项。

3．计算结果报告输出

（1）执行菜单栏中的 Report→Summary report 命令，弹出总结报告设置对话框，单击 New 按钮，依次创建 3 行几何体，如图 7-162 所示。

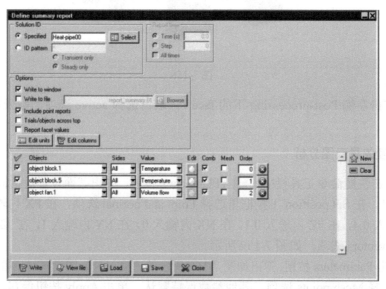

图 7-162

（2）在第一行几何体里选择 object block.1 选项，单击 Accept 按钮保存，在 Value 下拉框里选择 Temperature。

（3）在第二行几何体里选择 object block.5 选项，单击 Accept 按钮保存，在 Value 下拉框里选择 Temperature。

（4）在第三行几何体里选择 object fan.1 选项，单击 Accept 按钮保存，在 Value 下拉框里选择 Volume flow。

（5）单击 Write 按钮，弹出总结报告界面，单击 Done 按钮保存退出总结报告界面，如图 7-163 所示。

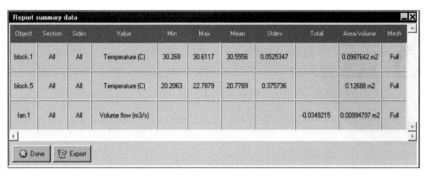

图 7-163

（6）单击总结报告设置对话框中的 Save 按钮，保存设置退出。

7.3 本章小结

本章通过辐射换热仿真分析及热管散热仿真分析两个案例，详细介绍了如何用 ANSYS Icepak 进行非连续网格划分设置，如何进行 S2S 辐射换热模型、DO 辐射换热模型及 Ray-Tracing 辐射换热模型设置，并对不同辐射换热模型的计算结果进行了对比分析。此外，讲解了 ANSYS Icepak 进行各向异性导热材料设置及对热管散热等效处理设置。通过对本章的学习，可以让读者基本掌握运用 ANSYS Icepak 进行辐射换热及热管散热类问题的建模、参数设置及仿真结果分析。

第8章

水冷散热案例详解

随着电子元器件功率密度的大幅度提升,单位面积的散热量越大,对器件冷却散热的挑战就越大,此时风冷已不能满足散热的需求,因此如何在 ANSYS Icepak 里实现器件水冷散热仿真及水冷散热器的设计优化显得尤为重要。本章通过对水冷散热器散热及交错式水冷散热器散热两个案例进行操作演示,详细介绍了如何用 ANSYS Icepak 进行水冷散热器模型创建,参数设置、两种流体添加及温度监测点设置。通过对本章的学习,可以让读者基本掌握运用 ANSYS Icepak 进行水冷散热的仿真流程。

学习目标

- 掌握 ANSYS Icepak 进行两种流体的添加设置;
- 掌握 ANSYS Icepak 进行散热器模型创建;
- 掌握 ANSYS Icepak 进行温度监测点设置;
- 掌握 ANSYS Icepak 进行结果后处理分析设置。

8.1　水冷散热器散热案例详解

本案例以一个带有水冷散热器的热源冷却为例，其模型如图 8-1 所示，在自然对流及内部水冷冷却条件下，分析热源温度分布、水冷散热器表面温度分布及进出口温差，为水冷散热器进口流量及结构优化设计提供支撑。

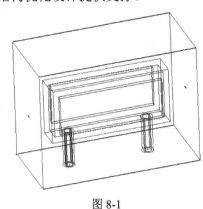

图 8-1

8.1.1　项目创建

（1）在 ANSYS Icepak 启动界面单击 New 按钮，创建一个新的 ANSYS Icepak 分析项目，在项目对话框内 Directory 下设置工作目录，在 Project name 处输入项目名称 cold-plate，如图 8-2 所示，单击 Create 按钮完成项目创建。

（2）在工作区默认创建一个计算域，尺寸为 1 m×1 m×1 m，如图 8-3 所示。

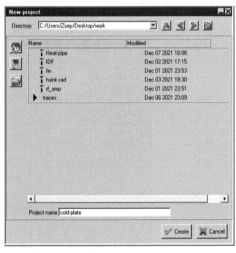

图 8-2

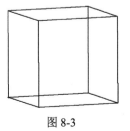

图 8-3

8.1.2 几何结构及性能参数设置

1. 外部计算域模型创建

(1) 右击左侧模型树 Model→Cabinet，在弹出的快捷菜单中执行 Edit 命令，弹出计算域设置对话框，在该对话框中选择 Geometry 选项卡，在 xS 处输入 0，在 yS 处输入 0，在 zS 处输入 0，在 xE 处输入 0.4，在 yE 处输入 0.3，在 zE 处输入 0.2，如图 8-4 所示，其他保持默认。

(2) 单击 Done 按钮完成外部计算域几何模型创建，如图 8-5 所示。

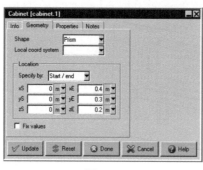
图 8-4

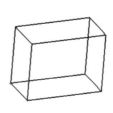
图 8-5

2. 散热器本体固体域模型创建

(1) 单击自建模工具栏中的 （Blocks）按钮，创建散热器本体固体域模型。

(2) 右击左侧模型树 Model→block.1，在弹出的快捷菜单中执行 Edit 命令，弹出如图 8-6 所示对话框，选择 Geometry 选项卡，在 xS 处输入 0.05，在 yS 处输入 0.08，在 zS 处输入 0.07，在 xE 处输入 0.35，在 yE 处输入 0.22，在 zE 处输入 0.13，其他保持默认。

(3) 选择 Properties 选项卡，在 Block type 处选择 Solid 选项，在 Solid material 处选择 Al-Extruded 选项，如图 8-7 所示。

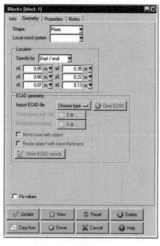
图 8-6

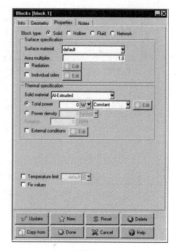
图 8-7

第 8 章 水冷散热案例详解

（4）单击 Done 按钮完成散热器本体固体域模型创建，创建好的几何模型如图 8-8 所示。

3．散热器本体流体域模型创建

（1）单击自建模工具栏中的 （Blocks）按钮，创建散热器本体流体域模型。

（2）右击左侧模型树 Model→block.2，在弹出的快捷菜单中执行 Edit 命令，弹出如图 8-9 所示对话框，选择 Geometry 选项卡，在 xS 处输入 0.06，在 yS 处输入 0.09，在 zS 处输入 0.08，在 xE 处输入 0.34，在 yE 处输入 0.21，在 zE 处输入 0.12，其他保持默认。

图 8-8

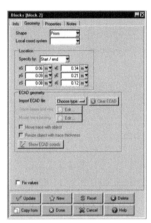

图 8-9

（3）选择 Properties 选项卡，在 Block type 处选择 Fluid 选项，在 Solid material 处选择 Water(@280K)选项，如图 8-10 所示。

（4）单击 Done 按钮完成散热器本体流体域模型创建，创建好的几何模型如图 8-11 所示。

图 8-10

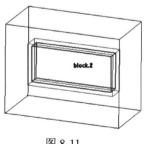

图 8-11

4．散热器出口固体域模型创建

（1）单击自建模工具栏中的（Blocks）按钮，创建散热器本体固体域模型。

(2) 右击左侧模型树 Model→block.3，在弹出的快捷菜单中执行 Edit 命令，弹出如图 8-12 所示对话框，选择 Geometry 选项卡，在 Shape 处选择 Cylinder 选项，在 Plane 处选择 X-Z，在 xC 处输入 0.1，在 yC 处输入 0，在 zC 处输入 0.1，在 Height 处输入 0.09，在 Radius 处输入 0.015，在 Int radius 处输入 0，其他保持默认。

(3) 选择 Properties 选项卡，在 Block type 处选择 Solid 选项，在 Solid material 处选择 Al-Extruded 选项，如图 8-13 所示。

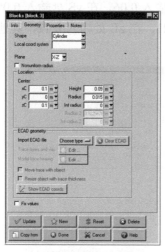

图 8-12

图 8-13

(4) 单击 Done 按钮完成散热器出口固体域模型创建，创建好的几何模型如图 8-14 所示。

5. 散热器进口固体域模型创建

(1) 单击自建模工具栏中的 （Blocks）按钮，创建散热器本体固体域模型。

(2) 右击左侧模型树 Model→block.4，在弹出的快捷菜单中执行 Edit 命令，弹出如图 8-15 所示的对话框，选择 Geometry 选项卡，在 Shape 处选择 Cylinder 选项，在 Plane 处选择 X-Z，在 xC 处输入 0.3，在 yC 处输入 0，在 zC 处输入 0.1，在 Height 处输入 0.09，在 Radius 处输入 0.015，在 Int radius 处输入 0，其他保持默认。

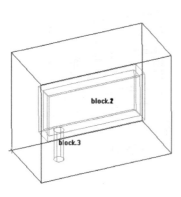

图 8-14

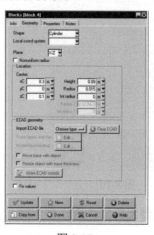

图 8-15

（3）选择 Properties 选项卡，在 Block type 处选择 Solid 选项，在 Solid material 处选择 Al-Extruded 选项，如图 8-16 所示。

（4）单击 Done 按钮完成散热器出口固体域模型创建，创建好的几何模型如图 8-17 所示。

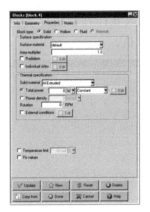

图 8-16

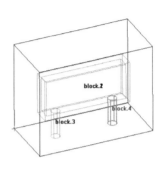

图 8-17

6. 散热器出口流体域模型创建

（1）单击自建模工具栏中的 （Blocks）按钮，创建散热器本体固体域模型。

（2）右击左侧模型树 Model→block.5，在弹出的快捷菜单中执行 Edit 命令，弹出如图 8-18 所示的对话框，选择 Geometry 选项卡，在 Shape 处选择 Cylinder 选项，在 Plane 处选择 X-Z，在 xC 处输入 0.1，在 yC 处输入 0，在 zC 处输入 0.1，在 Height 处输入 0.09，在 Radius 处输入 0.01，在 Int radius 处输入 0，其他保持默认。

（3）选择 Properties 选项卡，在 Block type 处选择 Fluid，在 Solid material 处选择 Water(@280K)选项，如图 8-19 所示。

（4）单击 Done 按钮完成散热器出口流体域模型创建，创建好的几何模型如图 8-20 所示。

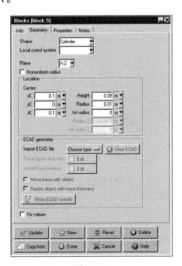

图 8-18

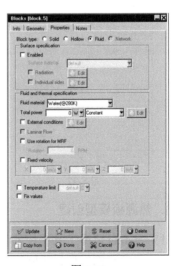

图 8-19

7. 散热器出口流体域模型创建

（1）单击自建模工具栏中的 (Blocks) 按钮，创建散热器本体固体域模型。

（2）右击左侧模型树 Model→block.6，在弹出的快捷菜单中执行 Edit 命令，弹出如图 8-21 所示的对话框，选择 Geometry 选项卡，在 Shape 处选择 Cylinder 选项，在 Plane 处选择 X-Z，在 xC 处输入 0.3，在 yC 处输入 0，在 zC 处输入 0.1，在 Height 处输入 0.09，在 Radius 处输入 0.01，在 Int radius 处输入 0，其他保持默认。

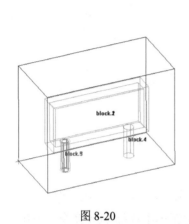

图 8-20

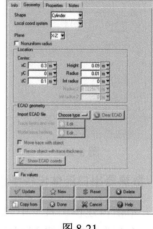

图 8-21

（3）选择 Properties 选项卡，在 Block type 处选择 Fluid，在 Solid material 处选择 Water(@280K)选项，如图 8-22 所示。

（4）单击 Done 按钮完成散热器出口流体域模型创建，创建好的几何模型如图 8-23 所示。

图 8-22

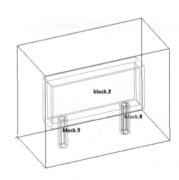

图 8-23

8. 热源板模型创建

（1）单击自建模工具栏中的 (Plate) 按钮，创建热源板 1 模型。

（2）右击左侧模型树 Model→plate.1，在弹出的快捷菜单中执行 Edit 命令，弹出如

图 8-24 所示的对话框，选择 Geometry 选项卡，在 Plane 处选择 X-Y 选项，在 xS 处输入 0.07，在 yS 处输入 0.1，在 zS 处输入 0.06，在 xE 处输入 0.33，在 yE 处输入 0.2，其他保持默认。

（3）选择 Properties 选项卡，在 Thermal model 处选择 Conducting thick 选项，在 Thickness 处输入 0.01，在 Total power 处输入 200，如图 8-25 所示。

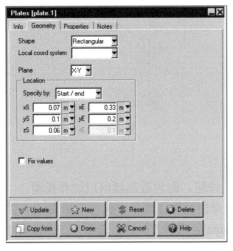

图 8-24

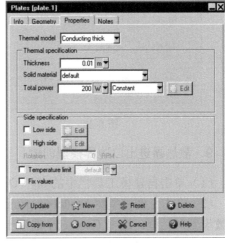

图 8-25

（4）单击 Done 按钮完成热源板 1 模型创建，创建好的几何模型如图 8-26 所示。

（5）单击自建模工具栏中的 （Plate）按钮，创建热源板 2 模型。

（6）右击左侧模型树 Model→plate.2，在弹出的快捷菜单中执行 Edit 命令，弹出如图 8-27 所示的对话框，选择 Geometry 选项卡，在 Plane 处选择 X-Y 选项，在 xS 处输入 0.07，在 yS 处输入 0.1，在 zS 处输入 0.13，在 xE 处输入 0.33，在 yE 处输入 0.2，其他保持默认。

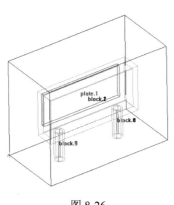

图 8-26

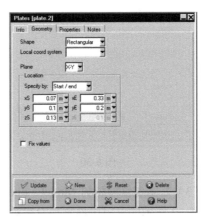

图 8-27

（7）选择 Properties 选项卡，在 Thermal model 处选择 Conducting thick 选项，在 Thickness 处输入 0.01，在 Total power 处输入 200，如图 8-28 所示。

（8）单击 Done 按钮完成热源板 2 模型创建，创建好的几何模型如图 8-29 所示。

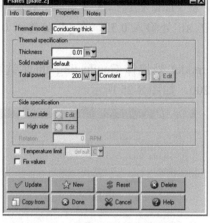

图 8-28

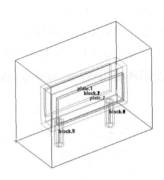

图 8-29

9. 散热器进出口边界模型创建

(1) 单击自建模工具栏中的 (Openings) 按钮，创建散热器出口边界模型。

(2) 右击左侧模型树 Model→openings.1，在弹出的快捷菜单中执行 Edit 命令，弹出参数设置对话框。选择 Geometry 选项卡，在 Shape 处选择 Circular 选项，在 Plane 处选择 X-Z 选项，在 xC 处输入 0.1，在 yC 处输入 0，在 zC 处输入 0.1，在 Radius 处输入 0.01，其他保持默认，如图 8-30 所示。创建好的模型如图 8-31 所示。

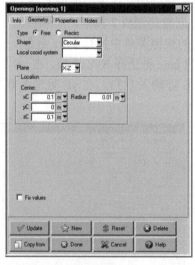

图 8-30

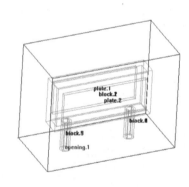

图 8-31

(3) 右击左侧模型树 Model→openings.1，在弹出的快捷菜单中执行 Copy 命令，弹出如图 8-32 所示的出口边界复制设置对话框。在 Number of copies 处输入 1，在 Operations 处选择 Translate 选项，在 X offset 处输入 0.2，单击 Apply 按钮完成翅片模型的复制。

(4) 右击左侧模型树 Model→openings.1，在弹出的快捷菜单中执行 Edit 命令，弹出如图 8-33 所示的对话框。选择 Properties 选项卡，在 Y Velocity 处输入 0.2，代表散热器水的入口速度为 0.2m/s，其他保持默认。

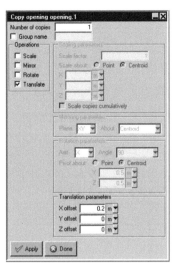

图 8-32

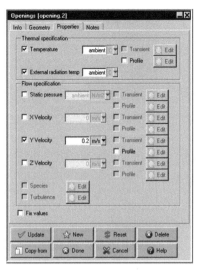

图 8-33

10. 外部计算域边界模型修改

（1）右击左侧模型树 Model→Cabinet，在弹出的快捷菜单中执行 Edit 命令，弹出如图 8-34 所示的设置对话框，在该对话框中选择 Properties 选项卡，将 Min X 及 Max X 处 Wall type 下的选项改为 Opening，其他保持默认。

（2）单击 Done 按钮完成外部计算域边界模型修改，如图 8-35 所示。

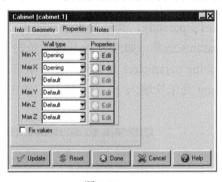

图 8-34

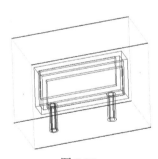

图 8-35

11. 装配体模型创建

为了更好地进行网格划分，针对散热器、热源板及进出口管道创建装配体，具体如下所述。

（1）调整工作区界面为 Z 正方向视图，按住 Shift 键，选择 block.1、plate.1 及 Opening 等模型后右击，在弹出的快捷菜单中执行 Create→Assembly 命令，则完成 Assembly.1 的创建。右击左侧模型树 Model→Assembly.1，在弹出的快捷菜单中执行 Edit 命令，弹出如图 8-36 所示的设置对话框。选择 Meshing 选项卡，选择 Mesh separately 选项，在 Min X 处输入 0.01，在 Min Y 处输入 0，在 Min Z 处输入 0.01，在 Max X 处输入 0.01，在 Max Y 处输入 0.01，在 Max Z 处输入 0.01。

（2）单击 Done 按钮保存退出，创建好的组合装配体如图 8-37 所示。

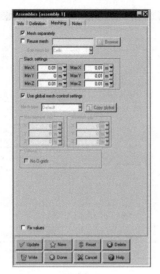

图 8-36

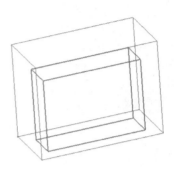

图 8-37

8.1.3 网格划分设置

（1）单击快捷命令工具栏中的 （Generate mesh）按钮进行网格划分，弹出 Mesh control 设置对话框，如图 8-38 所示。在 Mesh type 处选择 Mesher-HD，在 Max element size 下 X、Y、Z 处分别输入 0.02、0.015 及 0.01，在 Minimum gap 下的 X、Y、Z 处分别输入 1e-3、1e-3 及 1e-3，选择 Mesh assemblies separately，其他参数保持默认。

（2）选择 Local 选项卡，选择 Object params 选项，如图 8-39 所示。单击 Edit params 按钮，弹出如图 8-40 所示的 Per-object meshing parameters 设置对话框，单击选中左侧的 block.2，在右侧 X count、Y count 及 Z count 处依次输入 30、16 及 10，单击 Done 按钮保存退出。

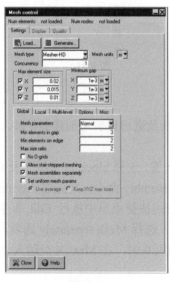

图 8-38

图 8-39

（3）选择 Misc 选项卡，如图 8-41 所示，单击 Done 按钮保存退出。

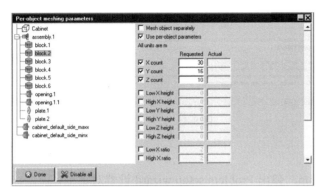
图 8-40

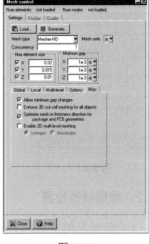
图 8-41

（4）选择 Mesh control 对话框中的 Display 选项卡，选择 Cut plane 选项，在 Set position 下拉框里选择 Point and normal 选项，选择 Display mesh 选项，其他参数设置如图 8-42 所示。显示的网格效果如图 8-43 所示。

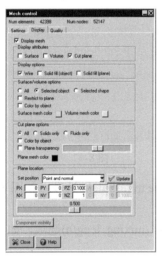
图 8-42

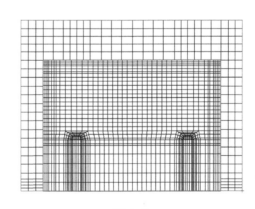
图 8-43

8.1.4 物理模型设置

1．流动模型校核

（1）双击左侧模型树 Solution settings→Basic settings，打开基本设置对话框，如图 8-44 所示。

（2）单击 Reset 按钮，在消息窗口显示雷诺数值，提示流动模型选择湍流，如图 8-45 所示。

（3）在 Number of iterations 处输入 300，单击 Accept 按钮保存设置。

图 8-44   图 8-45

2. 物理模型设置

（1）双击左侧模型树 Problem setup，弹出 Problem setup wizard 设置对话框。

（2）在对话框中选择 Solve for velocity and pressure 及 Solve for temperature 选项，如图 8-46 所示，单击 Next 按钮进行下一步设置。

（3）在流动条件求解设置对话框选择如图 8-47 所示，单击 Next 按钮进行下一步设置。

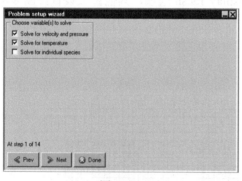

图 8-46   图 8-47

（4）在流动状态求解设置对话框选择 Set flow regime to turbulent 选项，如图 8-48 所示，单击 Next 按钮进行下一步设置。

（5）在湍流模型求解设置对话框选择 Zero equation (mixing length)选项，如图 8-49 所示，单击 Next 按钮进行下一步设置。

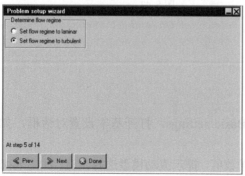

图 8-48   图 8-49

（6）在辐射传热求解设置对话框选择 Include heat transfer due to radiation 选项，如图 8-50 所示，单击 Next 按钮进行下一步设置。

（7）在辐射传热求解设置对话框选择 Use surface-to-surface model 选项，如图 8-51 所示，单击 Next 按钮进行下一步设置。

 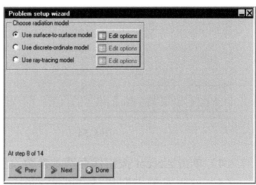

图 8-50　　　　　　　　　　　　　图 8-51

（8）在太阳光辐射求解设置对话框不选择 Include solar radiation 选项，如图 8-52 所示，单击 Next 按钮进行下一步设置。

（9）因为本案例为稳态计算，所以在暂稳态求解设置对话框，选择 Variables do not vary with time (steady-state) 选项，如图 8-53 所示，单击 Next 按钮进行下一步设置。

图 8-52　　　　　　　　　　　　　图 8-53

（10）因为本案例不考虑海拔修正，所以在海拔修正设置对话框保持默认设置，如图 8-54 所示，单击 Next 按钮进行下一步设置。

（11）单击 Done 按钮完成全部设置。

3．基本参数设置及保存

（1）双击左侧模型树 Problem setup→Basic parameters，打开基本参数设置对话框。

（2）选择 General setup 选项卡，如图 8-55 所示，在 Natural convection 处选择 Gravity vector 选项，在 X 处输入-9.8，设置重力方向。

（3）选择 Transient setup 选项卡，在 X velocity 处输入 0.005，如图 8-56 所示，在考虑自然对流情况下，通常在重力方向给予初始速度有利于计算收敛。

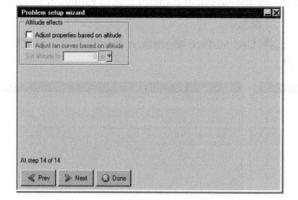

图 8-54

图 8-55

（4）单击 Accept 按钮保存基本参数设置。

（5）双击左侧模型树 Solution settings→Advanced settings，打开设置对话框，在 Under-relaxation 下的 Pressure、Momentum 及 Temperature 处依次输入 0.3、0.7 及 1.0，在 Joule heating potential 处选择 BCGSTAB，在 Precision 处选择 Double 选项，其他参数设置如图 8-57 所示，单击 Accept 按钮保存退出。

（6）执行菜单栏中的 File→Save project 命令，保存整个文件，执行菜单栏中的 File→Pack project 命令，保存整个设置，方便后续打开查看。

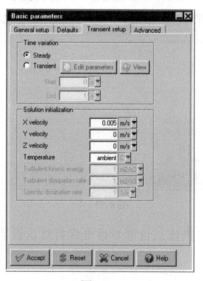

图 8-56

图 8-57

8.1.5 变量监测设置

（1）单击左侧模型树 Point→Creat at location，弹出如图 8-58 所示的对话框。在 Name 处输入 opening.1，在 Object 处选择 opening.1 选项，在 Monitor 处选择 Velocity 选项，单击 Accept 按钮保存退出。

（2）同理，单击左侧模型树 Point→Creat at location，弹出如图 8-59 所示的对话框。在 Name 处输入 block.2，在 Object 处选择 block.2，在 Monitor 处选择 Temperature 选项，单击 Accept 按钮保存退出。

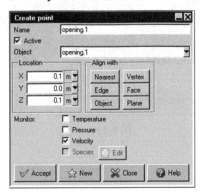

图 8-58

图 8-59

8.1.6 求解计算

（1）单击快捷命令工具栏中的 （Run solution）按钮，弹出求解设置对话框，如图 8-60 所示，在 ID 处输入 cold-plate00，其他参数保持默认设置，单击 Start solution 按钮开始计算。

（2）开始计算后，会自动弹出残差曲线监测对话框，如图 8-61 所示。在对话框内可以通过选择 X log、Y log 等调整界面显示效果。

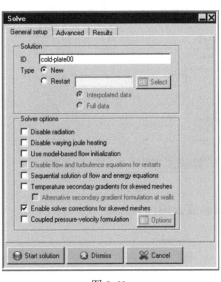

图 8-60

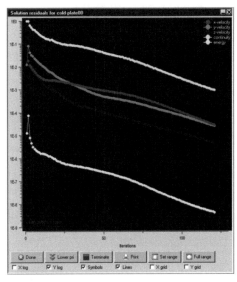

图 8-61

（3）计算过程中自动弹出出口速度及散热器流体域温度监测曲线，如图 8-62 及图 8-63 所示。

（4）计算完成后，在 Solution residuals 界面单击 Done 按钮关闭退出。

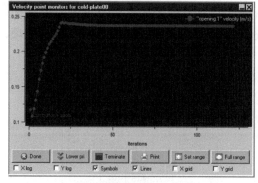

图 8-62

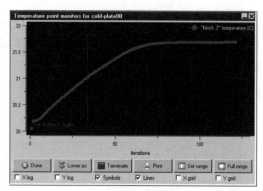

图 8-63

8.1.7 计算结果分析

1. 器件表面温度云图分析

（1）单击快捷命令工具栏中的 （Object face）按钮，弹出面显示设置对话框，在 Name 处输入 face.1，在 Object 下拉框里选择所有的块，单击 Accept 按钮保存，选择 Show contours 选项，如图 8-64 所示。

（2）单击 Parameters 按钮，弹出如图 8-65 所示的温度云图设置对话框，在 Contours of 处选择 Temperature 选项，在 Shading options 处选择 Banded 选项，在 Color levels 下选择 Calculated 选项，并在其下拉对话框里选择 block1、block2 等，其他参数保持默认，单击 Apply 按钮保存退出。

图 8-64

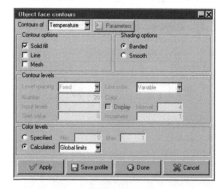

图 8-65

（3）调整视图，显示如图 8-66 所示的散热器温度云图。

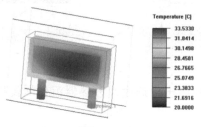

图 8-66

（4）右击左侧模型树 Post-processing 下的 face.1，取消选择 active，则不再激活显示云图。

2. 速度矢量图分析

（1）单击快捷命令工具栏中的 ![icon]（Plane cut）按钮，弹出截图设置对话框，在 Name 处输入 cut.1，在 Set position 下拉框里选择 Z plane through center，并选择 Show vectors 选项，如图 8-67 所示。

（2）单击 Parameters 按钮，弹出如图 8-68 所示的速度矢量图设置对话框，在 Display options 下选择 Mesh points 选项，其他参数保持默认，单击 Apply 按钮保存。

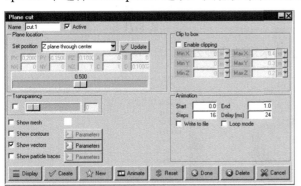

图 8-67

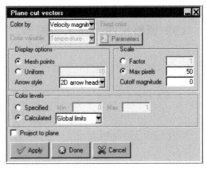

图 8-68

（3）调整视图，显示如图 8-69 所示的速度矢量图。

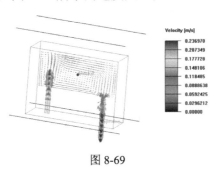

图 8-69

（4）右击左侧模型树 Post-processing→cut.1，在弹出的快捷菜单中取消选择 Show vectors 选项，则不显示速度矢量图，如需要显示，则选取 Show vectors 选项。

3. 运动轨迹云图分析

（1）单击快捷命令工具栏中的 ![icon]（Object face）按钮，弹出面显示设置对话框，在 Name 处输入 face.2，在 Object 下拉框里选择选择 Object opening.1 及 Object opening.1.1 选项，单击 Accept 按钮保存，选择 Show particle traces 选项，如图 8-70 所示。

（2）单击 Parameters 按钮，弹出如图 8-71 所示的运动轨迹云图设置对话框，在 Color Variable 处选择 Speed 选项，在 Point distribution options 处选择 Uniform 选项，并输入 30，在 Color levels 下选择 Calculated 选项，并在其下拉对话框里选择 This object，其他参数保持默认，单击 Apply 按钮保存退出。

图 8-70

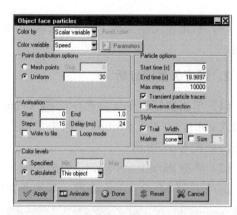

图 8-71

（3）调整视图，显示如图 8-72 所示的水运动轨迹云图。

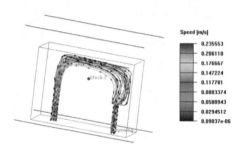

图 8-72

（4）右击左侧模型树 Post-processing 下的 face.2，取消选择 active 选项，则不再激活显示云图。

（5）单击快捷命令工具栏中的 （Plane cut）按钮，弹出截图设置对话框，在 Name 处输入 cut.2，在 Set position 下拉框里选择 X plane through center，选择 Show particle traces 选项，如图 8-73 所示。

（6）单击 Parameters 按钮，弹出如图 8-74 所示的运动轨迹云图设置对话框，在 Color variable 处选择 Speed 选项，在 Point distribution options 处选择 Uniform，并输入 30，在 Color levels 下选择 Calculated 选项，并在其下拉对话框里选择 This object，其他参数保持默认，单击 Apply 按钮保存退出。

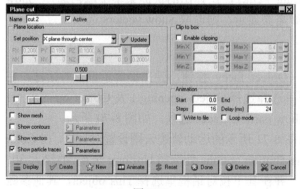

图 8-73

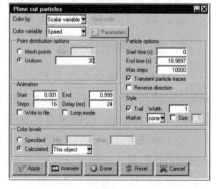

图 8-74

（7）调整视图，显示如图8-75所示的截面速度运动轨迹图。

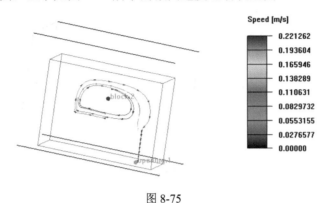

图8-75

（8）右击左侧模型树Post-processing→cut.2，在弹出的快捷菜单中取消选择Show particle traces选项，则不显示速度轨迹云图，如需要显示，则选取Show particle traces选项。

4．计算结果报告输出

（1）执行菜单栏中的Report→Summary report命令，弹出总结报告设置对话框，单击New按钮，依次创建3行几何体，如图8-76所示。

（2）在第一行几何体里选择object block.1选项，单击Accept按钮保存，在Value下拉框里选择Temperature选项。

（3）在第二行几何体里选择object block.2选项，单击Accept按钮保存，在Value下拉框里选择Temperature选项。

（4）在第三行几何体里选择object plate.1选项，单击Accept按钮保存，在Value下拉框里选择Temperature选项。

（5）单击Write按钮，弹出总结报告界面，单击Done按钮保存退出总结报告界面，如图8-77所示。

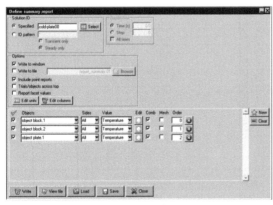

图8-76

图8-77

（6）单击总结报告设置对话框中的Save按钮，保存设置退出。

8.2 交错式水冷散热器散热案例详解

本案例以一个交错式水冷散热器散热为例，模型如图 8-78 所示，在底部 PCB 功耗一定及内部水流动速度一定的条件下，分析 PCB 温度分布、水冷散热器表面温度分布及进出口温差，为水冷散热器结构优化设计提供支撑。

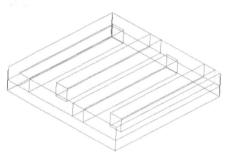

图 8-78

8.2.1 项目创建

（1）在 ANSYS Icepak 启动界面，单击 New 按钮，创建一个新的 ANSYS Icepak 分析项目，在项目对话框内 Directory 下设置工作目录，在 Project name 处输入项目名称 yyhh，如图 8-79 所示，单击 Create 按钮完成项目创建。

（2）在工作区默认创建一个计算域，尺寸为 1 m×1 m×1 m，如图 8-80 所示。

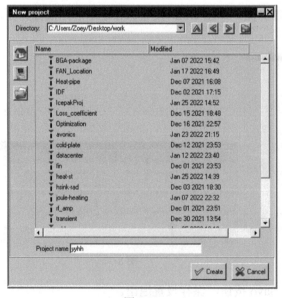

图 8-79

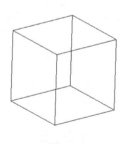

图 8-80

8.2.2 几何结构及性能参数设置

1. PCB热源模型创建

（1）单击自建模工具栏中的（Printed circuit boards）按钮，创建 PCB 模型。

（2）右击左侧模型树 Model→pcb.1，在弹出的快捷菜单中执行 Edit 命令，弹出如图 8-81 所示的 pcb.1 参数设置对话框，在该对话框中选择 Geometry 选项卡，在 Plane 处选择 X-Z，在 xS 处输入 0.4，在 yS 处输入 0.384，在 zS 处输入 0.4，在 xE 处输入 0.6，在 zE 处输入 0.6，其他保持默认。

（3）选择 Properties 选项卡，在 Substrate Thinkness 处输入 16，在 Trace layer type 处选择 Simple，在 High surface thickness 处输入 80，在 % coverage 处输入 70，在 Low surface thickness 处输入 60，在 % coverage 处输入 60，在 Internal layer thickness 处输入 80，在 % coverage 处输入 70，其他参数保持默认，如图 8-82 所示，单击 Update 按钮，则可以查看 PCB 等效的传热系数。

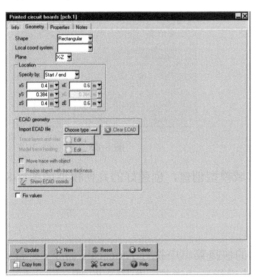

图 8-81

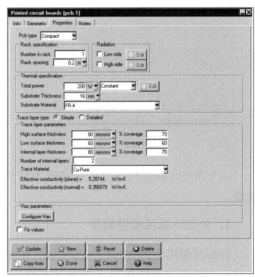

图 8-82

（4）单击 Done 按钮完成 PCB 模型创建，创建完成的效果如图 8-83 所示。

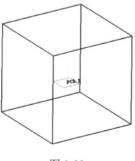

图 8-83

2. 散热器本体流体域模型创建

（1）单击自建模工具栏中的 （Blocks）按钮，创建散热器本体流体域模型。

（2）右击左侧模型树 Model→block.1，在弹出的快捷菜单中执行 Edit 命令，弹出如图 8-84 所示对话框，选择 Geometry 选项卡，在 xS 处输入 0.4，在 yS 处输入 0.4，在 zS 处输入 0.4，在 xE 处输入 0.6，在 yE 处输入 0.42，在 zE 处输入 0.6，其他保持默认。

（3）选择 Properties 选项卡，在 Block type 处选择 Fluid 选项，在 Fluid material 处选择 Water(@280K)选项，如图 8-85 所示。

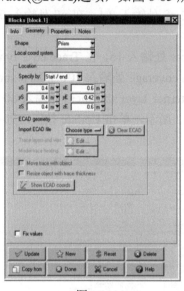 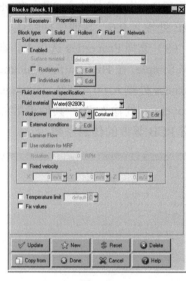

图 8-84　　　　　　　　　　　　　　图 8-85

（4）单击 Done 按钮完成散热器本体流体域模型创建，创建好的几何模型如图 8-86 所示。

3. 外部计算域模型调整

右击左侧模型树 Model→Cabinet，在弹出的快捷菜单中执行 Autoscale 命令，外部计算域尺寸根据创建的 PCB 及散热器流体域尺寸进行自动调整，如图 8-87 所示。

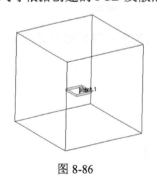 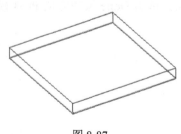

图 8-86　　　　　　　　　　　　　　图 8-87

4. 散热器内部翅片模型创建

（1）单击自建模工具栏中的 （Blocks）按钮，创建散热器翅片模型。

(2)右击左侧模型树 Model→block.2,在弹出的快捷菜单中执行 Edit 命令,弹出如图 8-88 所示对话框,选择 Geometry 选项卡,在 xS 处输入 0.4,在 yS 处输入 0.4,在 zS 处输入 0.42,在 xE 处输入 0.58,在 yE 处输入 0.42,在 zE 处输入 0.44,其他保持默认。

(3)选择 Properties 选项卡,在 Block type 处选择 Solid 选项,在 Solid material 处选择 Cu-Pure 选项,如图 8-89 所示。

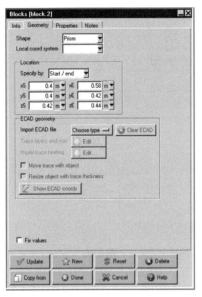
图 8-88

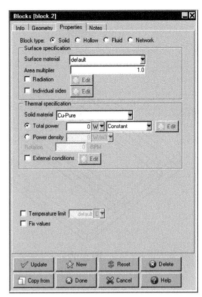
图 8-89

(4)单击 Done 按钮完成散热器内部翅片模型创建,创建好的几何模型如图 8-90 所示。

(5)右击左侧模型树 Model→Block.2,在弹出的快捷菜单中执行 Copy 命令,弹出如图 8-91 所示的出口边界复制设置对话框。在 Number of copies 处输入 1,在 Operations 处选择 Translate 选项,在 Z offset 处输入 0.1。单击 Apply 按钮完成翅片模型的复制,如图 8-92 所示。

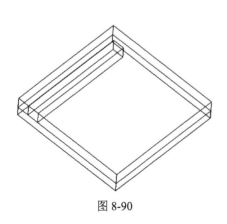
图 8-90

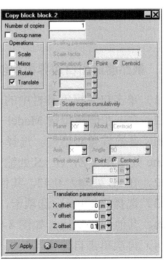
图 8-91

(6) 右击左侧模型树 Model→Block.2 及 Block.2.1，在弹出的快捷菜单中执行 Copy 命令，弹出如图 8-93 所示的出口边界复制设置对话框。在 Number of copies 处输入 1，在 Operations 处选择 Translate 选项，在 X offset 处输入 0.02，在 Z offset 处输入 0.05，单击 Apply 按钮完成翅片模型的复制，如图 8-94 所示。

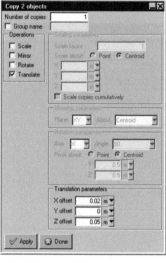

图 8-92　　　　　　　　　　　　　　图 8-93

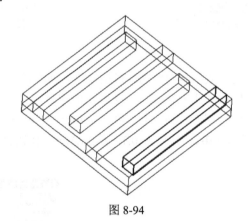

图 8-94

5. 散热器进出口边界模型创建

（1）单击自建模工具栏中的 （Openings）按钮，创建散热器进口边界模型。

（2）右击左侧模型树 Model→openings.1，在弹出的快捷菜单中执行 Edit 命令，弹出 openings 参数设置对话框。选择 Geometry 选项卡，在 Shape 处选择 Rectangular 选项，在 Plane 处选择 Y-Z，在 xS 处输入 0.4，在 yS 处输入 0.4，在 zS 处输入 0.4，在 yE 处输入 0.42，在 zE 处输入 0.42，其他保持默认，如图 8-95 所示。

（3）选择 Properties 选项卡，在 X Velocity 处输入 1.2，代表散热器水的入口速度为 1.2 m/s，其他保持默认，如图 8-96 所示。

（4）再次单击自建模工具栏中的 （Openings）按钮，创建散热器出口边界模型。

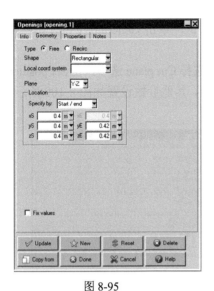

图 8-95

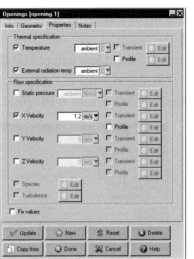

图 8-96

（5）右击左侧模型树 Model→openings.2，在弹出的快捷菜单中执行 Edit 命令，弹出 openings 参数设置对话框。选择 Geometry 选项卡，在 Shape 处选择 Rectangular，在 Plane 处选择 Y-Z，在 xS 处输入 0.6，在 yS 处输入 0.4，在 zS 处输入 0.6，在 yE 处输入 0.42，在 zE 处输入 0.59，其他保持默认，如图 8-97 所示。

（6）单击 Done 按钮完成进出口面模型创建，如图 8-98 所示。

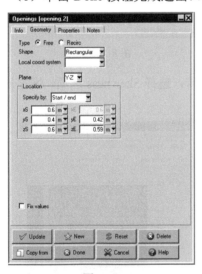

图 8-97

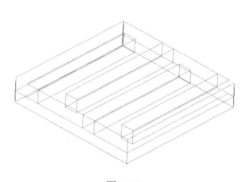

图 8-98

8.2.3 网格划分设置

（1）单击快捷命令工具栏中的 （Generate mesh）按钮进行网格划分，弹出 Mesh control 设置对话框，如图 8-99 所示。在 Mesh type 处选择 Mesher-HD，在 Max element size 下 X、Y、Z 处分别输入 8、8 及 8，在 Minimum gap 下 X、Y、Z 处分别输入 2、1.6 及 1，

选择 Mesh assemblies separately 选项，其他参数保持默认，单击 Generate 按钮开始网格划分。

（2）单击 Mesh control 对话框中的 Display 选项卡，选择 Cut plane 选项，在 Set position 下拉框里选择 Point and normal，选择 Display mesh 选项，其他参数设置如图 8-100 所示。显示的网格效果如图 8-101 所示。

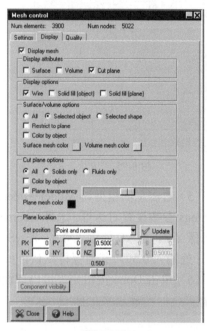

图 8-99　　　　　　　　　　　　　图 8-100

（3）选择 Mesh control 对话框中的 Quality 选项卡，选择 Skewness 选项，网格质量信息如图 8-102 所示。

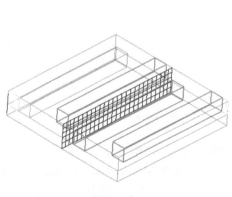
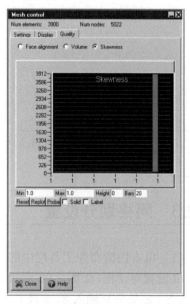

图 8-101　　　　　　　　　　　　　图 8-102

8.2.4 物理模型设置

1. 流动模型校核

(1) 双击左侧模型树 Solution settings→Basic settings,打开基本设置对话框,如图 8-103 所示。

(2) 单击 Reset 按钮,在消息窗口显示雷诺数值,提示流动模型选择湍流,如图 8-104 所示。

(3) 在 Number of iterations 处输入 100,单击 Accept 按钮保存设置。

图 8-103

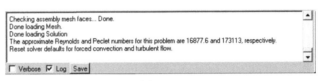

图 8-104

2. 物理模型设置

(1) 双击左侧模型树 Problem setup,弹出 Problem setup wizard 设置对话框。

(2) 在对话框选择 Solve for velocity and pressure 及 Solve for temperature 选项,如图 8-105 所示,单击 Next 按钮进行下一步设置。

(3) 在流动条件求解设置对话框选择如图 8-106 所示,单击 Next 按钮进行下一步设置。

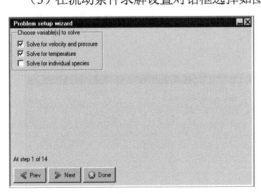

图 8-105

图 8-106

(4) 在流动状态求解设置对话框选择 Set flow regime to turbulent 选项,如图 8-107 所示,单击 Next 按钮进行下一步设置。

(5) 在湍流模型求解设置对话框选择 Zero equation (mixing length)选项,如图 8-108 所示,单击 Next 按钮进行下一步设置。

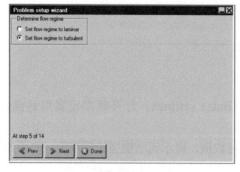
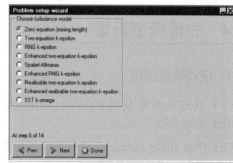

图 8-107　　　　　　　　　　　图 8-108

（6）因为本案例不考虑辐射传热，所以在辐射传热求解设置对话框选择 Ignore heat transfer due to radiation 选项，如图 8-109 所示，单击 Next 按钮进行下一步设置。

（7）在太阳光辐射求解设置对话框，取消勾选 Include solar radiation 选项，如图 8-110 所示，单击 Next 按钮进行下一步设置。

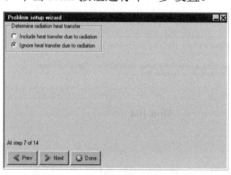
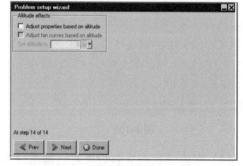

图 8-109　　　　　　　　　　　图 8-110

（8）因为本案例为稳态计算，所以在暂稳态求解设置对话框选择 Variables do not vary with time (steady-state)选项，如图 8-111 所示，单击 Next 按钮进行下一步设置。

（9）因为本案例不考虑海拔修正，所以在海拔修正设置对话框保持默认设置，如图 8-112 所示，单击 Next 按钮进行下一步设置。

（10）单击 Done 按钮完成全部设置。

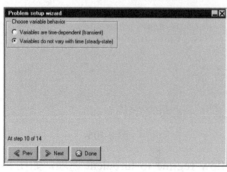

图 8-111　　　　　　　　　　　图 8-112

3. 基本参数设置及保存

（1）双击左侧模型树 Problem setup→Basic parameters，打开基本参数设置对话框，如图 8-113 所示。

（2）选择 Defaults 选项卡，在 Temperature 处输入 25，在 Default fluid 下拉框里选择 Water（@280K）选项，如图 8-114 所示，单击 Accept 按钮保存基本参数设置。

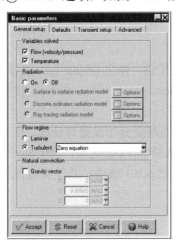

图 8-113

图 8-114

（3）执行菜单栏中的 File→Save project 命令，保存整个文件，执行菜单栏中的 File→Pack project 命令，保存整个设置，方便后续打开查看。

8.2.5 求解计算

（1）单击快捷命令工具栏中的 （Run solution）按钮，弹出求解设置对话框，如图 8-115 所示，在 ID 处输入 yyhh00，其他参数保持默认设置，单击 Start solution 按钮开始计算。

（2）开始计算后，会自动弹出残差曲线监测对话框，如图 8-116 所示。在对话框内可以通过选择 X log、Y log 等调整界面显示效果。

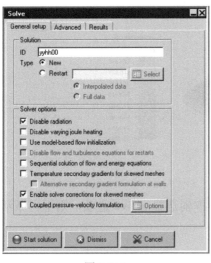

图 8-115

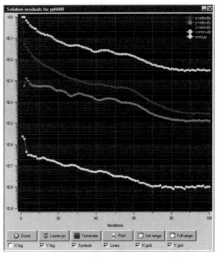

图 8-116

(3) 计算完成后，单击 Done 按钮关闭退出。

8.2.6 计算结果分析

1. 器件表面温度云图分析

（1）单击快捷命令工具栏中的 （Object face）按钮，弹出 Object face 设置对话框，在 Name 处输入 face.1，在 Object 下拉框里选择 Object pcb.1，单击 Accept 按钮保存，选择 Show contours 选项，如图 8-117 所示。

（2）单击 Parameters 按钮，弹出如图 8-118 所示的温度云图设置对话框，在 Contours of 处选择 Temperature 选项，在 Shading options 处选择 Smooth 选项，在 Color levels 下选择 Calculated 选项，并在其下拉对话框里选择 object pcb.1 选项，其他参数保持默认，单击 Apply 按钮保存退出。

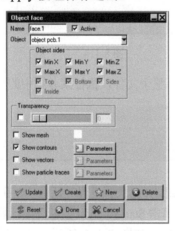
图 8-117

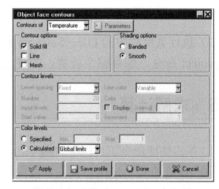
图 8-118

（3）调整视图，显示如图 8-119 所示的温度云图。

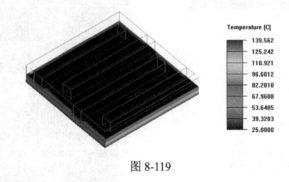
图 8-119

（4）右击左侧 Post-processing 下的 face.1，取消选择 active 选项，则不再激活显示云图。

2. 速度云图分析

（1）单击快捷命令工具栏中的 （Plane cut）按钮，弹出 Plane cut 设置对话框，在

Name 处输入 cut.1,在 Set position 下拉框里选择 Y plane through center 选项,选择 Show contours 选项,如图 8-120 所示。

(2)单击 Parameters 按钮,弹出如图 8-121 所示的对话框,在 Contours of 处选择 Speed 选项,在 Shading options 处选择 Banded 选项,在 Color levels 下选择 Calculated 选项,并在其下拉对话框里选择 This object 选项,其他参数保持默认,单击 Apply 按钮保存。

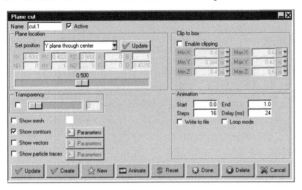

图 8-120

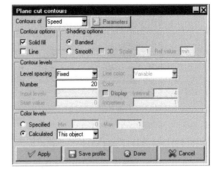

图 8-121

(3)调整视图,显示如图 8-122 所示的速度云图。

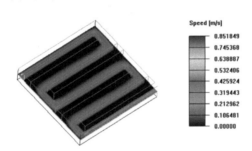

图 8-122

(4)右击左侧模型树 Post-processing→cut.1,在弹出的快捷菜单中取消选择 Show contours 选项,则不显示速度云图,如需要显示,则选取 Show contours 选项。

3.计算结果报告输出

(1)执行菜单栏中的 Report→Summary report 命令,弹出总结报告设置对话框,单击 New 按钮,依次创建 3 行几何体,如图 8-123 所示。

(2)在第一行几何体里选择 object pcb.1 选项,单击 Accept 按钮保存,在 Value 下拉框里选择 Temperature 选项。

(3)在第二行几何体里选择 object opening.2 选项,单击 Accept 按钮保存,在 Value 下拉框里选择 Temperature 选项。

(4)在第三行几何体里选择 object opening.1 选项,单击 Accept 按钮保存,在 Value 下拉框里选择 Temperature 选项。

(5)单击 Write 按钮,弹出总结报告界面,单击 Done 按钮保存退出总结报告界面,如图 8-124 所示。

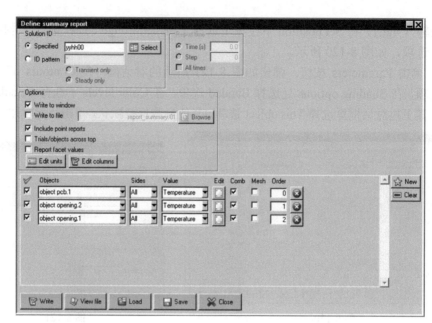

图 8-123

图 8-124

（6）单击总结报告设置对话框中的 Save 按钮，保存设置退出。

8.3 本章小结

本章通过水冷散热器散热及交错式水冷散热器散热分析两个案例，详细介绍了如何用 ANSYS Icepak 进行水冷散热器模型创建及参数设置、如何进行两种流体添加设置，以及如何进行温度监测点设置。此外，讲解了如何用 ANSYS Icepak 进行交错式散热器模型创建及参数设置。通过对本章的学习，可以让读者基本掌握运用 ANSYS Icepak 进行水冷散热器换热类问题的建模、参数设置及仿真结果分析。

第9章

参数化优化案例详解

随着电子元器件集成化设计的提升，对于含有 IC 芯片的 PCB 系统散热仿真就显得尤为重要。风冷具有设计简单、运行可靠性高等优点，被广泛应用于含有 IC 芯片的系统冷却，然而风冷系统设计时往往受尺寸限制，因此对于风扇布置、散热器设计及进风格栅的优化设计就显得格外重要，既要保证散热需求，又要保证系统运行噪声要求。本章通过对轴流风机优化布置、散热器热阻最小及六边形格栅损失系数参数化计算三个案例进行操作演示，详细介绍了如何用 ANSYS Icepak 定义设计变量，以及如何定义主函数、混合函数及目标函数。通过对本章的学习，可以让读者基本掌握运用 ANSYS Icepak 进行参数化优化设计的仿真流程。

学习目标

- 掌握如何设置不同器件间的接触热阻；
- 掌握如何创建局部坐标；
- 掌握如何在 ANSYS Icepak 内定义设计变量；
- 掌握如何在 ANSYS Icepak 内定义主函数、混合函数及目标函数；
- 掌握如何进行参数化求解及参数化计算结果的处理分析。

9.1 轴流风机优化布置设计案例详解

本案例以 IC 芯片及 PCB 集成系统为例,模型如图 9-1 所示,在外部风扇强制对流冷却条件下,分析确定风扇最优布置位置,并对此时 IC 芯片运行温度、翅片温度分布等进行分析。

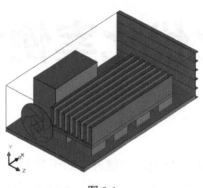

图 9-1

9.1.1 项目创建

(1)在 ANSYS Icepak 启动界面,单击 New 按钮,创建一个新的 ANSYS Icepak 分析项目,在项目对话框内 Directory 下设置工作目录,在 Project name 处输入项目名称 FAN_Location,如图 9-2 所示,单击 Create 按钮完成项目创建。

(2)在工作区默认创建一个计算域,尺寸为 1 m×1 m×1 m,如图 9-3 所示。

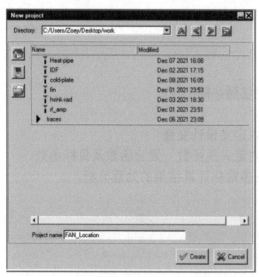

图 9-2

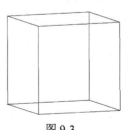

图 9-3

9.1.2　几何结构及性能参数设置

1. 外部计算域模型创建

（1）右击左侧模型树 Model→Cabinet，在弹出的快捷菜单中执行 Edit 命令，弹出 Cabinet 设置对话框，在该对话框中选择 Geometry 选项卡，在 xS 处输入 0，在 yS 处输入 0，在 zS 处输入 0，在 xE 处输入 0.4，在 yE 处输入 0.13，在 zE 处输入 0.25，如图 9-4 所示，其他保持默认。

（2）单击 Done 按钮完成外部计算域几何模型创建，如图 9-5 所示。

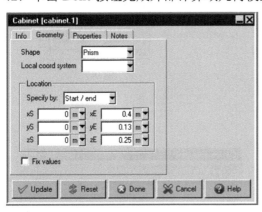

图 9-4　　　　　　　　　　　图 9-5

2. 风扇模型创建

（1）单击自建模工具栏中的 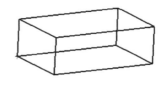（Fans）按钮，创建风扇模型。

（2）右击左侧模型树 Model→fans.1，在弹出的快捷菜单中执行 Edit 命令，弹出如图 9-6 所示的对话框。

（3）选择 Geometry 选项卡，在 Plane 处选择 Y-Z 平面，在 xC 处输入 0，在 yC 处输入 0.07，在 zC 处输入"$zc"，这个表示在 zc 的输入处进行参数化设置，在 Radius 处输入 0.05，在 Int Radius 处输入 0.02，其他保持默认。单击 Update 按钮，弹出 Param value 设置对话框，输入 0.1，如图 9-7 所示，单击 Done 按钮保存退出。

（4）选择 Properties 选项卡，在 Fan type 处选择 Intake，在 Fan flow 下选择 Non-linear 选项，如图 9-8 所示。单击 Non-linear curve 下的 Edit 按钮，选择 Text Editor 选项，则会弹出如图 9-9 所示的 Curve specification 设置对话框，将 Volume flow units 的单位修改为 cfm，将 Pressure units 的单位修改为 in_water，输入风压曲线数据 0 0.42、20 0.28、40 0.2、60 0.14、80 0.04、90 0，单击 Accept 按钮保存退出。

（5）单击图 9-8 中 Non-linear curve 下的 Edit 按钮，选择 Graph Editor，会弹出如图 9-10 所示的 Fan Curve 曲线提示框，方便进行输入数据校核检查。选择 Swirl 选项卡，在 RPM 处输入 4000，如图 9-11 所示。

（6）单击图 9-8 中的 Done 按钮保存，创建好的风扇模型如图 9-12 所示。

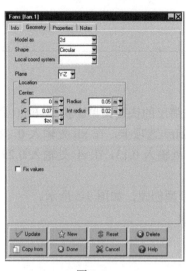
图 9-6

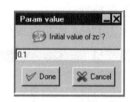
图 9-7

图 9-8

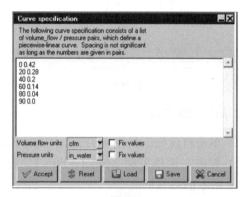
图 9-9

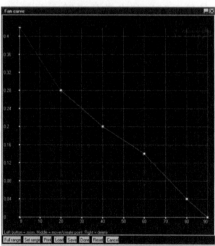
图 9-10

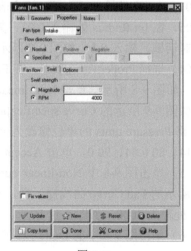
图 9-11

3. 百叶窗模型创建

（1）单击自建模工具栏中的 ▤（Grille）按钮，创建百叶窗模型。

（2）右击左侧模型树 Model→grille.1，在弹出的快捷菜单中执行 Edit 命令，弹出如图 9-13 所示的对话框。

（3）选择 Geometry 选项卡，在 Plane 处选择 Y-Z 平面，在 xS 处输入 0.4，在 yS 处输入 0，在 zS 处输入 0，在 yE 处输入 0.13，在 zE 处输入 0.25。

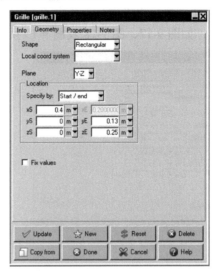

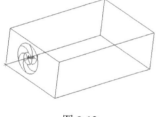

图 9-12　　　　　　　　　　　图 9-13

（4）选择 Properties 选项卡，在 Velocity loss coefficient 处选择 Automatic，在 Free area ratio 处输入 0.5，代表通流面积为 50%，其他参数设置如图 9-14 所示。

（5）单击 Done 按钮保存，创建好的百叶窗模型如图 9-15 所示。

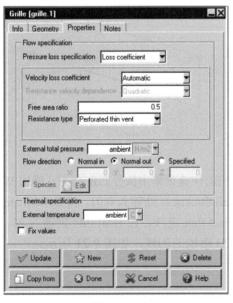
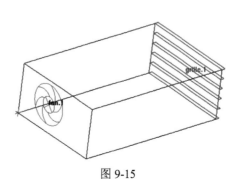

图 9-14　　　　　　　　　　　图 9-15

4．PCB模型的创建

（1）单击自建模工具栏中的 ■（Walls）按钮，创建 PCB 模型。

（2）右击左侧模型树 Model→walls.1，在弹出的快捷菜单中执行 Edit 命令，弹出如图 9-16 所示的对话框，选择 Geometry 选项卡，在 Plane 处选择 X-Z 选项，单击 Done 按钮完成 PCB 模型的创建。

（3）单击自建模工具栏中的 ■（Morph faces）按钮，进行 PCB 面匹配调整，选择 wall.1，单击鼠标中键确认，单击 Cabinet.的 Y_{min} 边，单击鼠标中键确认完成 wall.1 面尺寸匹配，如图 9-17、图 9-18 及图 9-19 所示。

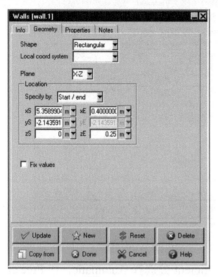

图 9-16

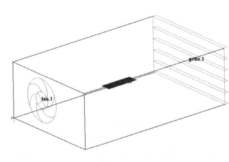

图 9-17

图 9-18

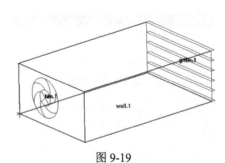

图 9-19

（4）右击左侧模型树 Model→walls.1，在弹出的快捷菜单中执行 Edit 命令，弹出 Walls 参数设置对话框，选择 Properties 选项卡，在 Wall thickness 处输入 0.01，将 Solid material 处选择为 FR-4，在 External conditions 处选择 Heat flux 选项，在 Heat flux 处输入 20，其他参数如图 9-20 所示，单击 Done 按钮完成 PCB 模型的创建，如图 9-21 所示。

5．热源模型创建

（1）单击自建模工具栏中的 ■（Blocks）按钮，创建热源模型。

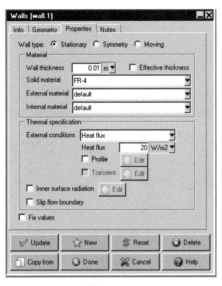
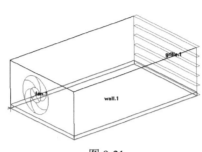

图 9-20　　　　　　　　　　　图 9-21

（2）右击左侧模型树 Model→block.1，在弹出的快捷菜单中执行 Edit 命令，弹出如图 9-22 所示的对话框，选择 Geometry 选项卡，在 xS 处输入 0.05，在 yS 处输入 0.01，在 zS 处输入 0.1，在 xE 处输入 0.1，在 yE 处输入 0.03，在 zE 处输入 0.15，其他保持默认。

（3）选择 Properties 选项卡，在 Block type 处选择 Solid 选项，在 Total power 处输入 5，选择 Individual sides 选项，如图 9-23 所示。

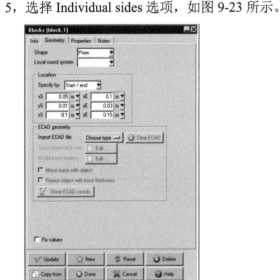
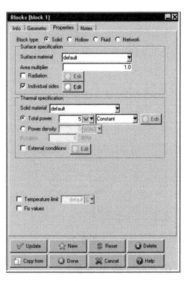

图 9-22　　　　　　　　　　　图 9-23

（4）单击 Individual sides 处的 Edit 按钮，弹出如图 9-24 所示的对话框，在 Block side 处选择 Min Y，在 Thermal condition 处选择 Fixed heat 选项，在 Total power 处输入 0.0，选择 Resistance 选项，并在下拉框内选择 Thermal resistance 选项，在 Thermal resistance 处输入 0.005，单击 Accept 按钮保存。

（5）单击 Done 按钮完成热源模型创建，创建好的几何模型如图 9-25 所示。

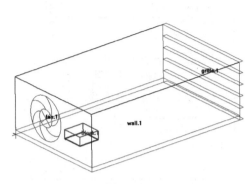

图 9-24　　　　　　　　　　　图 9-25

（6）右击左侧模型树 Model→block.1，在弹出的快捷菜单中执行 Copy 命令，弹出如图 9-26 所示的热源复制设置对话框。在 Number of copies 处输入 3，在 Operations 处选择 Translate 选项，在 X offset 处输入 0.08，单击 Apply 按钮完成热源模型的复制。复制好的热源模型如图 9-27 所示。

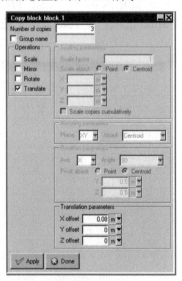

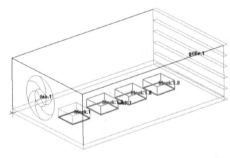

图 9-26　　　　　　　　　　　图 9-27

6．芯片模型创建

（1）单击自建模工具栏中的 ▣（Blocks）按钮，创建芯片模型。

（2）右击左侧模型树 Model→block.2，在弹出的快捷菜单中执行 Edit 命令，弹出如图 9-28 所示的对话框，选择 Geometry 选项卡，在 xS 处输入 0.05，在 yS 处输入 0.01，在 zS 处输入 0.18，在 xE 处输入 0.1，在 yE 处输入 0.03，在 zE 处输入 0.23，其他保持默认。

（3）选择 Properties 选项卡，在 Block type 处选择 Network，在 Network type 处选择

Star network 选项,在 Network parameters 下进行芯片热阻参数设置,在 Board side 处选择 Min Y,在 Rjc 处输入 5,在 Rjc-sides 处输入 5,在 Rjb 处输入 5,在 Junction power 处输入 10,如图 9-29 所示。

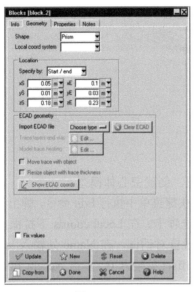

图 9-28

图 9-29

(4)单击 Done 按钮完成芯片模型的创建,创建好的几何模型如图 9-30 所示。

(5)右击左侧模型树 Model→block.2,在弹出的快捷菜单中执行 Copy 命令,弹出如图 9-31 所示的热源复制设置对话框。在 Number of copies 处输入 3,在 Operations 处选择 Translate 选项,在 X offset 处输入 0.08,单击 Apply 按钮完成芯片模型的复制。复制好的芯片模型如图 9-32 所示。

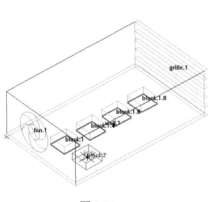

图 9-30

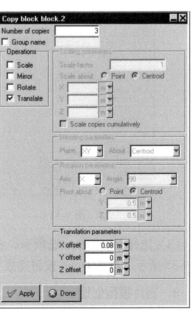

图 9-31

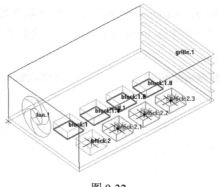

图 9-32

7. 空心体模型创建

（1）单击自建模工具栏中的 ■（Blocks）按钮，创建空心体模型。

（2）右击左侧模型树 Model→block.3，在弹出的快捷菜单中执行 Edit 命令，弹出 Blocks 参数设置对话框，如图 9-33 所示，选择 Geometry 选项卡，在 Local coords 下拉框内选择 Local0 选项，弹出如图 9-34 所示的 Local coords 设置对话框，在 Name 处输入 local0，在 X offset 处输入 0.1，在 Y offset 处输入 0，在 Z offset 处输入 0，单击 Accept 按钮保存局部坐标系创建。

（3）在 xS 处输入 0，在 yS 处输入 0.01，在 zS 处输入 0，在 xE 处输入 0.15，在 yE 处输入 0.1，在 zE 处输入 0.07，其他保持默认。

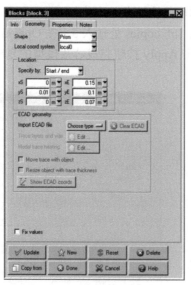

图 9-33

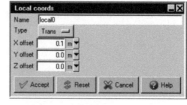

图 9-34

（4）选择 Properties 选项卡，在 Block type 处选择 Hollow 选项，其他参数设置如图 9-35 所示。单击 Done 按钮完成空心体模型创建，如图 9-36 所示。

8. 翅片模型创建

（1）单击自建模工具栏中的 ■（Heatsinks）按钮，创建翅片模型。

第 9 章　参数化优化案例详解

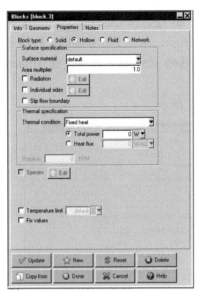

图 9-35

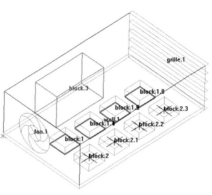

图 9-36

（2）右击左侧模型树 Model→heatsinks.1，在弹出的快捷菜单中执行 Edit 命令，弹出如图 9-37 所示的对话框。选择 Geometry 选项卡，在 Plane 处选择 X-Z 平面，在 xS 处输入 0.05，在 yS 处输入 0.03，在 zS 处输入 0.1，在 xE 处输入 0.34，在 zE 处输入 0.23，在 Base height 处输入 0.01，在 Overall height 处输入 0.06，其他保持默认。

（3）选择 Properties 选项卡，在 Type 处选择 Detailed，在 Flow direction 处选择 X 选项，在 Detailed fin type 处选择 Bonded fin 选项，在 Fin spec 处选择 Count/thickness 选项，在 Count 处输入 8，在 Thickness 处输入 0.008，其他设置如图 9-38 所示。

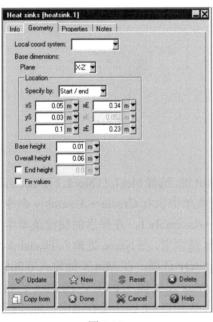

图 9-37

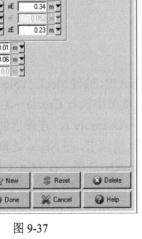

图 9-38

235

(4) 选择 Flow/thermal data 选项卡，在 Base material 处选择 Cu-Pure 选项，其他设置如图 9-39 所示。选择 Interface 选项卡，如图 9-40 所示，单击 Fin bonding 处的 Edit 按钮，打开 Bonding thermal resistance 设置对话框，选择 Compute 选项，在 Effective thickness 处输入 0.0002，如图 9-41 所示。

(5) 单击 Done 按钮完成翅片模型创建，如图 9-42 所示。

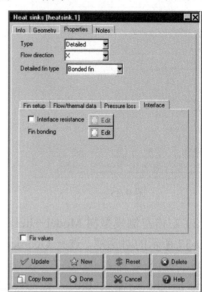

图 9-39　　　　　　　　　　　　　图 9-40

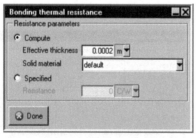

图 9-41　　　　　　　　　　　　　图 9-42

9. 装配体模型创建

(1) 调整工作区界面为 Z 正方向视图，按住 Shift 键，选择 block.1、block.2 及 heatsinks.1 等热源、芯片及翅片模型后右击，在弹出的快捷菜单中执行 Create→Assembly 命令，完成 Assembly.1 的创建。右击左侧模型树 Model→Assembly.1，在弹出的快捷菜单中执行 Edit 命令，弹出如图 9-43 所示的对话框。选择 Info 选项卡，在 Name 处输入 Heatsink-packages-asy。选择 Meshing 选项卡，选择 Mesh separately 选项，在 Min X 处输入 0.005，在 Min Y 处输入 0.005，在 Min Z 处输入 0.005，在 Max X 处输入 0.015，在 Max Y 处输入 0.005，在 Max Z 处输入 0.005，如图 9-44 所示。单击 Done 按钮保存退出，创建好的组合装配体如图 9-45 所示。

图 9-43

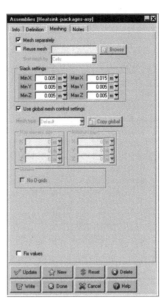

图 9-44

（2）选择 fan.1 风扇模型后右击，在弹出的快捷菜单中执行 Create→Assembly 命令，则完成 Assembly.2 的创建。右击左侧模型树 Model→Assembly.2，在弹出的快捷菜单中执行 Edit 命令，弹出如图 9-46 所示的 Assembly.2 设置对话框。选择 Info 选项卡，在 Name 处输入 Fan-asy。选择 Meshing 选项卡，选择 Mesh separately 选项，在 Min X 处输入 0，在 Min Y 处输入 0.002，在 Min Z 处输入 0.002，在 Max X 处输入 0.005，在 Max Y 处输入 0.002，在 Max Z 处输入 0.002，如图 9-47 所示。单击 Done 按钮保存退出，创建好的组合装配体如图 9-48 所示。

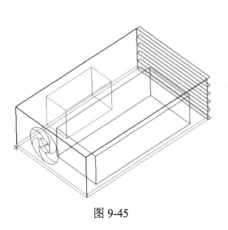

图 9-45

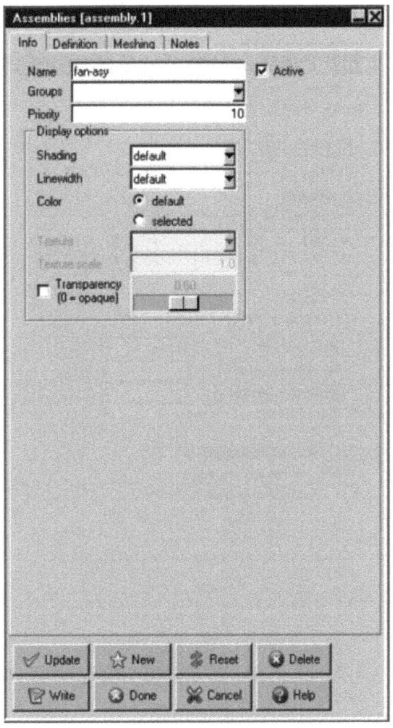

图 9-46

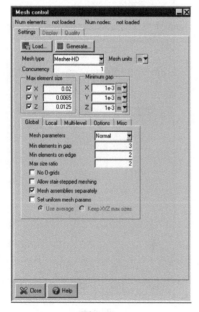

图 9-47

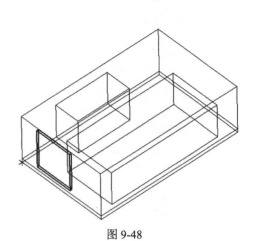

图 9-48

9.1.3 网格划分设置

（1）单击快捷命令工具栏中的 （Generate mesh）按钮进行网格划分，弹出 Mesh control 设置对话框，如图 9-49 所示。在 Mesh type 处选择 Mesher-HD，在 Max element size 下 X、Y、Z 处分别输入 0.02、0.0065 及 0.0125，在 Minimum gap 下的 X、Y、Z 处分别输入 1e-3、1e-3 及 1e-3，选择 Mesh assemblies separately 选项，其他参数保持默认。

（2）选择 Options 选项卡，按照如图 9-50 所示进行参数设置。

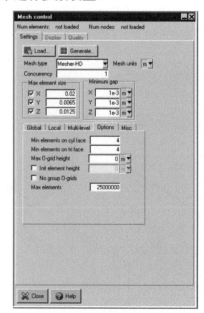

图 9-49　　　　　　　　　　　　　　图 9-50

（3）选择 Misc 选项卡，按照如图 9-51 所示进行设置，保存设置参数后退出。

（4）选择 Mesh control 对话框中的 Display 选项卡，选择 Cut plane 选项，在 Set position 下拉框里选择 Point and normal 选项，并选择 Display mesh 选项，其他参数设置如图 9-52 所示。显示的网格效果如图 9-53 所示。

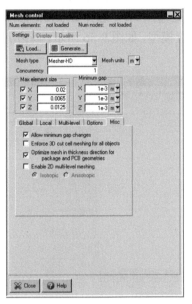

图 9-51

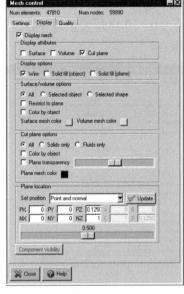

图 9-52

（5）选择 Mesh control 对话框中的 Quality 选项卡，并选择 Face alignment 选项，网格质量信息如图 9-54 所示。

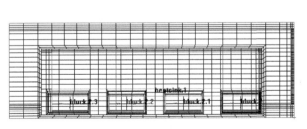

图 9-53

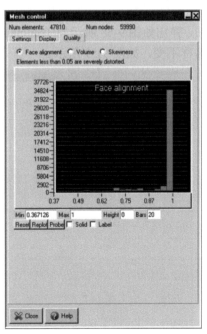

图 9-54

9.1.4 参数化求解设置

(1) 单击快捷命令工具栏中的 （Run optimization）按钮进行参数化求解计算，弹出如图 9-55 所示对话框，选择 Setup 选项卡，选择 Parametric trials 选项。

(2) 选择 Design variables 选项卡，在 Base value 处输入 0.1，选择 Discrete values 选项，输入 0.1、0.165，表示将计算这两种尺寸的风扇位置模型，如图 9-56 所示，单击 Apply 按钮保存。

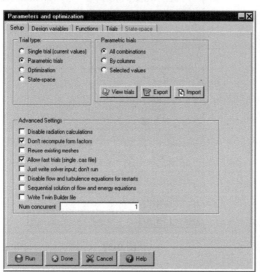
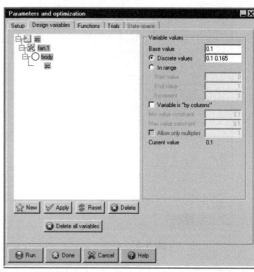

图 9-55　　　　　　　　　　　　　图 9-56

(3) 选择 Trials 选项卡，弹出如图 9-57 所示的计算名称设置对话框，单击 Reset 按钮，弹出如图 9-58 所示的 Trial naming 设置对话框，单击 Values 按钮，表示只更新序号，名称不变，如图 9-59 所示。

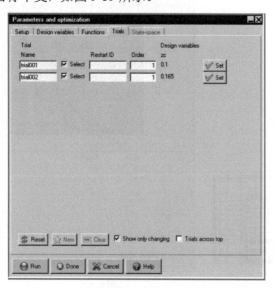
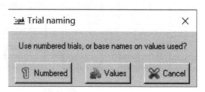

图 9-57　　　　　　　　　　　　　图 9-58

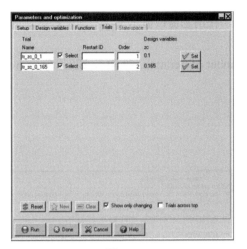

图 9-59

（4）单击 Done 按钮保存退出。

9.1.5 变量监测设置

（1）双击左侧模型树 Point→Creat at location，弹出如图 9-60 所示的对话框。在 Name 处输入 grille.1，在 Object 处选择 grille.1，在 Monitor 处选择 Velocity 选项，保存设置结果后退出。

（2）同理，双击左侧模型树 Point→Creat at location，弹出如图 9-61 所示的对话框。在 Name 处输入 block.1，在 Object 处选择 block.1 选项，在 Monitor 处选择 Temperature 选项，保存设置结果后退出。

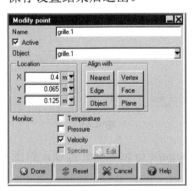

图 9-60

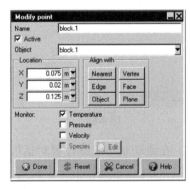

图 9-61

9.1.6 物理模型设置

1．流动模型校核

（1）双击左侧模型树 Solution settings→Basic settings，打开基本设置对话框，如图 9-62 所示。

（2）单击 Reset 按钮，在消息窗口显示雷诺数值，提示流动模型选择湍流，如图 9-63 所示。

（3）在图 9-62 的 Number of iterations 处输入 200，单击 Accept 按钮保存设置。

图 9-62

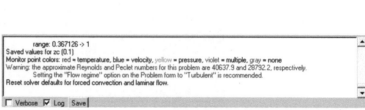

图 9-63

2．物理模型设置

（1）双击左侧模型树 Problem setup，弹出 Problem setup wizard 设置对话框。

（2）在该对话框中选择 Solve for velocity and pressure 及 Solve for temperature 选项，如图 9-64 所示，单击 Next 按钮进行下一步设置。

（3）在流动条件求解设置对话框选择如图 9-65 所示，单击 Next 按钮进行下一步设置。

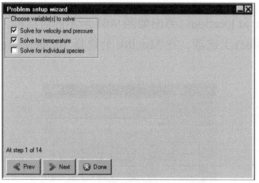

图 9-64

图 9-65

（4）在流动状态求解设置对话框选择 Set flow regime to turbulent 选项，如图 9-66 所示，单击 Next 按钮进行下一步设置。

（5）在湍流模型求解设置对话框选择 Zero equation (mixing length)选项，如图 9-67 所示，单击 Next 按钮进行下一步设置。

（6）在辐射传热求解设置对话框选择 Include heat transfer due to radiation 选项，如图 9-68 所示，单击 Next 按钮进行下一步设置。

（7）在辐射传热求解设置对话框选择 Use surface-to-surface model 选项，如图 9-69 所示，单击 Next 按钮进行下一步设置。

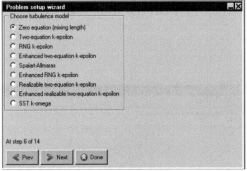

图 9-66　　　　　　　　　　　　　图 9-67

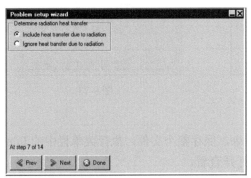
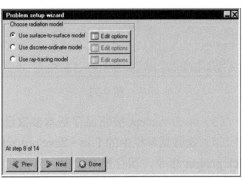

图 9-68　　　　　　　　　　　　　图 9-69

（8）在太阳光辐射求解设置对话框不选择 Include solar radiation 选项，如图 9-70 所示，单击 Next 按钮进行下一步设置。

（9）因为本案例为稳态计算，所以在暂稳态求解设置对话框选择 Variables do not vary with time (steady-state)选项，如图 9-71 所示，单击 Next 按钮进行下一步设置。

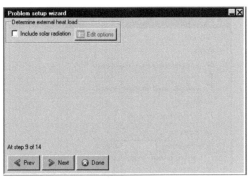
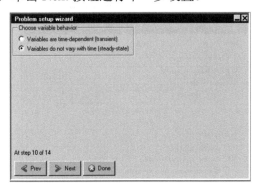

图 9-70　　　　　　　　　　　　　图 9-71

（10）因为本案例不考虑海拔修正，所以在海拔修正设置对话框保持默认设置，如图 9-72 所示，单击 Next 按钮进行下一步设置。

（11）单击 Done 按钮完成全部设置。

3．基本参数设置及保存

（1）双击左侧模型树 Problem setup→Basic parameters，打开基本参数设置对话框。

（2）选择 General setup 选项卡，如图 9-73 所示，保持默认设置。

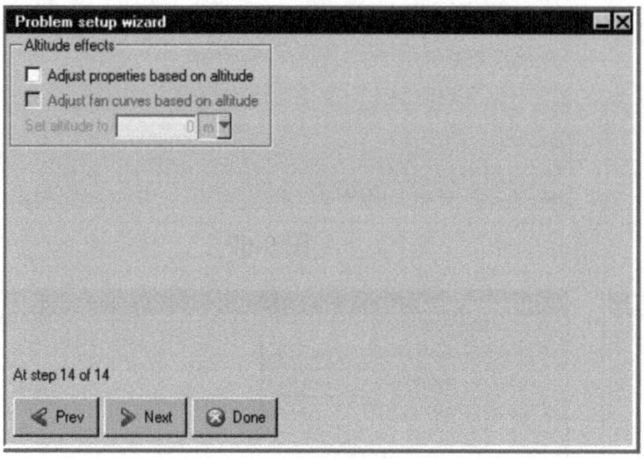

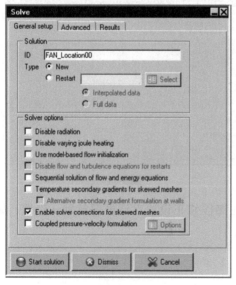

图 9-72

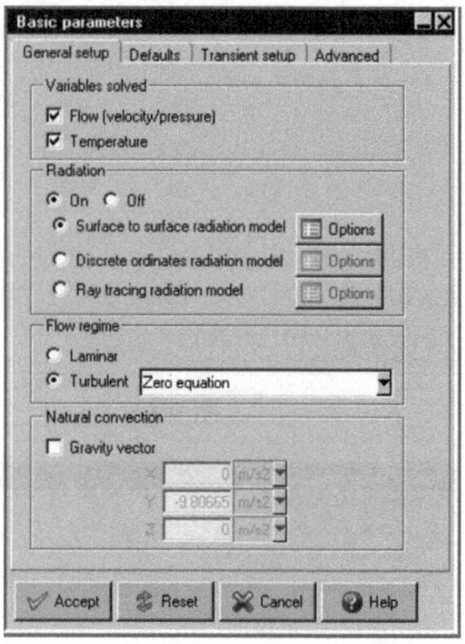

图 9-73

（3）单击 Accept 按钮保存基本参数设置。

（4）执行菜单栏中的 File→Save project 命令，保存整个文件，执行菜单栏中的 File→Pack project 命令，保存整个设置，方便后续打开查看。

9.1.7　求解计算

（1）单击快捷命令工具栏中的（Run solution）按钮，弹出 Solve 设置对话框，如图 9-74 所示，在 ID 处输入 FAN_Location00，其他参数保持默认设置，选择 Results 选项卡，选择 Write overview of results when finished 选项，如图 9-75 所示，单击 Dismiss 按钮保存退出。

图 9-74

图 9-75

（2）本案例需要进行不同风扇位置的参数化计算，因此需要在优化计算界面进行计算，单击快捷命令工具栏中的 （Run optimization）按钮进行参数化求解计算，弹出如图 9-76 所示的对话框，单击 Run 按钮开始计算。计算过程中的残差曲线如图 9-77 所示。

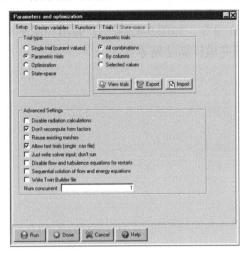
图 9-76

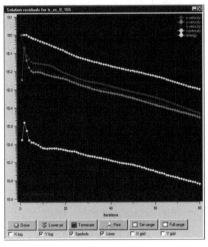
图 9-77

（3）计算过程中自动弹出百叶窗出口速度及芯片温度监测曲线，如图 9-78 所示，计算过程的时间统计如图 9-79 所示。

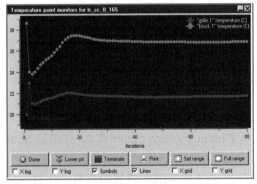
图 9-78

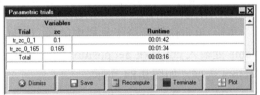
图 9-79

（4）计算完成后，会自动弹出两种风扇位置的计算结果，如图 9-80 及图 9-81 所示。

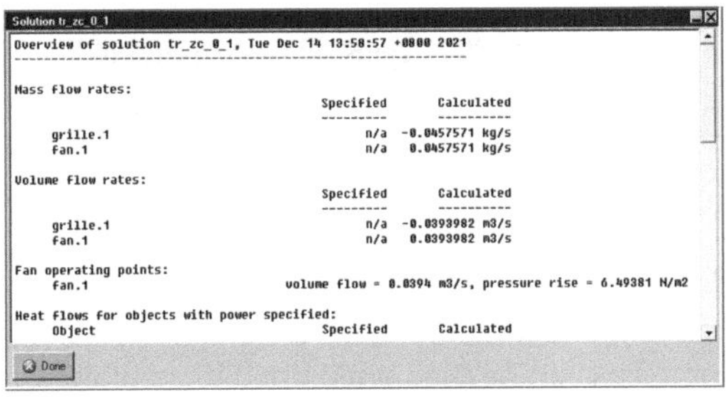

图 9-80

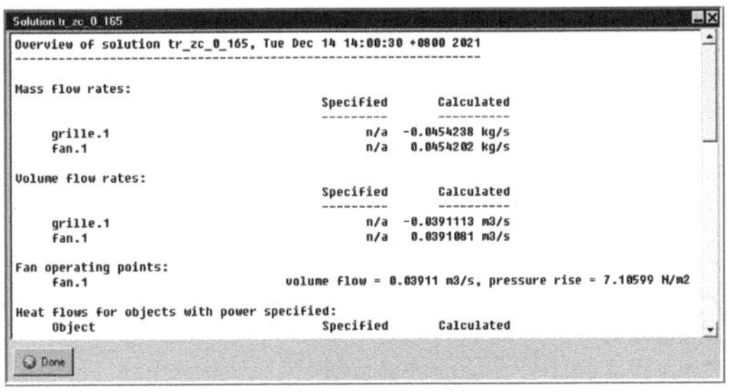

图 9-81

9.1.8 计算结果分析

本案例为两个风扇位置参数的计算，因此计算结果会自动保存两个，需要分别进行加载查看，执行菜单栏 Post→Load solution ID 命令，如图 9-82 所示，弹出如图 9-83 所示的对话框，选择 tr_zc_0_1，单击 Okay 按钮完成计算结果导入。

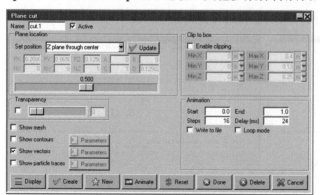

图 9-82

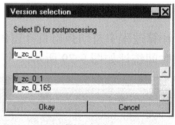

图 9-83

1. 速度矢量云图分析（tr_zc_0_1风扇位置）

（1）单击快捷命令工具栏中的 （Plane cut）按钮，弹出 Plane cut 设置对话框，在 Name 处输入 cut.1，在 Set position 下拉框里选择 Z plane through center 选项，并选择 Show vectors 选项，如图 9-84 所示。

（2）单击 Parameters 按钮，弹出如图 9-85 所示的速度矢量图设置对话框，在 Display options 下选择 Mesh points 选项，其他参数保持默认，单击 Apply 按钮保存。

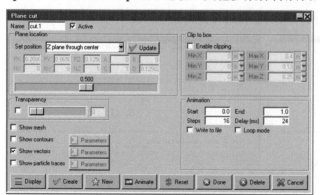

图 9-84

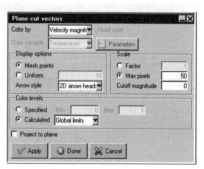

图 9-85

(3)调整视图,显示如图 9-86 所示的速度矢量云图。

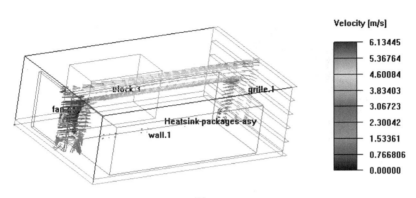

图 9-86

(4)右击左侧模型树 Post-processing→cut.1,在弹出的快捷菜单中取消选择 Show vectors 选项,则不显示速度矢量云图,如需要显示,则选取 Show vectors 选项。

2. 器件表面温度云图分析(tr_zc_0_1风扇位置)

(1)单击快捷命令工具栏中的 (Object face)按钮,弹出 Object face 设置对话框,在 Name 处输入 face.1,在 Object 下拉框里选择所有的块,单击 Accept 按钮保存,选择 Show contours 选项,如图 9-87 所示。

(2)单击 Parameters 按钮,弹出如图 9-88 所示的温度云图设置对话框,在 Contours of 处选择 Temperature 选项,在 Shading options 处选择 Smooth 选项,在 Color levels 下选择 Calculated 选项,并在其下拉对话框里选择 Global limits 选项,其他参数保持默认,单击 Apply 按钮保存退出。

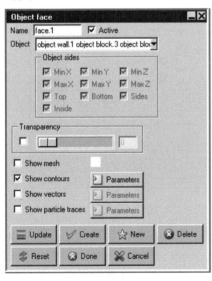

图 9-87　　　　　　　　　　图 9-88

(3)调整视图,则显示如图 9-89 所示的温度云图。

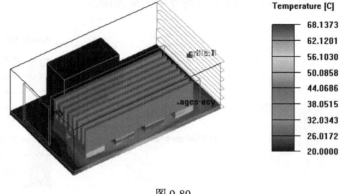

图 9-89

（4）右击左侧 Post-processing 下的 face.1，取消选择 active 选项，则不再激活显示云图。

3．计算结果报告输出（tr_zc_0_1风扇位置）

（1）执行菜单栏中的 Report→Summary report 命令，弹出总结报告设置对话框，单击 New 按钮，依次创建 2 行几何体，如图 9-90 所示。

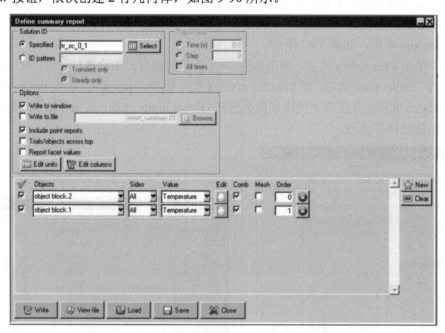

图 9-90

（2）在第一行几何体里选择 object block.2 选项，单击 Accept 按钮保存，在 Value 下拉框里选择 Temperature 选项。

（3）在第二行几何体里选择 object block.1 选项，单击 Accept 按钮保存，在 Value 下拉框里选择 Temperature 选项。

（4）单击 Write 按钮，弹出总结报告对话框，单击 Done 按钮保存退出总结报告对话框，如图 9-91 所示。

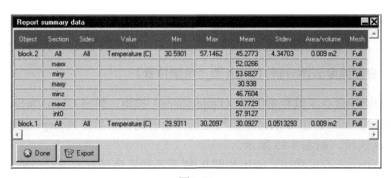

图 9-91

（5）单击总结报告设置对话框中的 Save 按钮，保存设置退出。

（6）执行菜单栏 Post→Load solution ID 命令，在弹出的 Version selection 对话框中选择 tr_zc_0_165 选项，单击 Okay 按钮完成计算结果导入。

4. 速度矢量图分析（tr_zc_0_165风扇位置）

（1）单击快捷命令工具栏中的 （Plane cut）按钮，弹出 Plane cut 设置对话框，在 Name 处输入 cut.1，在 Set position 下拉框里选择 Z plane through center 选项，并选择 Show vectors 选项，如图 9-92 所示。

（2）单击 Parameters 按钮，弹出如图 9-93 所示的速度矢量图设置对话框，在 Display options 下选择 Mesh points 选项，其他参数保持默认，单击 Apply 按钮保存。

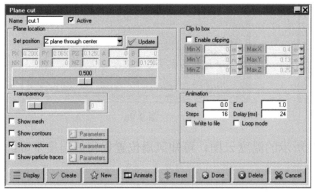

图 9-92

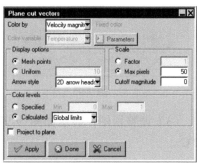

图 9-93

（3）调整视图，显示如图 9-94 所示的速度矢量云图。

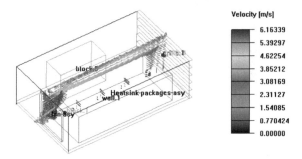

图 9-94

（4）右击左侧模型树 Post-processing→cut.1，在弹出的快捷菜单中取消选择 Show vectors 选项，则不显示速度矢量云图，如需要显示，则选取 Show vectors 选项。

5. 器件表面温度云图分析（tr_zc_0_1风扇位置）

（1）单击快捷命令工具栏中的（Object face）按钮，弹出 Object face 设置对话框，在 Name 处输入 face.1，在 Object 下拉框里选择所有的块，单击 Accept 按钮保存，选择 Show contours 选项，如图 9-95 所示。

（2）单击 Parameters 按钮，弹出如图 9-96 所示的温度云图设置对话框，在 Contours of 处选择 Temperature 选项，在 Shading options 处选择 Smooth 选项，在 Color levels 下选择 Calculated 选项，并在其下拉对话框里选择 Global limits 选项，其他参数保持默认，单击 Apply 按钮保存退出。

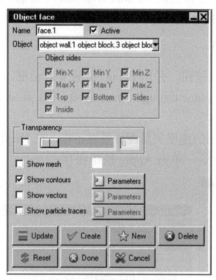

图 9-95

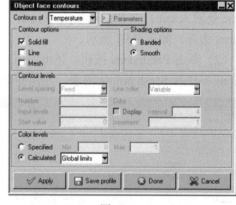

图 9-96

（3）调整视图，显示如图 9-97 所示的温度云图，可知风扇位置优化后温度下降约 10℃。

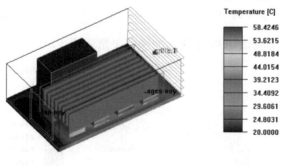

图 9-97

（4）右击左侧 Post-processing 下的 face.1，取消选择 active 选项，则不再激活显示云图。

6. 计算结果报告输出（tr_zc_0_1风扇位置）

（1）执行菜单栏中的 Report→Summary report 命令，弹出总结报告设置对话框，单击 New 按钮，依次创建 2 行几何体，如图 9-98 所示。

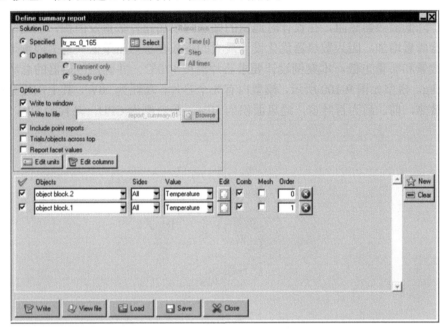

图 9-98

（2）在第一行几何体里选择 object block.2 选项，单击 Accept 按钮保存，在 Value 下拉框里选择 Temperature 选项。

（3）在第二行几何体里选择 object block.1 选项，单击 Accept 按钮保存，在 Value 下拉框里选择 Temperature 选项。

（4）单击 Write 按钮，弹出总结报告对话框，单击 Done 按钮保存退出总结报告对话框，如图 9-99 所示。

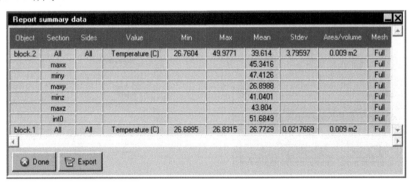

图 9-99

（5）单击总结报告设置对话框中的 Save 按钮，保存设置退出。

9.2 散热器热阻最低优化案例详解

为了降低散热器热阻,在设计时通用的做法为增加翅片数量及面积,但是同时会带来散热器质量增加。因为散热器优化设计最大的挑战在于热阻最低(最大限度地传热)及翅片数量和质量也低。本案例设计要求芯片温度≤70℃,并确保散热器的总质量不超过 0.326kg。模型如图 9-100 所示,模型内有 8 个芯片,功耗为 20W,其上部设置有散热器进行散热,前、后为百叶窗,通风面积为 50%,最右侧为 CPU,功耗为 50W。

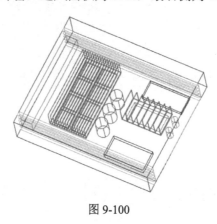

图 9-100

9.2.1 项目创建

(1)在 ANSYS Icepak 启动界面(如图 9-101 所示)单击 Unpack 按钮,通过解压来创建一个 ANSYS Icepak 分析项目,在 File selection 设置对话框内选择 optimization.tzr 文件,如图 9-102 所示。

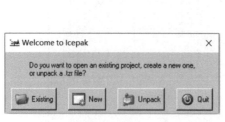

图 9-101

图 9-102

(2)单击 File selection 设置对话框中的"打开"按钮,弹出如图 9-103 所示的对话框,在 New project 处输入 Optimization。

(3)单击 Unpack 按钮,在工作区会显示如图 9-104 所示的几何模型。

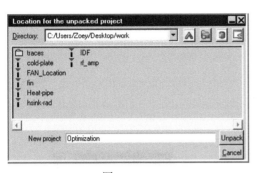
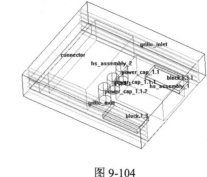

图 9-103　　　　　　　　　　　　　　图 9-104

9.2.2　散热器结构及性能参数设置

（1）右击左侧模型树 Model→heatsink_big，在弹出的快捷菜单中执行 Edit 命令，弹出如图 9-105 所示的对话框。

（2）选择 Properties 选项卡，在 Count 处输入"$finCount"，表示对散热器翅片的数量输入进行参数化设置，单击 Update 按钮，弹出 Param value 设置对话框，如图 9-106 所示，输入 15，单击 Done 按钮保存退出。

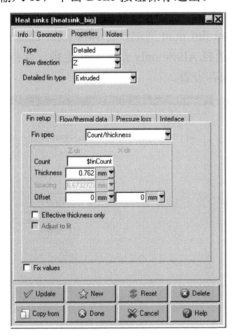
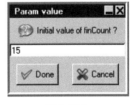

图 9-105　　　　　　　　　　　　　　图 9-106

（3）选择 Properties 选项卡，如图 9-107 所示。在 Thickness 处输入"$finThick"，表示对散热器翅片的厚度输入进行参数化设置，单击 Update 按钮，弹出 Param value 设置对话框，如图 9-108 所示，输入 0.762，单击 Done 按钮保存退出。

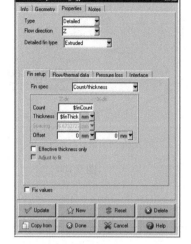

图 9-107

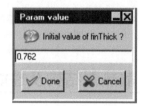

图 9-108

9.2.3 参数化求解设置

（1）单击快捷命令工具栏中的 （Run optimization）按钮进行参数化求解计算，弹出如图 9-109 所示的对话框，选择 Setup 选项卡，选择 Optimization 选项。

（2）选择 Design variables 选项卡，选择 finCount 选项，在 Min value constraint 处输入 2，在 Max value constraint 处输入 18，选择 Allow only multiples 选项，保持默认值 1 不变，如图 9-110 所示，单击 Apply 按钮保存设置。

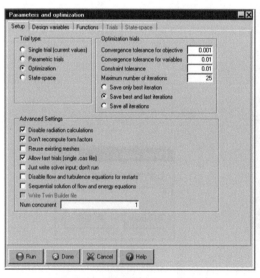

图 9-109   图 9-110

（3）选择 Design variables 选项卡，选择 finThick 选项，在 Min value constraint 处输入 0.254，在 Max value constraint 处输入 2.032，确认不要选择 Allow only multiples 选项，如图 9-111 所示，单击 Apply 按钮保存设置。

（4）单击 Done 按钮保存设置并退出。

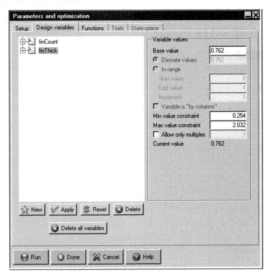

图 9-111

9.2.4 网格划分设置

（1）单击快捷命令工具栏中的 （Generate mesh）按钮进行网格划分，弹出 Mesh control 设置对话框，如图 9-112 所示。在 Mesh type 处选择 Mesher-HD，在 Max element size 下 X、Y、Z 处分别输入 20、3.5 及 15，在 Minimum gap 下的 X、Y、Z 处分别输入 0.0004、0.00008 及 1e-3，选择 Mesh assemblies separately 选项，其他参数保持默认。

（2）选择 Misc 选项卡，选择 Allow minimum gap changes 选项，其他如图 9-113 所示，保存设置并退出。

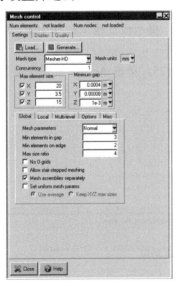

图 9-112

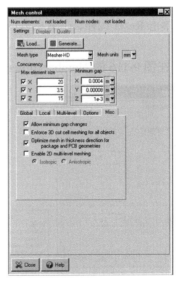

图 9-113

（3）选择 Mesh control 对话框中的 Display 选项卡，选择 Cut plane 选项，在 Set position 下拉框里选择 Point and normal 选项，并选择 Display mesh 选项，其他参数设置如图 9-114 所示。显示的网格效果如图 9-115 所示。

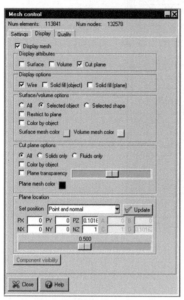

图 9-114　　　　　　　　　　　　　　图 9-115

9.2.5　物理模型设置

1. 流动模型校核

（1）双击左侧模型树 Solution settings→Basic settings，打开基本设置对话框，如图 9-116 所示。

（2）单击 Reset 按钮，在消息窗口显示雷诺数值，提示流动模型选择湍流，如图 9-117 所示。

（3）在图 9-116 的 Number of iterations 处输入 125，单击 Accept 按钮保存设置。

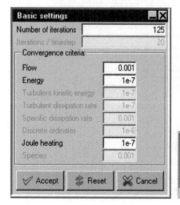
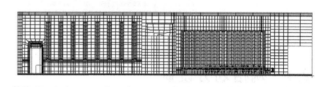

图 9-116　　　　　　　　　　　　　　图 9-117

2. 物理模型设置

（1）双击左侧模型树 Problem setup，弹出 Problem setup wizard 设置对话框。

（2）在对话框选择 Solve for velocity and pressure 及 Solve for temperature 选项，如图 9-118 所示，单击 Next 按钮进行下一步设置。

（3）在流动条件求解设置对话框选择如图 9-119 所示，单击 Next 按钮进行下一步设置。

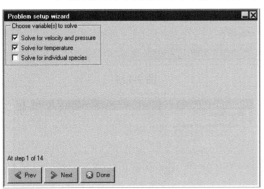

图 9-118

图 9-119

（4）在流动状态求解设置对话框选择 Set flow regime to turbulent 选项，如图 9-120 所示，单击 Next 按钮进行下一步设置。

（5）在湍流模型求解设置对话框选择 Zero equation (mixing length)选项，如图 9-121 所示，单击 Next 按钮进行下一步设置。

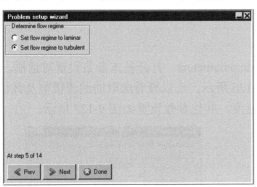

图 9-120

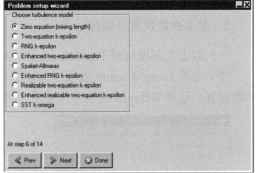

图 9-121

（6）因为本案例不考虑辐射传热，所以在辐射传热求解设置对话框选择 Ignore heat transfer due to radiation 选项，如图 9-122 所示，单击 Next 按钮进行下一步设置。

（7）在太阳光辐射求解设置对话框不勾选 Include solar radiation 选项，如图 9-123 所示，单击 Next 按钮进行下一步设置。

（8）因为本案例为稳态计算，所以在暂稳态求解设置对话框选择 Variables do not vary with time (steady-state)选项，如图 9-124 所示，单击 Next 按钮进行下一步设置。

（9）因为本案例不考虑海拔修正，所以在海拔修正设置对话框保持默认设置，如图 9-125 所示，单击 Next 按钮进行下一步设置。

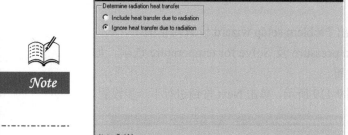

图 9-122

图 9-123

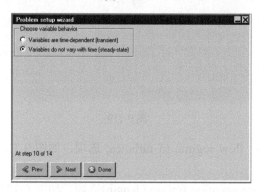

图 9-124

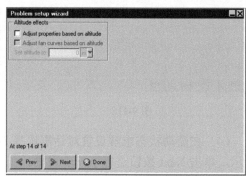

图 9-125

（10）单击 Done 按钮完成全部设置。

3．基本参数设置及保存

（1）双击左侧模型树 Problem setup→Basic parameters，打开基本参数设置对话框。

（2）选择 General setup 选项卡，如图 9-126 所示，可以查看选取的湍流模型及其他参数设置。选择 Defaults 选项卡，查看空气温度，其他参数设置如图 9-127 所示。

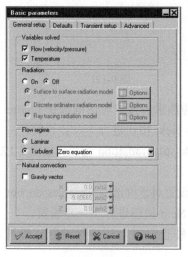

图 9-126

图 9-127

（3）单击 Accept 按钮保存基本参数设置。

（4）执行菜单栏中的 File→Save project 命令，保存整个文件，执行菜单栏中的 File→Pack project 命令，保存整个设置，方便后续打开查看。

9.2.6 自定义函数设置

本案例优化的目标是：在散热器质量不超过 0.236kg、保证芯片的最高温度低于 70℃ 的前提下，散热器的热阻最低，因此需要创建散热器热阻、散热器最大质量等自定义函数，具体如下所述。

（1）散热器热阻（bighsrth）函数的创建。单击快捷命令工具栏中的 （Run optimization）按钮进行参数化求解计算，弹出 Parameters and optimization 设置对话框，如图 9-128 所示。选择 Functions 选项卡，在 Primary functions 下单击 New 按钮，弹出如图 9-129 所示的基本函数设置对话框，在 Function name 处输入 bighsrth，在 Function type 处选择 Global value 选项，在 Value 处选择 Thermal resistance of heatsink 选项，在 Object 处选择 Object heatsink_big 选项，单击 Accept 按钮保存退出。

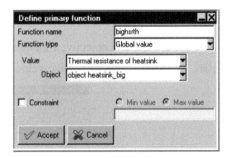

图 9-128　　　　　　　　　　　图 9-129

（2）大散热器质量（bighsms）函数的创建。选择 Functions 选项卡，在 Primary functions 下单击 New 按钮，弹出如图 9-130 所示的基本函数设置对话框，在 Function name 处输入 bighsms，在 Function type 处选择 Global value 选项，在 Value 处选择 Mass of objects 选项，在 Object 处选择 Object heatsink_big 选项，单击 Accept 按钮保存退出。

（3）小散热器质量（smlhsms）函数的创建。选择 Functions 选项卡，在 Primary functions 下单击 New 按钮，弹出如图 9-131 所示的基本函数设置对话框，在 Function name 处输入 smlhsms，在 Function type 处选择 Global value 选项，在 Value 处选择 Mass of objects 选项，在 Object 处选择 Object heatsink_small 选项，单击 Accept 按钮保存退出。

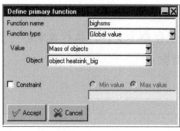

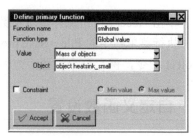

图 9-130   图 9-131

（4）最大温度（mxtmp）函数的创建。选择 Functions 选项卡，在 Primary functions 下单击 New 按钮，弹出如图 9-132 所示的基本函数设置对话框，在 Function name 处输入 mxtmp，在 Function type 处选择 Global value 选项，在 Value 处选择 Global maximum temperature 选项，选择 Constraint 及 Max value 选项，并输入 70，单击 Accept 按钮保存退出。

（5）总质量组合（totalmass）函数的创建。选择 Functions 选项卡，在 Compound functions 下单击 New 按钮，弹出如图 9-133 所示的组合函数设置对话框，在 Function name 处输入 totalmass，在 Definition 处输入 $bighsms+$smlhsms，选择 Constraint 及 Max value 选项，并输入 0.326，单击 Accept 按钮保存退出。

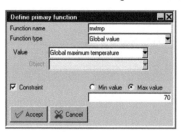

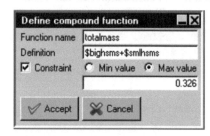

图 9-132   图 9-133

（6）目标函数（objective function）的创建。在 Objective function 下拉框里选择 bighsrth 选项，并保持默认值 Minimize value 选项不变，如图 9-134 所示。

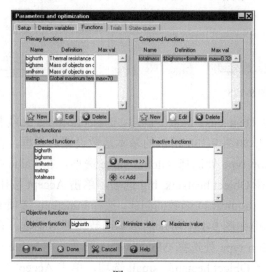

图 9-134

9.2.7 求解计算

单击快捷命令工具栏中的 （Run optimization）按钮进行参数化求解计算，弹出如图 9-135 所示的对话框，选择 Setup 选项卡，取消选择 Allow fast trials (single .cas file) 选项，单击 Run 按钮开始计算。计算过程中残差曲线如图 9-136 所示。

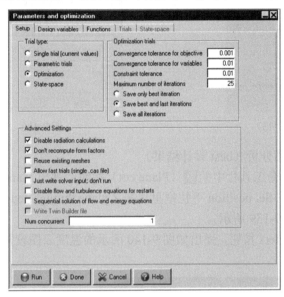

图 9-135

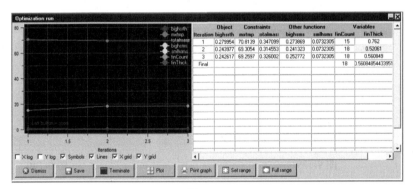

图 9-136

9.2.8 计算结果分析

本案例保存了三种散热器结构形式的计算结果，因此需要分别进行加载查看。

1. 第一种散热器计算结果

执行菜单栏 Post→Load solution ID 命令，如图 9-137 所示，弹出如图 9-138 所示的对话框，选择 best 选项，单击 Okay 按钮完成计算结果的导入。

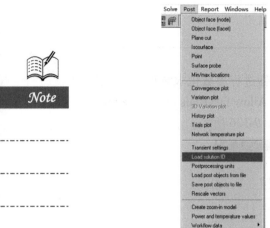

图 9-137

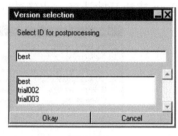

图 9-138

1）截面温度云图分析（best 设计结果）

（1）单击快捷命令工具栏中的 （Plane cut）按钮，弹出 Plane cut 设置对话框，在 Name 处输入 cut.1，在 Set position 下拉框里选择 Z plane through center 选项，并选择 Show contours 选项，如图 9-139 所示。

（2）单击 Parameters 按钮，弹出如图 9-140 所示的温度云图设置对话框，单击 Apply 按钮保存。

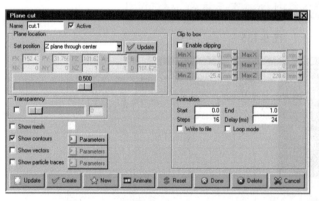

图 9-139

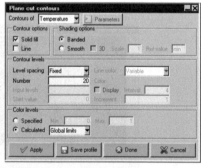

图 9-140

（3）调整视图，显示如图 9-141 所示的温度云图。

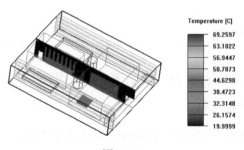

图 9-141

（4）右击左侧模型树 Post-processing→cut.1，在弹出的快捷菜单中取消选择 Show contours 选项，则不显示温度云图，如需要显示，则选取 Show contours 选项。

2）器件表面温度云图分析（best 设计结果）

（1）单击快捷命令工具栏中的 （Object face）按钮，弹出 Object face 设置对话框，在 Name 处输入 face.1，在 Object 下拉框里选择所有的块，单击 Accept 按钮保存，选择 Show contours 选项，如图 9-142 所示。

（2）单击 Parameters 按钮，弹出图 9-143 所示的温度云图设置对话框，在 Contours of 处选择 Temperature 选项，在 Shading options 处选择 Banded，在 Color levels 下选择 Calculated 选项，并在其下拉对话框里选择 Global limits 选项，其他参数保持默认，单击 Apply 按钮保存并退出。

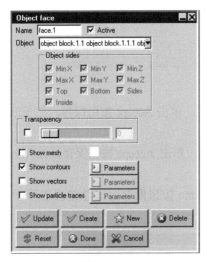

图 9-142

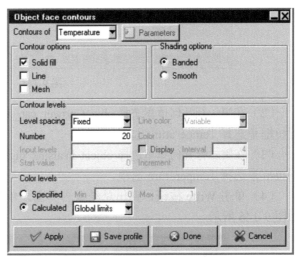

图 9-143

（3）调整视图，显示如图 9-144 所示的温度云图。

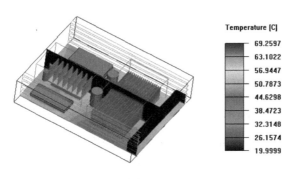

图 9-144

（4）右击左侧 Post-processing 下的 face.1，取消选择 active 选项，则不再激活显示云图。

3）计算结果报告输出（best 设计结果）

（1）执行菜单栏中的 Report→Summary report 命令，弹出总结报告设置对话框，单击 New 按钮，依次创建 2 行几何体，如图 9-145 所示。

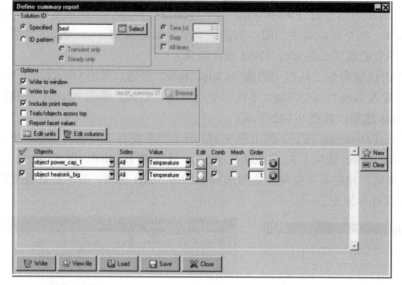

图 9-145

（2）在第一行几何体里选择 object power_cap_1 选项，单击 Accept 按钮保存，在 Value 下拉框里选择 Temperature 选项。

（3）在第二行几何体里选择 object heatsink_big 选项，单击 Accept 按钮保存，在 Value 下拉框里选择 Temperature 选项。

（4）单击 Write 按钮，弹出总结报告界面，单击 Done 按钮保存退出总结报告界面，如图 9-146 所示。

图 9-146

（5）单击总结报告设置对话框中的 Save 按钮，保存设置并退出。

2. 第二种散热器计算结果

执行菜单栏 Post→Load solution ID 命令，在弹出的 Version selection 对话框中选择 trial002 选项，单击 Okay 按钮完成计算结果导入。

1）截面温度云图分析（trial002 设计结果）

（1）单击快捷命令工具栏中的 （Plane cut）按钮，弹出 Plane cut 设置对话框，在 Name 处输入 cut.1，在 Set position 下拉框里选择 Z plane through center 选项，并选择 Show contours 选项，如图 9-147 所示。

（2）单击 Parameters 按钮，弹出如图 9-148 所示的温度云图设置对话框，单击 Apply 按钮保存。

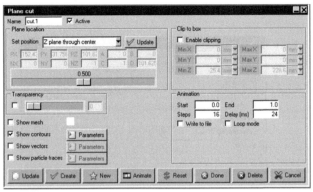

图 9-147　　　　　　　　　　　　　　　图 9-148

（3）调整视图，显示如图 9-149 所示的温度云图。

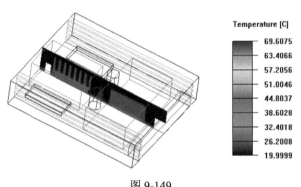

图 9-149

（4）右击左侧模型树 Post-processing→cut.1，在弹出的快捷菜单中取消选择 Show contours 选项，则不显示温度云图，如需要显示，则选取 Show contours 选项。

2）器件表面温度云图分析（best 设计结果）

（1）单击快捷命令工具栏中的 (Object face) 按钮，弹出 Object face 设置对话框，在 Name 处输入 face.1，在 Object 下拉框里选择所有的块，单击 Accept 按钮保存，选择 Show contours 选项，如图 9-150 所示。

（2）单击 Parameters 按钮，弹出如图 9-151 所示的温度云图设置对话框，在 Contours of 处选择 Temperature，在 Shading options 处选择 Banded 选项，在 Color levels 选项下选择 Calculated 选项，并在其下拉对话框里选择 Global limits 选项，其他参数保持默认，单击 Apply 按钮保存退出。

（3）调整视图，显示如图 9-152 所示的温度云图。

（4）右击左侧 Post-processing 下的 face.1，取消选择 active 选项，则不再激活显示云图。

3）计算结果报告输出（best 设计结果）

（1）执行菜单栏中的 Report→Summary report 命令，弹出总结报告设置对话框，单击 New 按钮，依次创建 2 行几何体，如图 9-153 所示。

（2）在第一行几何体里选择 object power_cap_1 选项，单击 Accept 按钮保存，在 Value 下拉框里选择 Temperature 选项。

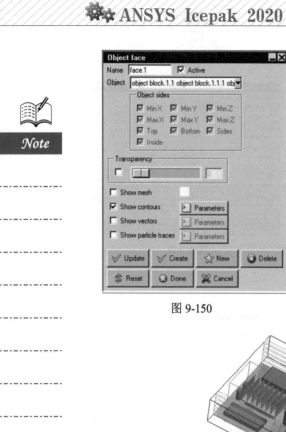

图 9-150

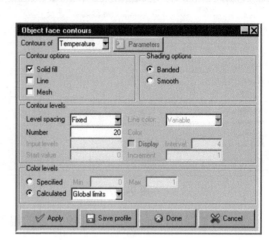

图 9-151

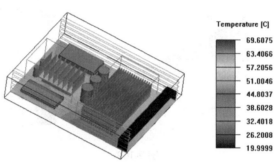

图 9-152

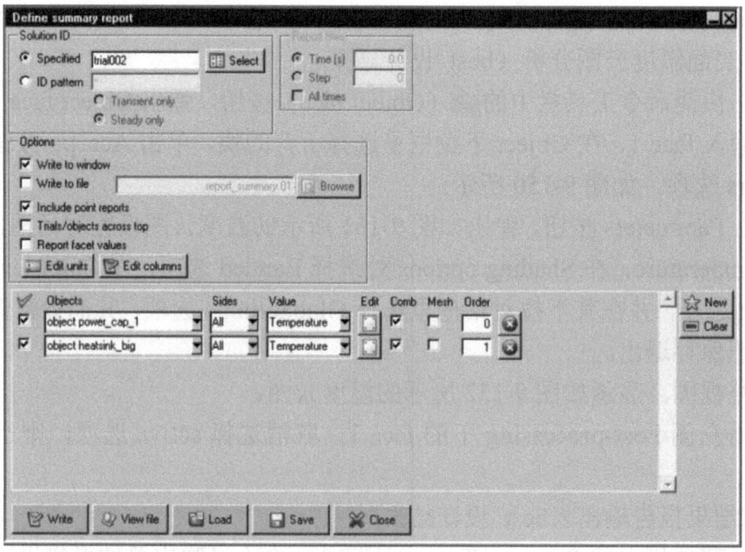

图 9-153

（3）在第二行几何体里选择 object heatsink_big 选项，单击 Accept 按钮保存，在 Value 下拉框里选择 Temperature 选项。

（4）单击 Write 按钮，弹出总结报告界面，单击 Done 按钮保存并退出总结报告界面，如图 9-154 所示。

图 9-154

（5）单击总结报告设置对话框中的 Save 按钮，保存设置并退出。

3．第三种散热器计算结果

执行菜单栏中的 Post→Load solution ID 命令，在弹出的 Version selection 对话框中选择 trial003，单击 Okay 按钮完成计算结果导入。

1）截面温度云图分析（trial003 设计结果）

（1）单击快捷命令工具栏中的 按钮，弹出 Plane cut 设置对话框，在 Name 处输入 cut.1，在 Set position 下拉框里选择 Z plane through center 选项，并选择 Show contours 选项，如图 9-155 所示。

（2）单击 Parameters 按钮，弹出如图 9-156 所示的温度云图设置对话框，单击 Apply 按钮保存。

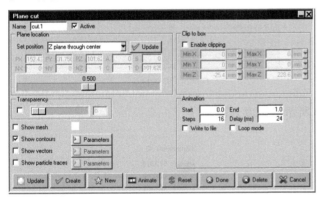

图 9-155　　　　　　　　　　图 9-156

（3）调整视图，显示如图 9-157 所示的温度云图。

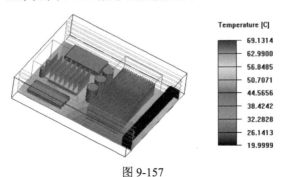

图 9-157

（4）右击左侧模型树 Post-processing→cut.1，在弹出的快捷菜单中取消选择 Show contours 选项，则不显示温度云图，如需要显示，则选取 Show contours 选项。

2）器件表面温度云图分析（best 设计结果）

（1）单击快捷命令工具栏中的 （Object face）按钮，弹出 Object face 设置对话框，在 Name 处输入 face.1，在 Object 下拉框里选择所有的块，单击 Accept 按钮保存，选择 Show contours 选项，如图 9-158 所示。

（2）单击 Parameters 按钮，弹出如图 9-159 所示的温度云图设置对话框，在 Contours of 处选择 Temperature 选项，在 Shading options 处选择 Banded 选项，在 Color levels 下选择 Calculated 选项，并在其下拉对话框里选择 Global limits 选项，其他参数保持默认，单击 Apply 按钮保存并退出。

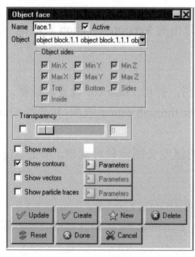
图 9-158

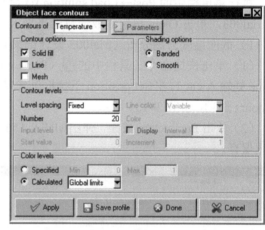
图 9-159

（3）调整视图，显示如图 9-160 所示的温度云图。

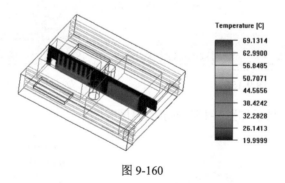
图 9-160

（4）右击左侧 Post-processing 下的 face.1，取消选择 active 选项，则不再激活显示云图。

3）计算结果报告输出（best 设计结果）

（1）执行菜单栏中的 Report→Summary report 命令，弹出总结报告设置对话框，单击 New 按钮，依次创建 2 行几何体，如图 9-161 所示。

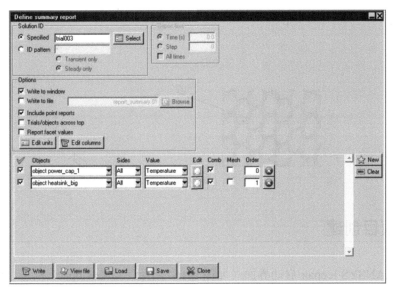

图 9-161

（2）在第一行几何体里选择 object power_cap_1 选项，单击 Accept 按钮保存，在 Value 下拉框里选择 Temperature 选项。

（3）在第二行几何体里选择 object heatsink_big 选项，单击 Accept 按钮保存，在 Value 下拉框里选择 Temperature 选项。

（4）单击 Write 按钮，弹出总结报告界面，单击 Done 按钮保存并退出总结报告界面，如图 9-162 所示。

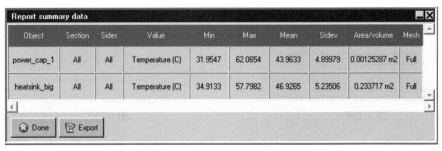

图 9-162

（5）单击总结报告设置对话框中的 Save 按钮，保存设置并退出。

9.3 六边形格栅损失系数参数化计算案例详解

在开展进风六边形格栅结构设计时，经常需要计算在特定六边形格栅结构尺寸下的损失系数，因此如何快速计算在不同进风大小时的损失系数就显得尤为重要。本节以一个六边形格栅为例，其外部计算域尺寸截面积为 7.363 mm × 12.7 mm，长度为 160 mm，外部计算域四周为对称边界条件，具体如图 9-163 所示。

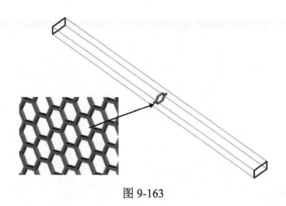

图 9-163

9.3.1 项目创建

（1）在 ANSYS Icepak 启动界面（如图 9-164 所示）单击 Unpack 按钮，通过解压来创建一个 ANSYS Icepak 分析项目，在 File selection 设置对话框内选择 Loss_coefficient.tzr 文件，如图 9-165 所示。

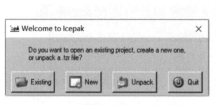

图 9-164　　　　　　　　　　　　图 9-165

（2）单击 File selection 设置对话框中的"打开"按钮，弹出如图 9-166 所示的对话框，在 New project 处输入 Loss_coefficient。

（3）单击 Unpack 按钮，在工作区会显示如图 9-167 所示的几何模型。

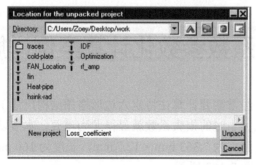

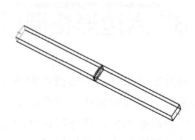

图 9-166　　　　　　　　　　　　图 9-167

9.3.2 参数化求解及自定义函数设置

1. 基本变量设置

由流体力学可知，损失系数计算公式为 $K=(P_{tot\_in}-P_{tot\_out})/0.5\rho u^2$，因此需要将计算所需的变量优先定义，具体如下所述。

（1）执行菜单栏中的 Report→Summary report 命令，弹出 Define summary report 设置对话框，单击 New 按钮，依次创建 4 行几何体，如图 9-168 所示。

（2）在第一行几何体里选择 object cabinet_default_side_maxx 选项，单击 Accept 按钮保存，在 Value 下拉框里选择 UX 选项。

（3）在第二行几何体里选择 object cabinet_default_side_maxx 选项，单击 Accept 按钮保存，在 Value 下拉框里选择 Pressure 选项。

（4）在第三行几何体里选择 object cabinet_default_side_minx 选项，单击 Accept 按钮保存，在 Value 下拉框里选择 UX 选项。

（5）在第四行几何体里选择 object cabinet_default_side_minx 选项，单击 Accept 按钮保存，在 Value 下拉框里选择 Pressure 选项。

（6）单击 Close 按钮退出。

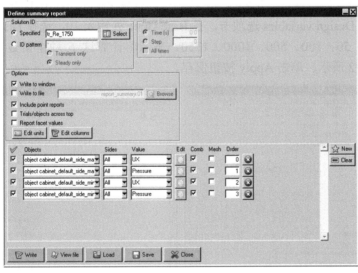

图 9-168

2. 进口风速度变量设置

由雷诺数计算公式可得 $U=Re\nu/D_h$，其中，动力黏度系数 $\nu=1.84e-5 kg/m\cdot s$，水力直径 $D_h= 9.322e-3m$，因此进口风速度变量函数设置如下：

右击左侧模型树 Model→Cabinet，在弹出的快捷菜单中执行 Edit 命令，弹出如图 9-169 所示的对话框，选择 Properties 选项卡，选择 X Velocity 选项，并输入 $Re*1.84e-5/9.322e-3$。单击 Update 按钮，弹出 Param value 设置对话框，输入 10，如图 9-170 所示，单击 Done 按钮保存并退出。

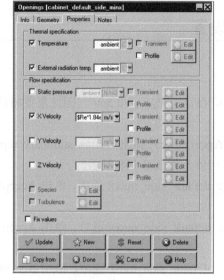

图 9-169

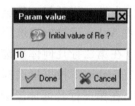

图 9-170

3. 参数化求解设置

（1）单击快捷命令工具栏中的 （Run optimization）按钮进行参数化求解计算，弹出如图 9-171 所示的对话框，选择 Setup 选项卡，选择 Parametric trials 选项。

（2）选择 Design variables 选项卡，在 Base value 处输入 10，选择 Discrete values 选项，输入 10、50、100、500、1000、1750，表示将计算这 6 种雷诺数下格式损失系数，如图 9-172 所示，单击 Apply 按钮保存。

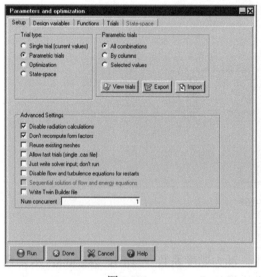

图 9-171　　　　　　　　　　　　　图 9-172

（3）选择 Trials 选项卡，弹出如图 9-173 所示的计算名称设置对话框，单击 Reset 按钮，弹出如图 9-174 所示的 Trial naming 设置对话框，单击 Values 按钮，表示只更新序号，名称不变。

(4) 设置结果如图 9-175 所示，单击 Done 按钮保存并退出。

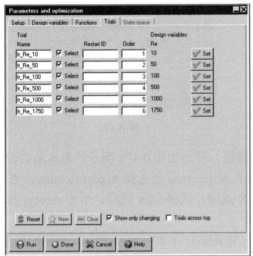

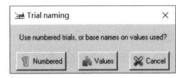

图 9-173   图 9-174

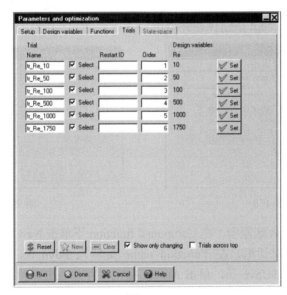

图 9-175

4．自定义函数设置

（1）选择 Functions 选项卡，在 Primary functions 下单击 New 按钮，弹出如图 9-176 所示的基本函数设置对话框，在 Function name 处输入 Pstat_in，在 Function type 处选择 Report summary 选项，在 Item 下拉框里选择 cabinet_default_side_minx Pressure 选项，并选择 Max 选项，单击 Accept 按钮保存并退出。

（2）在 Primary functions 下单击 New 按钮，弹出如图 9-177 所示的基本函数设置对话框，在 Function name 处输入 Pstat_out，在 Function type 处选择 Report summary 选项，在 Item 下拉框里选择 cabinet_default_side_maxx Pressure 选项，并选择 Max 选项，单击 Accept 按钮保存并退出。

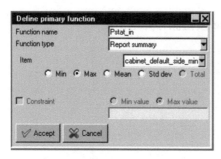
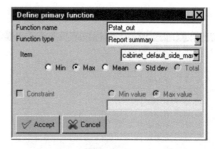

图 9-176   图 9-177

（3）在 Primary functions 下单击 New 按钮，弹出如图 9-178 所示的基本函数设置对话框，在 Function name 处输入 Uave_in，在 Function type 处选择 Report summary，在 Item 下拉框里选择 cabinet_default_side_minx UX 选项，选择 Max 选项，单击 Accept 按钮保存并退出。

（4）选择 Functions 选项卡，在 Primary functions 下单击 New 按钮，弹出如图 9-179 所示的基本函数设置对话框，在 Function name 处输入 Uave_out，在 Function type 处选择 Report summary 选项，在 Item 下拉框里选择 cabinet_default_side_maxx UX 选项，选择 Max 选项，单击 Accept 按钮保存并退出。

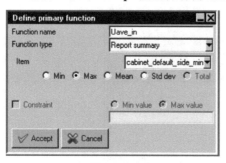
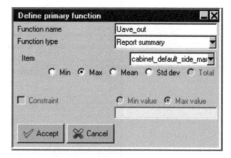

图 9-178   图 9-179

（5）选择 Functions 选项卡，在 Compound function 下单击 New 按钮，弹出如图 9-180 所示的组合函数设置对话框，在 Function name 处输入 Pdyn_in，在 Definition 处输入 0.5*1.1614*$Uave_in*$Uave_in，单击 Accept 按钮保存并退出。

（6）选择 Functions 选项卡，在 Compound function 下单击 New 按钮，弹出如图 9-181 所示的组合函数设置对话框，在 Function name 处输入 Pdyn_out，在 Definition 处输入 0.5*1.1614*$Uave_out*$Uave_out，单击 Accept 按钮保存并退出。

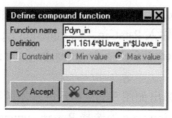
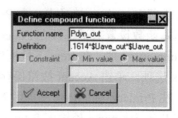

图 9-180   图 9-181

（7）选择 Functions 选项卡，在 Compound function 下单击 New 按钮，弹出如图 9-182

所示的组合函数设置对话框，在 Function name 处输入 Ptot_in，在 Definition 处输入 $Pstat_in+$Pdyn_in，单击 Accept 按钮保存并退出。

（8）选择 Functions 选项卡，在 Compound function 下单击 New 按钮，弹出如图 9-183 所示的组合函数设置对话框，在 Function name 处输入 Ptot_out，在 Definition 处输入 $Pstat_out+$Pdyn_out，单击 Accept 按钮保存并退出。

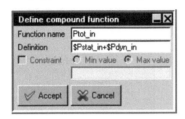

图 9-182

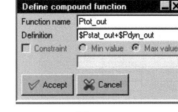

图 9-183

（9）选择 Functions 选项卡，在 Compound function 下单击 New 按钮，弹出如图 9-184 所示的组合函数设置对话框，在 Function name 处输入 Kfact，在 Definition 处输入 ($Ptot_in-$Ptot_out)/$Pdyn_out，单击 Accept 按钮保存并退出。

（10）创建的函数如图 9-185 所示，单击 Done 按钮退出。

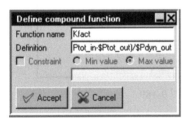

图 9-184

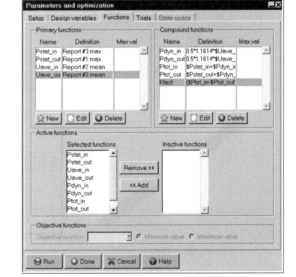

图 9-185

9.3.3 网格划分设置

（1）单击快捷命令工具栏中的 （Generate mesh）按钮进行网格划分，弹出 Mesh control 设置对话框，如图 9-186 所示。在 Mesh type 处选择 Mesher-HD 选项，在 Max element size 下 X、Y、Z 处分别输入 8、0.35 及 0.6，在 Minimum gap 下的 X、Y、Z 处分别输入 0.1、0.1 及 0.1，选择 Mesh assemblies separately 选项，其他参数保持默认，单击 Generate 按钮开始网格划分。

（2）选择 Mesh control 对话框中的 Display 选项卡，选择 Cut plane 选项，在 Set position 下拉框里选择 Y plane through center 选项，选择 Display mesh 选项，其他参数设置如图 9-187 所示。显示的网格效果如图 9-188 所示。

（3）取消选择 Cut plane 选项，选择 Volume 选项，在 Surface/volume options 下选择 Selected object 选项，单击操作树下的 block.1，显示如图 9-189 所示的网格示意图。

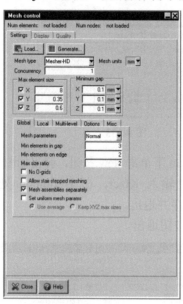

图 9-186

图 9-187

图 9-188

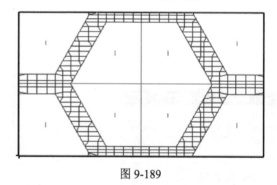

图 9-189

9.3.4 物理模型设置

1. 流动模型校核

（1）双击左侧模型树 Solution settings→Basic settings，打开基本设置对话框，如图 9-190 所示。

（2）单击 Reset 按钮，在消息窗口显示雷诺数值，提示流动模型选择层流，如图 9-191 所示。

（3）在图 9-190 的 Number of iterations 处输入 500，单击 Accept 按钮保存设置。

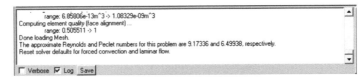

图 9-190　　　　　　　　　　图 9-191

2．物理模型设置

（1）双击左侧模型树 Problem setup，弹出 Problem setup wizard 设置对话框。

（2）在对话框选择 Solve for velocity and pressure 选项，如图 9-192 所示，单击 Next 按钮进行下一步设置。

（3）在流动条件求解设置对话框的选择如图 9-193 所示，单击 Next 按钮进行下一步设置。

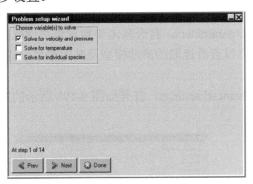
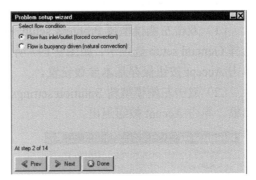

图 9-192　　　　　　　　　　图 9-193

（4）在流动状态求解设置对话框选择 Set flow regime to laminar 选项，如图 9-194 所示，单击 Next 按钮进行下一步设置。

（5）因为本案例为稳态计算，所以在暂稳态求解设置对话框选择 Variables do not vary with time (steady-state)选项，如图 9-195 所示，单击 Next 按钮进行下一步设置。

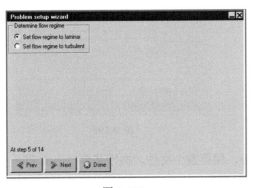
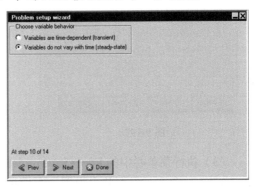

图 9-194　　　　　　　　　　图 9-195

（6）因为本案例不考虑海拔修正，所以在海拔修正设置对话框保持默认设置，如图 9-196 所示，单击 Next 按钮进行下一步设置。

（7）单击 Done 按钮完成全部设置。

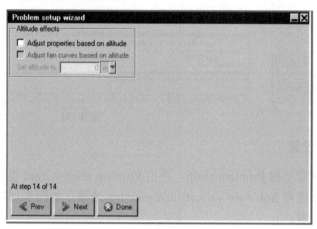

图 9-196

3．基本参数设置及保存

（1）双击左侧模型树 Problem setup→Basic parameters，打开基本参数设置对话框。选择 General setup 选项卡，如图 9-197 所示，可以查看选取的流动模型及其他参数设置，单击 Accept 按钮保存基本参数设置。

（2）双击左侧模型树 Solution settings→Advanced settings，打开如图 9-198 所示的对话框，单击 Accept 按钮退出。

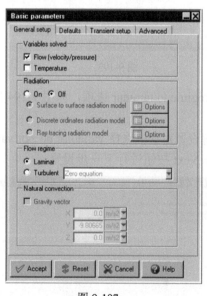

图 9-197

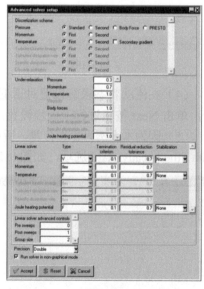

图 9-198

（3）执行菜单栏中的 File→Save project 命令，保存整个文件，执行菜单栏中的 File→Pack project 命令，保存整个设置，方便后续打开查看。

9.3.5 求解计算

（1）单击快捷命令工具栏中的 （Run optimization）按钮进行参数化求解计算，弹出如图 9-199 所示的对话框，单击 Run 按钮开始计算。计算过程中残差曲线如图 9-200 和图 9-201 所示。

（2）在所有的雷诺数计算完成后，自动弹出如图 9-202 所示的计算结果。

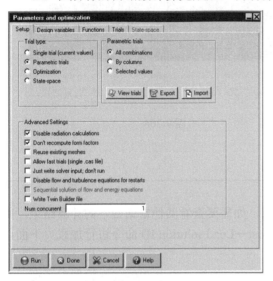

图 9-199

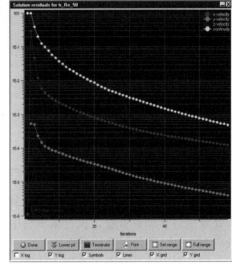

图 9-200

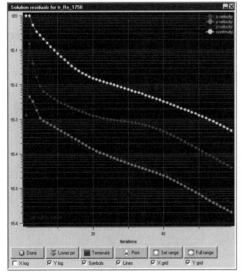

图 9-201

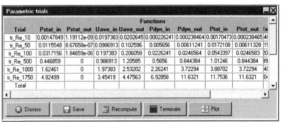

图 9-202

（3）单击 Plot 按钮，自动弹出如图 9-203 所示的对话框，选择 Re 作为 X 轴变量，则显示如图 9-204 所示的曲线。

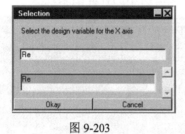

图 9-203

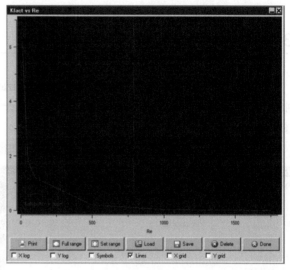

图 9-204

9.3.6 计算结果分析

本案例保存了 6 种雷诺数下的计算结果，如需要查看其他雷诺数下的计算结果，则需要分别进行加载查看。执行菜单栏中的 Post→Load solution ID 命令进行加载。下面以 Re=1750 的结果为例进行分析。

（1）单击快捷命令工具栏中的 ![R] （Plane cut）按钮，弹出 Plane cut 设置对话框，在 Name 处输入 cut.1，在 Set position 下拉框里选择 Z plane through center 选项，选择 Show vectors 选项，如图 9-205 所示。

（2）单击 Parameters 按钮，弹出如图 9-206 所示的速度矢量云图设置对话框，在 Display options 下选择 Mesh points 选项，其他参数保持默认，单击 Apply 按钮保存。

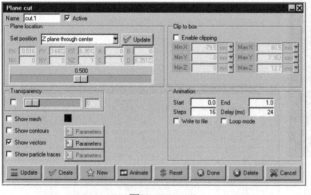

图 9-205

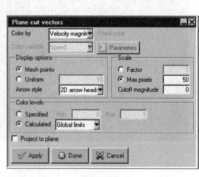

图 9-206

（3）调整视图，显示如图 9-207 所示的速度矢量云图。

图 9-207

（4）右击左侧模型树 Post-processing→cut.1，在弹出的快捷菜单中取消选择 Show vectors 选项，则不显示速度矢量云图，如需要显示，则选取 Show vectors 选项。

9.4 本章小结

本章通过对轴流风机优化布置、散热器热阻最小及六边形格栅损失系数参数化计算三个案例进行操作演示，详细介绍了如何用 ANSYS Icepak 网格模型进行 IC 芯片建模；如何设置不同器件间的接触热阻；如何定义一个变量作为参数，并进行风扇布置位置最优化设计；如何创建局部坐标来定义风扇，并通过散热器热阻最小优化案例，让读者掌握如何在导入模型基础上进行优化参数设置，以及如何根据仿真的目标在 ANSYS Icepak 内定义设计变量；如何在 ANSYS Icepak 内定义主函数、混合函数及目标函数。通过对本章的学习，可以让读者基本掌握运用 ANSYS Icepak 进行轴流风机布置设计、散热器结构设计优化及进风格栅阻力特性类问题的建模、参数设置及仿真结果分析。

第10章

瞬态传热案例详解

随着发热功耗越来越大，电子元器件在运行升温过程中所受热应力越来越大，因此电子元器件由开始工作至稳定运行期间的温度变化就显得尤为重要。本章通过对交替式运行瞬态散热及芯片瞬态传热两个案例进行操作演示，重点介绍了如何用 ANSYS Icepak 进行瞬态传热中时间步长及热源功耗随时间变化的设置。此外，重点说明了不同计算时间下瞬态传热计算结果加载及后处理分析。通过对本章的学习，可以让读者基本掌握运用 ANSYS Icepak 进行芯片及热源瞬态散热的分析流程。

学习目标

- 掌握如何进行瞬态传热计算设置；
- 掌握如何进行热源功耗随时间变化的设置；
- 掌握如何进行不同计算时间下瞬态传热计算结果加载及后处理分析。

第 10 章 瞬态传热案例详解

10.1 交替式运行瞬态散热案例详解

本案例以自然对流冷却散热器模型为例,如图 10-1 所示,模型包含 4 个发热元件,每个发热元件交替运行,散热底板上设有散热翅片,在自然对流冷却条件下,分析芯片及翅片温度随时间变化的关系。

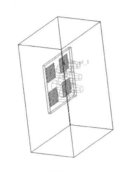

图 10-1

10.1.1 项目创建

(1) 在 ANSYS Icepak 启动界面单击 New 按钮,创建一个新的 ANSYS Icepak 分析项目,在项目对话框内 Directory 处设置工作目录,在 Project name 处输入项目名称 transient,如图 10-2 所示,单击 Create 按钮完成项目创建。

(2) 在工作区默认创建一个计算域,尺寸为 1 m×1 m×1 m,如图 10-3 所示。

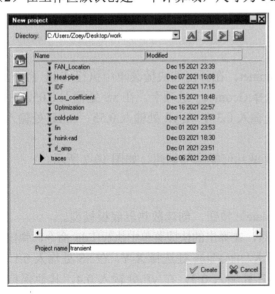

图 10-2

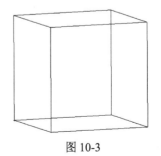

图 10-3

10.1.2 瞬态计算设置

（1）双击左侧模型树 Problem setup→Basic parameters，打开基本参数设置对话框。

（2）选择 Transient setup 选项卡，如图 10-4 所示，在 Time variation 下选择 Transient 选项，在 Start 处输入 0，在 End 处输入 20，表示整个瞬态计算为 20s。

（3）单击 Edit parameters 按钮，打开 Transient parameters 设置对话框，在 Time step 处输入 1，在 Solution save interval 处输入 1，如图 10-5 所示，单击 Accept 按钮保存。

图 10-4

图 10-5

10.1.3 几何结构及性能参数设置

1. 计算域模型创建

（1）右击左侧模型树 Model→Cabinet，在弹出的快捷菜单中执行 Edit 命令，弹出 Cabinet 设置对话框，在该对话框中选择 Geometry 选项卡，在 xS 处输入 0.05，在 yS 处输入 0.1，在 zS 处输入 0.05，在 xE 处输入 0.35，在 yE 处输入 0.55，在 zE 处输入 0.25，如图 10-6 所示，其他保持默认。

（2）单击 Done 按钮完成外部计算域几何模型的创建，如图 10-7 所示。

2. 散热器底板模型创建

（1）单击自建模工具栏中的 （plate）按钮，创建散热器底板模型。

（2）右击左侧模型树 Model→plate.1，在弹出的快捷菜单中执行 Edit 命令，弹出 Plates 参数设置对话框，选择 Geometry 选项卡，在 Plane 处选择 X-Y，在 xS 处输入 0.1，在 yS 处输入 0.2，在 zS 处输入 0.12，在 xE 处输入 0.3，在 yE 处输入 0.4，其他保持默认，如图 10-8 所示。

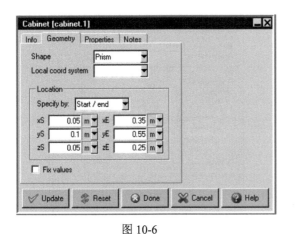
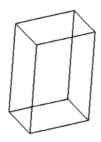

图 10-6　　　　　　　　　　　图 10-7

（3）选择 Properties 选项卡，在 Thermal model 处选择 Conducting thick 选项，在 Thickness 处输入 10，如图 10-9 所示。

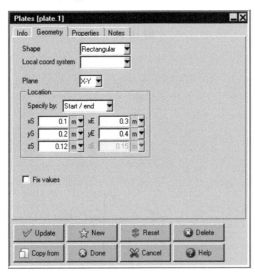 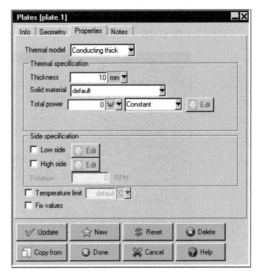

图 10-8　　　　　　　　　　　图 10-9

（4）单击 Done 按钮完成散热器底板模型创建，创建好的几何模型如图 10-10 所示。

3. 散热翅片模型创建

（1）单击自建模工具栏中的 ■（Blocks）按钮，创建散热器翅片模型。

（2）右击左侧模型树 Model→block.1，在弹出的快捷菜单中执行 Edit 命令，弹出如图 10-11 所示的对话框，选择 Geometry 选项卡，在 Shape 处选择 Cylinder 选项，在 Plane 处选择 X-Y 选项，选择 Nonuniform radius 选项，在 xC 处输入 0.15，在 yC 处输入 0.25，在 zC 处输入 0.13，在 Height 处输入 0.06，在 Radius 处输入 0.02，在 Int radius 处输入 0，在 Radius 2 处输入 0.012，在 Int radius 2 处输入 0，其他保持默认。

（3）选择 Properties 选项卡，在 Block type 处选择 Solid，在 Solid material 处选择 default 选项，如图 10-12 所示，单击 Done 按钮完成基板模型创建，创建好的几何模型如图 10-13 所示。

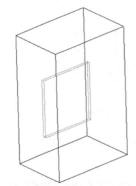

图 10-10

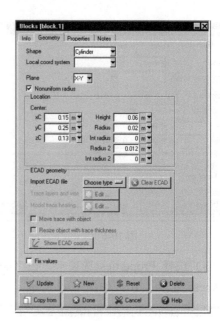

图 10-11

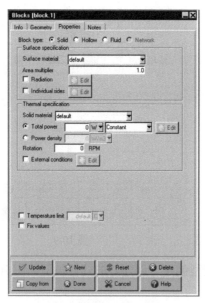

图 10-12

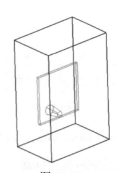

图 10-13

（4）右击左侧模型树 Model→Block.1，在弹出的快捷菜单中执行 Copy 命令，弹出如图 10-14 所示的翅片复制设置对话框。在 Number of copies 处输入 2，在 Operations 处选择 Translate 选项，在 X offset 处输入 0.05，单击 Apply 按钮完成翅片模型的复制，如图 10-15 所示。

（5）右击左侧模型树 Model→Block、Block.1 及 Block.2，在弹出的快捷菜单中执行 Copy 命令，弹出如图 10-16 所示的翅片复制设置对话框。在 Number of copies 处输入 2，在 Operations 处选择 Translate 选项，在 Y offset 处输入 0.05，单击 Apply 按钮完成翅片模型的复制，如图 10-17 所示。

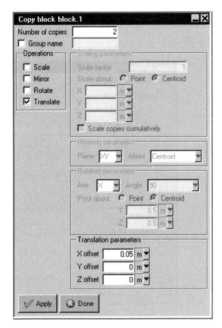
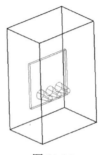

图 10-14　　　　　　　　　图 10-15

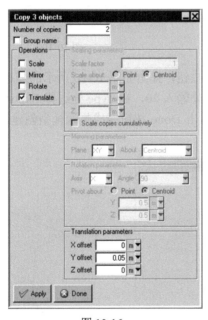
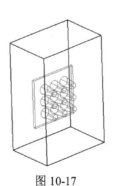

图 10-16　　　　　　　　　图 10-17

4．热源模型创建

（1）单击自建模工具栏中的 （Source）按钮，创建热源模型。

（2）右击左侧模型树 Model→source.1，在弹出的快捷菜单中执行 Edit 命令，弹出如图 10-18 所示的对话框。选择 Geometry 选项卡，在 Plane 处选择 X-Y 平面，在 xS 处输入 0.12，在 yS 处输入 0.22，在 zS 处输入 0.12，在 xE 处输入 0.18，在 yE 处输入 0.28，其他保持默认。

(3) 选择 Properties 选项卡，在 Thermal condition 处选择 Total power 选项，在 Total power 处输入 100，单位选择 W，如图 10-19 所示。

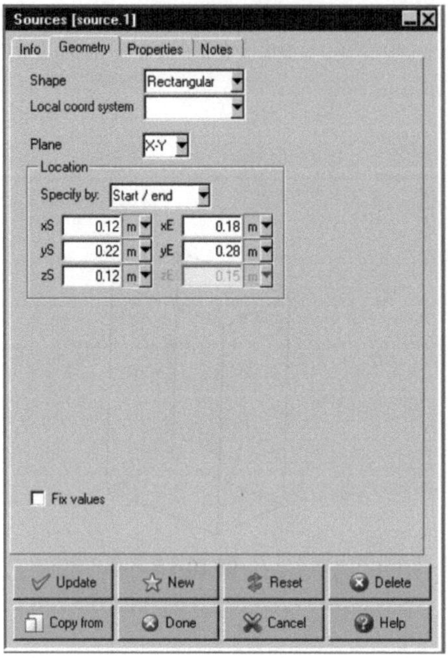

图 10-18

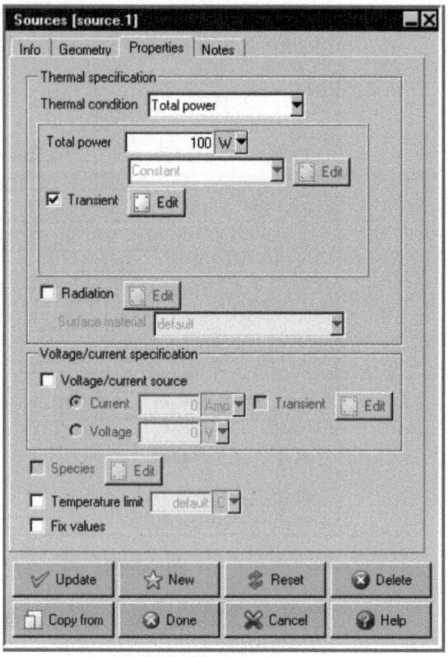

图 10-19

(4) 选择 Transient 选项，单击其 Edit 按钮，弹出如图 10-20 所示的瞬态热源设置对话框，在 Start time 处输入 0，在 End time 处输入 20，在 Type 处选择 Exponential 选项，并在 a 处输入 0.025，在 b 处输入 100，单击 Done 按钮完成热源模型创建，如图 10-21 所示。

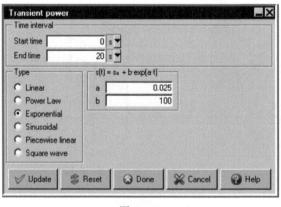

图 10-20

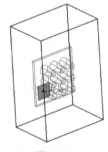

图 10-21

(5) 右击左侧模型树 Model→source.1，在弹出的快捷菜单中执行 Copy 命令，弹出如图 10-22 所示的热源复制设置对话框。在 Number of copies 处输入 1，在 Operations 处选择 Translate 选项，在 X offset 处输入 0.1，单击 Apply 按钮完成热源模型的复制，如图 10-23 所示。

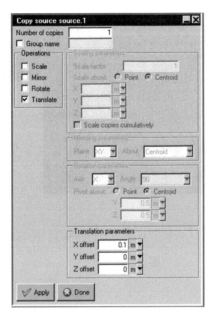

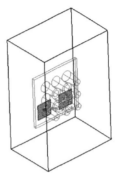

图 10-22　　　　　　　　　　　　　　图 10-23

（6）同时右击选择 source.1 及 source.1.1，在弹出的快捷菜单中执行 Copy 命令，弹出如图 10-24 所示的热源复制设置对话框。在 Number of copies 处输入 1，在 Operations 处选择 Translate 选项，在 Y offset 处输入 0.1，单击 Apply 按钮完成热源模型的复制，如图 10-25 所示。

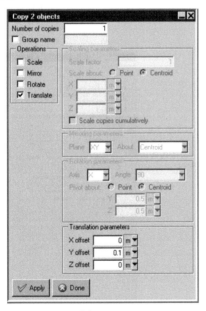

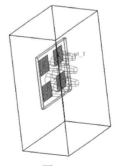

图 10-24　　　　　　　　　　　　　　图 10-25

（7）双击左侧模型树 Problem setup→Basic parameters，打开基本参数设置对话框。选择 Transient setup 选项卡，如图 10-26 所示，单击 View 按钮，显示如图 10-27 所示的瞬态功耗设置曲线。

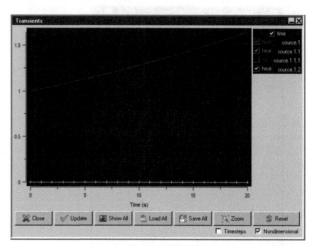

图 10-26　　　　　　　　　　　图 10-27

10.1.4　网格划分设置

（1）单击快捷命令工具栏中的（Generate mesh）按钮进行网格划分，弹出 Mesh control 设置对话框，如图 10-28 所示。在 Mesh type 处选择 Mesher-HD，在 Max element size 下的 X、Y、Z 处分别输入 0.02、0.02 及 0.02，在 Minimum gap 下的 X、Y、Z 处分别输入 1e-3，选择 Mesh assemblies separately 选项，其他参数保持默认。

（2）选择 Misc 选项卡，再选择 Allow minimum gap changes 选项，其他设置如图 10-29 所示，单击 Done 按钮保存并退出。

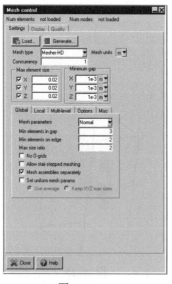 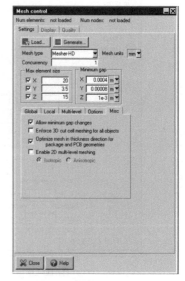

图 10-28　　　　　　　　　　　图 10-29

（3）选择 Mesh control 对话框中的 Display 选项卡，选择 Cut plane 选项，在 Set position 下拉框里选择 Point and normal 选项，选择 Display mesh 选项，其他设置如图 10-30 所示，

显示的网格效果如图 10-31 所示。

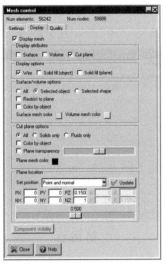

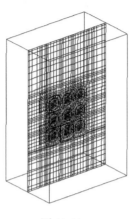

图 10-30

图 10-31

10.1.5 物理模型设置

1．流动模型校核

（1）双击左侧模型树 Solution settings→Basic settings，打开基本设置对话框，如图 10-32 所示。

（2）单击 Reset 按钮，在消息窗口显示雷诺数值，提示流动模型选择层流，如图 10-33 所示。

（3）单击图 10-32 中的 Accept 按钮保存设置。

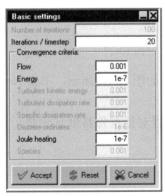

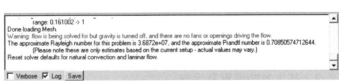

图 10-32

图 10-33

2．物理模型设置

（1）双击左侧模型树 Problem setup，弹出 Problem setup wizard 设置对话框。

（2）在该对话框中选择 Solve for velocity and pressure 及 Solve for temperature 选项，

如图 10-34 所示，单击 Next 按钮进行下一步设置。

（3）在流动条件求解设置对话框的选择如图 10-35 所示，单击 Next 按钮进行下一步设置。

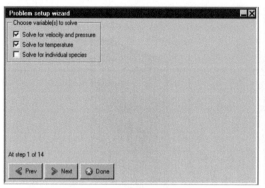 

图 10-34　　　　　　　　　　　　图 10-35

（4）在流动状态求解设置对话框中选择 Set flow regime to laminar 选项，如图 10-36 所示，单击 Next 按钮进行下一步设置。

（5）因为本案例为瞬态计算，所以在暂稳态求解设置对话框选择 Variables are time-dependent (transient) 选项，如图 10-37 所示，单击 Next 按钮进行下一步设置。

图 10-36　　　　　　　　　　　　图 10-37

（6）在瞬态计算时间步长设置对话框，保持默认设置，如图 10-38 所示，单击 Next 按钮进行下一步设置。

（7）因为本案例不考虑海拔修正，所以在海拔修正设置对话框保持默认设置，如图 10-39 所示，单击 Next 按钮进行下一步设置。

（8）单击 Done 按钮完成全部设置。

3．基本参数设置及保存

（1）双击左侧模型树 Problem setup→Basic parameters，打开基本参数设置对话框。选择 General setup 选项卡，如图 10-40 所示，可以查看选取的流动模型及其他参数设置。选择 Transient setup 选项卡，如图 10-41 所示，在 Y velocity 处输入 0.001，可以加速收敛计算，单击 Accept 按钮保存基本参数设置。

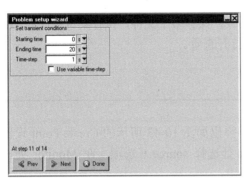

图 10-38

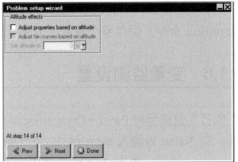

图 10-39

图 10-40

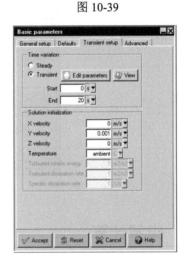

图 10-41

（2）双击左侧模型树 Solution settings→Advanced settings，打开如图 10-42 所示的对话框，在 Pressure 处输入 0.7，在 Momentum 处输入 0.3，在 Precision 处选择 Double 选项，单击 Accept 按钮保存并退出。

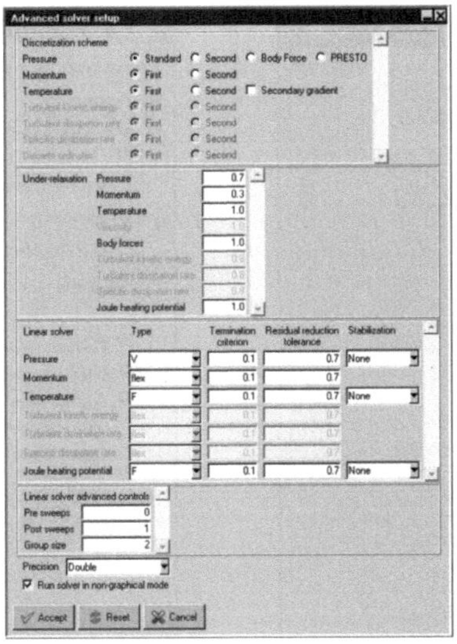

图 10-42

（3）执行菜单栏中的 File→Save project 命令，保存整个文件，执行菜单栏中的 File→Pack project 命令，保存整个设置，方便后续打开查看。

10.1.6 变量监测设置

执行左侧模型树 Point→Creat at location，弹出如图 10-43 所示的 Create Point 设置对话框。在 Name 处输入 mon_pt_1，在 Object 处选择 source.1 选项，在 Monitor 处选择 Temperature 选项，单击 Accept 按钮保存并退出。

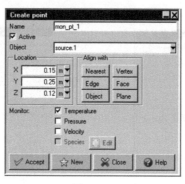

图 10-43

10.1.7 求解计算

（1）单击快捷命令工具栏中的 （Run solution）按钮，弹出求解设置对话框，如图 10-44 所示，在 ID 处输入 transient00，其他参数保持默认设置。

（2）选择 Results 选项卡，选择 Write overview of results when finished 选项，如图 10-45 所示。

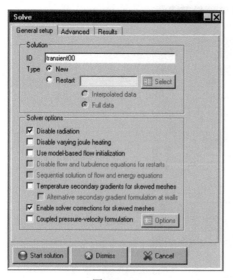

图 10-44

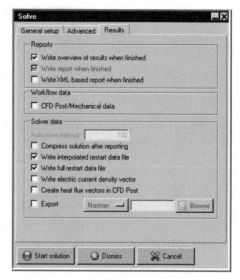

图 10-45

（3）单击 Start solution 按钮开始计算后，自动弹出残差曲线监测对话框，如图 10-46 所示。在对话框内可以通过选择 X log、Y log 等调整界面显示效果。计算完成后，弹出如图 10-47 所示的计算结果数据。

（4）计算完成后，在 Solution residuals 界面单击 Done 按钮关闭并退出。

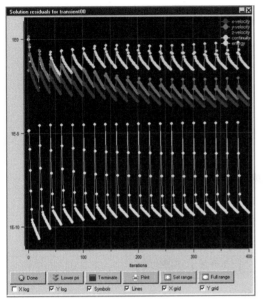

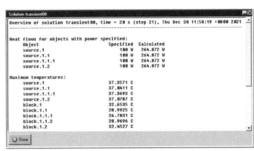

图 10-46　　　　　　　　　　　　　　　　图 10-47

10.1.8　计算结果分析

本案例保存了从 1s 至 20s 的所有计算结果，如需要查看其他雷诺数下的计算结果，则需要分别进行加载查看。执行菜单栏中的 Post→Load solution ID 命令进行加载。下面以瞬态计算时间 t=1s、t=3s、t=15s 及 t=20s 的结果为例进行分析。

1．器件表面温度云图分析

（1）单击快捷命令工具栏中的 （Object face）按钮，弹出 Object face 设置对话框，在 Name 处输入 face.1，在 Object 下拉框里选择所有的板及块，单击 Accept 按钮保存，选择 Show contours 选项，如图 10-48 所示。

（2）单击 Parameters 按钮，弹出如图 10-49 所示的温度云图设置对话框，在 Contours of 处选择 Temperature，在 Shading options 处选择 Smooth 选项，在 Color levels 下选择 Calculated 选项，并在其下拉对话框里选择 Global limits 选项，其他参数保持默认，单击 Apply 按钮保存并退出。

（3）执行菜单栏中的 Post→Transient settings 命令，弹出如图 10-50 所示的瞬态计算时间步长选取设置对话框，选择 Time step 选项，在其后输入 1，单击 Forward 按钮查看计算时间为 1s、3s、15s 及 20s 的温度云图，依次如图 10-51、图 10-52、图 10-53 及图 10-54 所示。

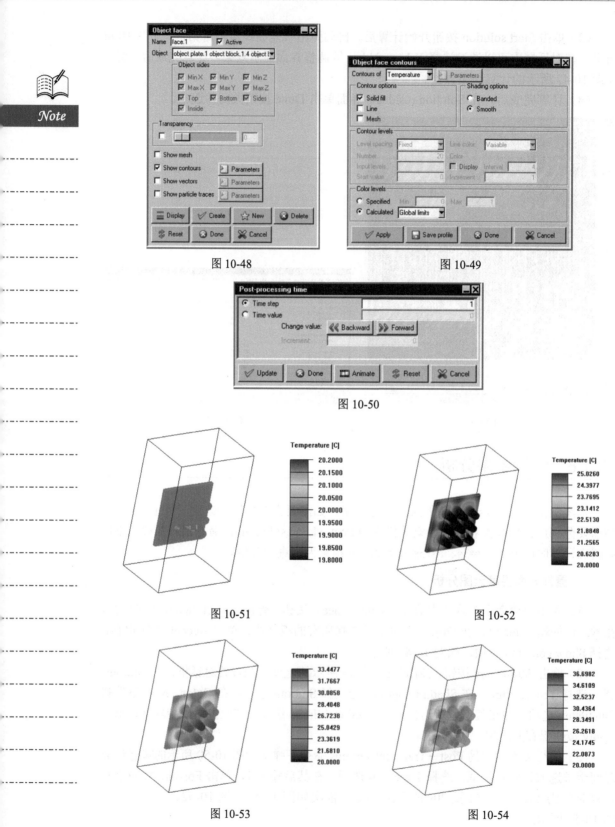

（4）右击左侧 Post-processing 下的 face.1，取消选择 active 选项，则不再激活显示云图。

2．速度矢量云图分析

（1）单击快捷命令工具栏中的 （Plane cut）按钮，弹出 Plane cut 设置对话框，在 Name 处输入 cut.1，在 Set position 下拉框里选择 Z plane through center，选择 Show vectors 选项，如图 10-55 所示。

（2）单击 Parameters 按钮，弹出如图 10-56 所示的速度矢量云图设置对话框，在 Display options 下选择 Mesh points 选项，其他参数保持默认，单击 Apply 按钮保存。

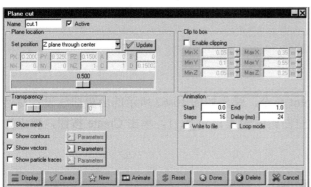
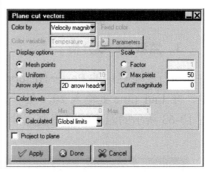

图 10-55　　　　　　　　　　　　图 10-56

（3）执行菜单栏中的 Post→Transient settings 命令，弹出如图 10-57 所示的瞬态计算时间步长选取设置对话框，选择 Time step 选项，在其后输入 1，单击 Forward 按钮查看计算时间为 1s、3s、15s 及 20s 的温度云图，依次如图 10-58、图 10-59、图 10-60 及图 10-61 所示。

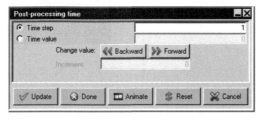

图 10-57

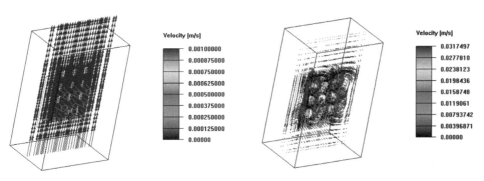

图 10-58　　　　　　　　　　　　图 10-59

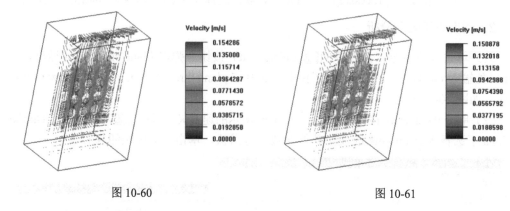

图 10-60　　　　　　　　　　　　　图 10-61

3．监测点曲线分析

执行菜单栏中的 Post→History plot 命令，弹出如图 10-62 所示的历史曲线设置对话框，在 End time 处输入 20，在下侧空白栏中输入 mon_pt_1，单击 Create 按钮，弹出如图 10-63 所示的温度随时间变化曲线。

　　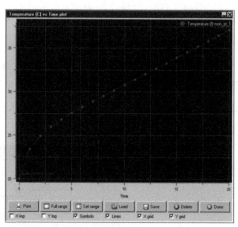

图 10-62　　　　　　　　　　　　　图 10-63

4．计算结果报告输出

（1）执行菜单栏中的 Solve→Define report 命令，弹出总结报告设置对话框，选择 Specified 选项，在 Report time 处选择 All times 选项，单击 New 按钮，创建一行几何体，如图 10-64 所示。

（2）在第一行几何体里选择所有 object block，单击 Accept 按钮保存，在 Value 下拉框里选择 Temperature 选项。

（3）单击 Write 按钮，弹出总结报告界面，单击 Done 按钮保存，如图 10-65 所示。

（4）单击总结报告设置对话框中的 Save 按钮，保存设置并退出。

第 10 章　瞬态传热案例详解

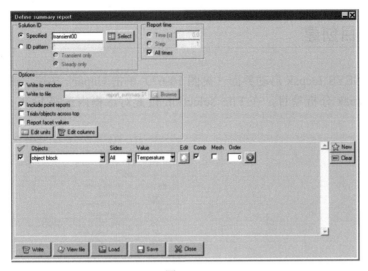

图 10-64

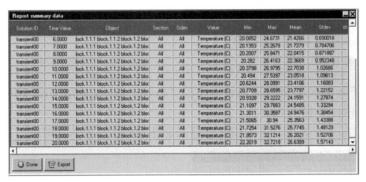

图 10-65

10.2　芯片瞬态传热案例详解

　　本节以强制对流冷却散热器模型为例，如图 10-66 所示，模型包含一个发热芯片，该芯片上设有散热翅片，在强制对流冷却条件下，分析芯片及翅片温度随时间变化的关系。

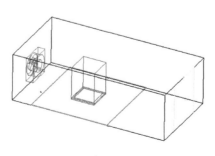

图 10-66

10.2.1 项目创建

（1）在 ANSYS Icepak 启动界面（见图 10-67）单击 Unpack 按钮，通过解压创建一个 ANSYS Icepak 分析项目，在 File selection 设置对话框内选择 heat_st.tzr 文件，如图 10-68 所示。

图 10-67

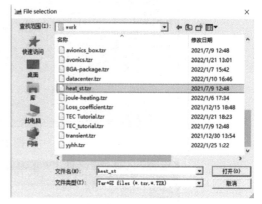

图 10-68

（2）单击 File selection 设置对话框中的"打开"按钮，弹出如图 10-69 所示的对话框，在 New project 处输入 heat-st。

（3）单击 Unpack 按钮，在工作区会显示如图 10-70 所示的几何模型。

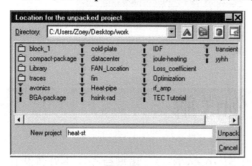

图 10-69

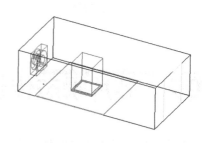

图 10-70

10.2.2 瞬态计算设置

（1）双击左侧模型树 Problem setup→Basic parameters，打开基本参数设置对话框。

（2）选择 Transient setup 选项卡，如图 10-71 所示，在 Time variation 下选择 Transient 选项，在 Start 处输入 0，在 End 处输入 150，表示整个瞬态计算共 150s。

（3）单击 Edit parameters 按钮，打开 Transient parameters 设置对话框，在 Time step 处输入 5，在 Solution save interval 处输入 20，如图 10-72 所示，单击 Accept 按钮保存。

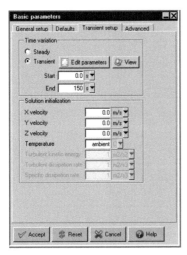

图 10-71

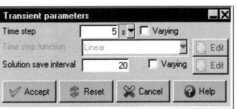

图 10-72

10.2.3 几何结构及性能参数设置

1. PCB模型参数设置

（1）右击左侧模型树 Model→pcb.1，在弹出的快捷菜单中执行 Edit 命令，弹出如图 10-73 所示的 pcb.1 参数设置对话框，在该对话框中选择 Geometry 选项卡，查看 PCB 的几何参数。

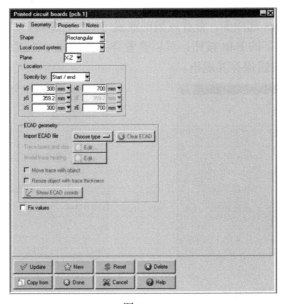

图 10-73

（2）选择 Properties 选项卡，可以查看 PCB 的板厚及布线参数，如图 10-74 所示，单击 Update 按钮，可以查看 PCB 等效的传热系数。

（3）单击 Done 按钮保存并退出。

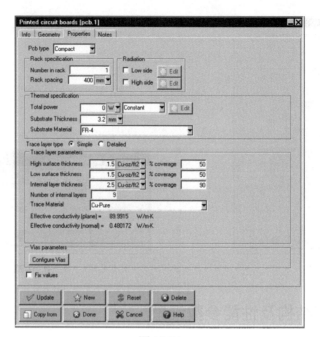

图 10-74

2. 风扇模型参数设置

（1）右击左侧模型树 Model→delta.FFB81212_24_48VHE.1，在弹出的快捷菜单中执行 Edit 命令，弹出 Fans 参数设置对话框。选择 Geometry 选项卡，查看风扇的尺寸、半径等参数，如图 10-75 所示。

（2）选择 Properties 选项卡，查看风扇的流量-风压参数，可知本案例风扇为非线性，选择 Non-linear curve 下的 Edit 按钮，可以查看详细的流量-风压数据，如图 10-76 所示。

（3）单击 Done 按钮保存并退出。

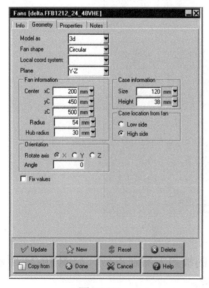

图 10-75

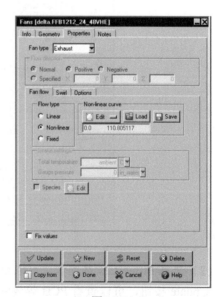

图 10-76

3. BGA封装芯片参数设置

（1）右击左侧模型树 Model→packages.1，在弹出的快捷菜单中执行 Edit 命令，弹出如图 10-77 所示的对话框。选择 Dimensions 选项卡，查看 Package type 为 PBGA，Package thickness 为 2.15，保持其他参数默认不变，单击 Schematic 按钮，弹出如图 10-78 所示的示意图。

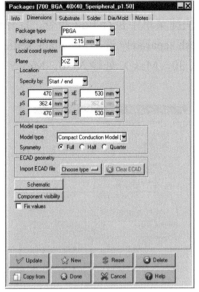

图 10-77

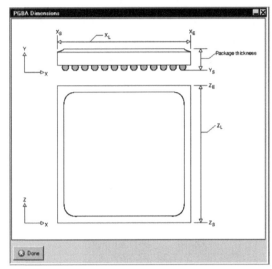

图 10-78

（2）选择 Die/Mold 选项卡，查看 Die/Mold 设置参数，如图 10-79 所示，保持参数默认不变，单击 Schematic 按钮，弹出如图 10-80 所示的示意图。

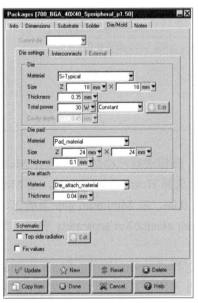

图 10-79

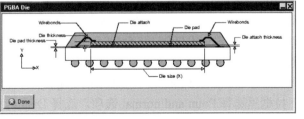

图 10-80

4. 装配体模型设置

为了更好地进行网格划分，先针对散热器及芯片装配体进行设置，具体如下所述。

（1）右击左侧模型树 Model→Inline，在弹出的快捷菜单中执行 Edit 命令，打开 Inline 设置对话框。选择 Meshing 选项卡，选择 Mesh separately 选项，在 Slack settings 下 Min X 处输入 10，Min Y 处输入 0.5，Min Z 处输入 10，Max X 处输入 10，Max Y 处输入 10，Max Z 处输入 10，如图 10-81 所示。

（2）右击左侧模型树 Model→Package，在弹出的快捷菜单中执行 Edit 命令，打开如图 10-82 所示的对话框，选择 Meshing 选项卡，选择 Mesh separately 选项，在 Slack settings 下 Min X 处输入 30，Min Y 处输入 3.2，Min Z 处输入 30，Max X 处输入 30，Max Y 处输入 1，Max Z 处输入 30。

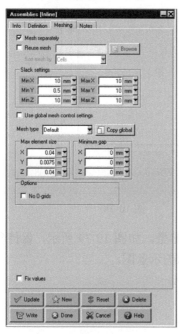

图 10-81

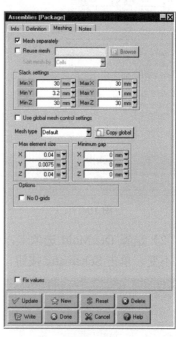

图 10-82

10.2.4 网格划分设置

（1）单击快捷命令工具栏中的 ▦ （Generate mesh）按钮进行网格划分，弹出 Mesh control 设置对话框，如图 10-83 所示。在 Mesh type 处选择 Hexa unstructured，在 Max element size 下的 X、Y、Z 处分别输入 0.04、0.0075 及 0.04，在 Minimum gap 下的 X、Y、Z 处分别输入 0.0004、3.5e-005 及 0.0004，选择 Mesh assemblies separately 选项，其他参数保持默认，单击 Generate 按钮开始网格划分。

（2）选择 Mesh control 对话框中的 Display 选项卡，选择 Cut plane 选项，在 Set position 下拉框里选择 Point and normal 选项，选择 Display mesh 选项，其他参数设置如图 10-84 所示。显示的网格效果如图 10-85 所示。

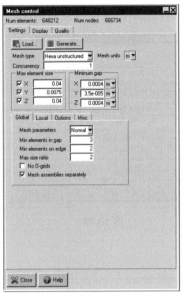
图 10-83

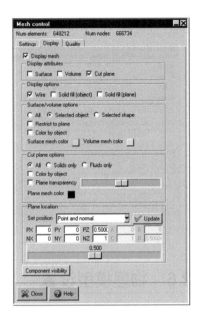
图 10-84

（3）选择 Mesh control 对话框中的 Quality 选项卡，选择 Skewness 选项，网格质量信息如图 10-86 所示。

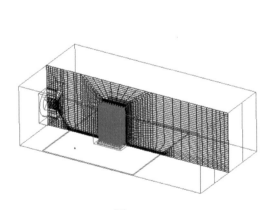
图 10-85

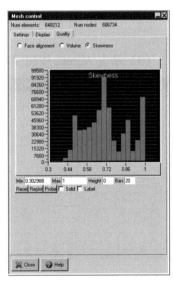
图 10-86

10.2.5 变量监测设置

（1）执行左侧模型树 Point→Creat at location，弹出如图 10-87 所示的对话框。在 Object 处选择 700_BGA_40X40_5peripheral_p1.50 选项，在 Monitor 处选择 Temperature 选项，保存结果后退出。

（2）同理，执行左侧模型树 Point→Creat at location，弹出如图 10-88 所示的对话框。

在 Object 处选择 Xmax 选项,在 Monitor 处选择 Velocity 选项,保存结果后退出。

图 10-87

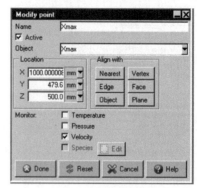

图 10-88

10.2.6 物理模型设置

1. 流动模型校核

(1)双击左侧模型树 Solution settings→Basic settings,打开基本设置对话框,如图 10-89 所示。

(2)单击 Reset 按钮,在消息窗口显示雷诺数值,提示流动模型选择湍流,如图 10-90 所示。

(3)单击 Accept 按钮保存设置。

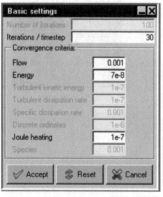

图 10-89

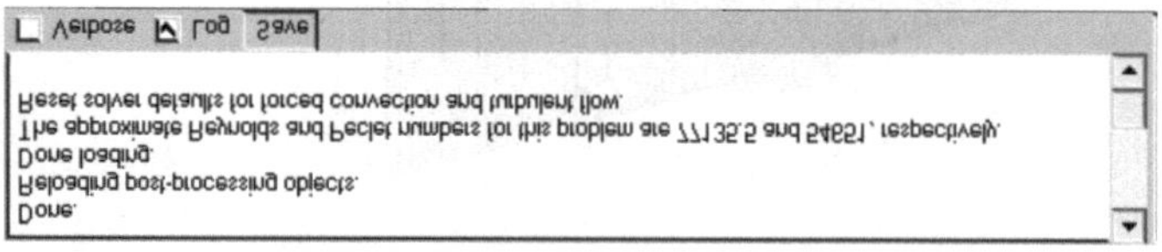

图 10-90

2. 物理模型设置

(1)双击左侧模型树 Problem setup,弹出 Problem setup wizard 设置对话框。

(2)在该对话框中选择 Solve for velocity and pressure 及 Solve for temperature 选项,如图 10-91 所示,单击 Next 按钮进行下一步设置。

(3)在流动条件求解设置对话框的选择如图 10-92 所示,单击 Next 按钮进行下一步设置。

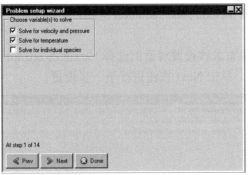 

图 10-91　　　　　　　　　　　　　图 10-92

（4）在流动状态求解设置对话框选择 Set flow regime to turbulent 选项，如图 10-93 所示，单击 Next 按钮进行下一步设置。

（5）在湍流模型求解设置对话框选择 Zero equation (mixing length) 选项，如图 10-94 所示，单击 Next 按钮进行下一步设置。

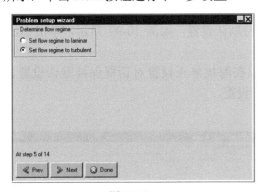 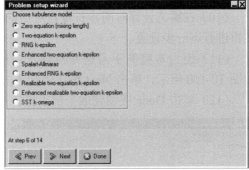

图 10-93　　　　　　　　　　　　　图 10-94

（6）在辐射传热求解设置对话框选择 Include heat transfer due to radiation 选项，如图 10-95 所示，单击 Next 按钮进行下一步设置。

（7）在辐射传热求解设置对话框选择 Use surface-to-surface model 选项，如图 10-96 所示，单击 Next 按钮进行下一步设置。

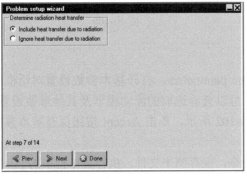 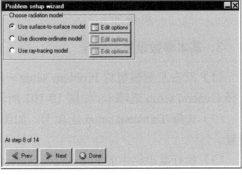

图 10-95　　　　　　　　　　　　　图 10-96

（8）在太阳光辐射求解设置对话框不选择 Include solar radiation 选项，如图 10-97 所示，单击 Next 按钮进行下一步设置。

（9）因为本案例为瞬态计算，所以在暂稳态求解设置对话框选择 Variables are time-dependent（transient）选项，如图 10-98 所示，单击 Next 按钮进行下一步设置。

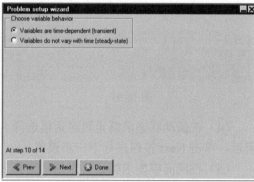

图 10-97　　　　　　　　　　　　　　图 10-98

（10）在瞬态计算时间步长设置对话框保持默认设置，如图 10-99 所示，单击 Next 按钮进行下一步设置。

（11）因为本案例不考虑海拔修正，所以在海拔修正设置对话框保持默认设置，如图 10-100 所示，单击 Next 按钮进行下一步设置。

（12）单击 Done 按钮完成全部设置。

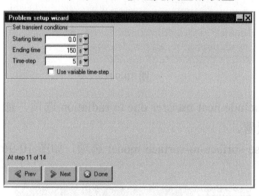
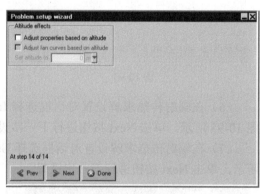

图 10-99　　　　　　　　　　　　　　图 10-100

3．基本参数设置及保存

（1）双击左侧模型树 Problem setup→Basic parameters，打开基本参数设置对话框。选择 General setup 选项卡，如图 10-101 所示，可以查看选取的流动模型及其他参数设置。

（2）选择 Transient setup 选项卡，如图 10-102 所示，单击 Accept 按钮保存基本参数设置。

（3）执行菜单栏中的 File→Save project 命令，保存整个文件，执行菜单栏中的 File→Pack project 命令，保存整个设置，方便后续打开查看。

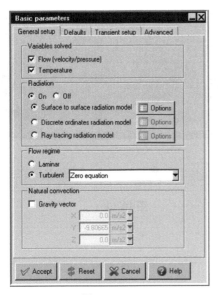
图 10-101

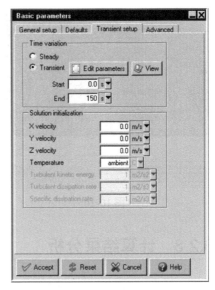
图 10-102

10.2.7 求解计算

（1）单击快捷命令工具栏中的 （Run solution）按钮，弹出求解设置对话框，如图 10-103 所示，在 ID 处输入 heat-st00，其他参数保持默认设置。

（2）单击 Start solution 按钮开始计算后，自动弹出残差曲线监测对话框，如图 10-104 所示。在对话框内可以通过选择 X log、Y log 等调整界面显示效果。

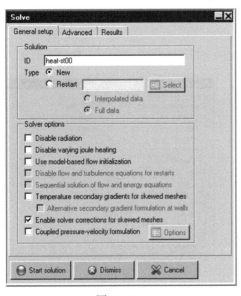

图 10-103　　　　　　　　　　　　图 10-104

（3）芯片监测温度曲线及出口速度监测曲线如图 10-105 及图 10-106 所示。

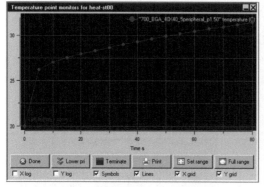
图 10-105

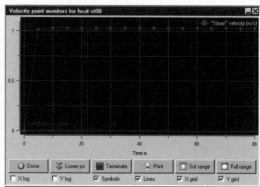
图 10-106

10.2.8　计算结果分析

1. 器件表面温度云图分析

（1）单击快捷命令工具栏中的 （Object face）按钮，弹出 Object face 设置对话框，在 Name 处输入 face.1，在 Object 下拉框里选择所有的 Object XMax、Object pcb.1 等，单击 Accept 按钮保存，选择 Show contours 选项，如图 10-107 所示。

（2）单击 Parameters 按钮，弹出如图 10-108 所示的温度云图设置对话框，在 Contours of 处选择 Temperature 选项，在 Shading options 处选择 Banded 选项，在 Color levels 下选择 Calculated 选项，并在其下拉对话框里选择 Global limits 选项，其他参数保持默认，单击 Apply 按钮保存并退出。

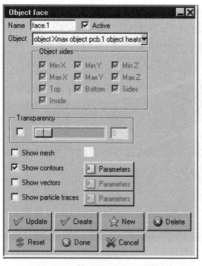
图 10-107

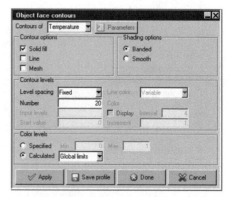
图 10-108

（3）调整视图，显示如图 10-109 所示的温度云图。

（4）右击左侧 Post-processing 下的 face.1，取消选择 active 选项，则不再激活显示云图。

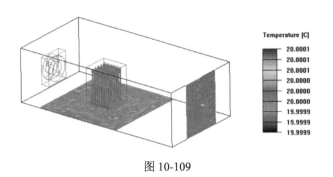

图 10-109

2. 计算结果报告输出

（1）执行菜单栏中的 Solve→Define report 命令，弹出总结报告设置对话框，选择 Specified 选项，在 Report time 处选择 Time(s)选项，单击 New 按钮，依次创建 2 行几何体，如图 10-110 所示。

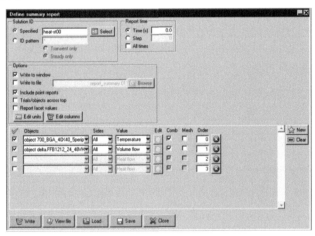

图 10-110

（2）在第一行几何体里选择所有 object 700_BGA_40X40_5peripheral_p1.50 选项，单击 Accept 按钮保存，在 Value 下拉框里选择 Temperature 选项。

（3）在第二行几何体里选择所有 object delta.FFB81212_24_48VHE.1 选项，单击 Accept 按钮保存，在 Value 下拉框里选择 Volume flow 选项。

（4）单击 Write 按钮，弹出总结报告界面，单击 Done 按钮保存并退出该界面，如图 10-111 所示。

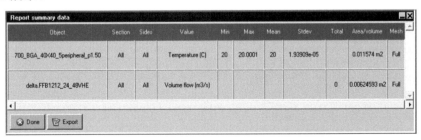

图 10-111

（5）单击总结报告设置对话框中的 Save 按钮，保存设置并退出。

10.3 本章小结

本章通过交替式运行瞬态散热及芯片瞬态传热两个案例，详细介绍了如何用 ANSYS Icepak 进行瞬态传热计算设置、如何进行热源功耗随时间变化设置，以及如何进行不同计算时间下瞬态传热计算结果加载及后处理分析，重点介绍了当热源交替式运行发热时的等效替代设置。通过对本章的学习，可以让读者基本掌握运用 ANSYS Icepak 进行芯片及热源瞬态发热类问题的建模、参数设置及仿真结果分析。

第11章

芯片封装散热及焦耳热案例详解

在 PCB 设计过程中,通常会进行不同封装形式的芯片选型,但往往存在不同封装形式的芯片是否会有过热现象及其封装热阻如何分析等问题,此外,在 PCB 设计之初,如何对 PCB 内部电阻产生的焦耳热进行热分析也尤为重要。本章通过对紧凑式微电子封装模型散热、BGA 封装芯片模型散热及 PCB 焦耳热计算三个案例进行操作演示,详细介绍了如何开展 PCB 板级芯片封装散热分析、如何通过 Bool 文件导入封装芯片及参数设置,以及如何进行 BGA 封装芯片热阻分析计算。此外,讲解了如何进行 PCB 电阻区域标记、电压及电流参数设置,以及如何进行焦耳热结果后处理分析。通过对本章的学习,可以让读者基本掌握运用 ANSYS Icepak 进行芯片封装散热及 PCB 焦耳热计算问题的仿真流程。

学习目标

- 掌握如何在 ANSYS Icepak 内设置芯片的封装形式;
- 掌握如何通过 Bool 文件导入 BGA 封装芯片;
- 掌握如何进行 BGA 封装芯片热阻分析计算;
- 掌握如何进行 PCB 电阻区域设置;
- 掌握如何在热源区进行电压及电流参数设置。

11.1 紧凑式微电子封装模型案例详解

本案例以 PCB 上放置不同封装形式的芯片模型为例，如图 11-1 所示，模型中有 6 个 DIP 类型封装芯片、6 个 BGA 类型封装芯片及 2 个 PQFP 类型封装芯片等，芯片布置在 PCB 上，在自然对流冷却条件下分析芯片及翅片的温度分布。

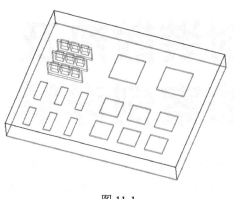

图 11-1

11.1.1 项目创建

（1）在 ANSYS Icepak 启动界面（如图 11-2 所示）单击 Unpack 按钮，通过解压来创建一个 ANSYS Icepak 分析项目，在 File selection 设置对话框内选择 compack-package-modeling.tzr 文件，如图 11-3 所示。

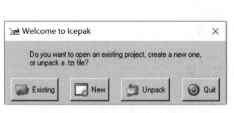

图 11-2

图 11-3

（2）单击 File selection 设置对话框中的"打开"按钮，弹出如图 11-4 所示的对话框，在 New project 处输入 compack-package。

（3）单击 Unpack 按钮，在工作区会显示如图 11-5 所示的几何模型。

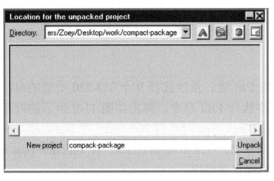

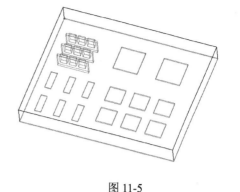

图 11-4   图 11-5

11.1.2 芯片封装参数及模型设置

本案例在导入模型的基础上进行模型的修改及完善，具体如下所述。

1．PCB模型的创建

（1）单击自建模工具栏中的 ▦（Printed circuit boards）按钮，创建 PCB 模型。

（2）右击左侧模型树 Model→pcb.1，在弹出的快捷菜单中执行 Edit 命令，弹出如图 11-6 所示的对话框，在该对话框中选择 Geometry 选项卡，在 Plane 处选择 X-Z，在 xS 处输入 0，在 yS 处输入 0，在 zS 处输入 0，在 xE 处输入 0.25，在 zE 处输入 0.2，其他保持默认。

（3）选择 Properties 选项卡，在 Substrate Thickness 处输入 1.6，在 High surface thickness、Low surface thickness 及 Internal layer thickness 处的默认单位由 microns 改为 Cu-oz/ft2，其他参数如图 11-7 所示，单击 Update 按钮，可以查看 PCB 等效的传热系数。单击 Done 按钮完成 PCB 模型的创建。

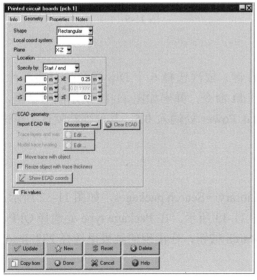

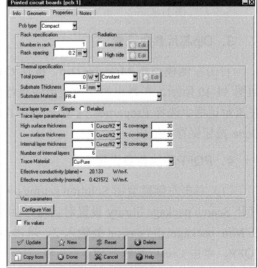

图 11-6   图 11-7

（4）右击左侧模型树 Model→pcb，在弹出的快捷菜单中取消选择 Active 命令，将导入模型中默认的 PCB 模型进行抑制。

2. TO-220芯片参数设置

右击左侧模型树 Model→TO-220，按住 Ctrl 键，依次选择 9 个 TO-220 类型的封装芯片，如图 11-8 所示，在弹出的快捷菜单中执行 Edit 命令，弹出如图 11-9 所示的对话框，在该对话框中选择 Properties 选项卡，在 Block type 处选择 Network，在 Network type 处选择 Two resistor，在 Board side 处选择 Max Z，在 Rjb 处输入 2.5，在 Junction power 处输入 1.5，其他保持默认，单击 Done 按钮保存并退出。

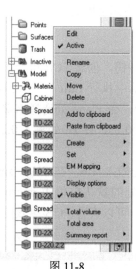

图 11-8

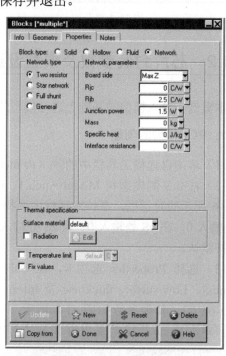

图 11-9

3. Dip芯片参数设置

右击左侧模型树 Model→Dip，按住 Ctrl 键，依次选择 6 个 Dip 类型的封装芯片，如图 11-10 所示，在弹出的快捷菜单中执行 Edit 命令，弹出如图 11-11 所示的对话框，在该对话框中选择 Properties 选项卡，在 Total Power 处输入 0.5，其他保持默认，单击 Done 按钮保存并退出。

4. PQFP芯片参数设置

（1）右击左侧模型树 Solution settings→Library→Search packages，如图 11-12 所示，打开 Search package library 设置对话框，如图 11-13 所示。在 Package type 处选择 QFP，在 Min package dimension 处输入 2，单击 Search 按钮，在出现的结果里选择 232_lead_PQFP，单击 Create 按钮创建。

图 11-10

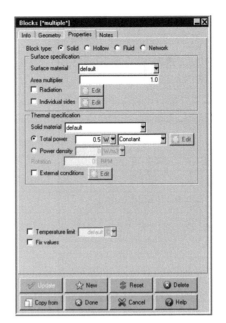

图 11-11

图 11-12

图 11-13

（2）右击左侧模型树 Model→232_lead_PQFP，在弹出的快捷菜单中执行 Edit 命令，弹出如图 11-14 所示的对话框，选择 Dimensions 选项卡，在 Package thickness 处输入 2。

（3）选择 Die/Mold 选项卡，在 Total Power 处输入 3.5，其他保持默认，如图 11-15 所示，单击 Done 按钮保存并退出。

（4）单击自建模工具栏中的 ⊞（Align face centers）按钮进行 PQFP 芯片位置调整，单击选择 232_lead_PQFP 的 Y_{max} 边，按中键确认，再单击模型自带 232PQFP 的 Y_{max} 边，按中键确认完成 232_lead_PQFP 的尺寸匹配，如图 11-16 及图 11-17 所示。

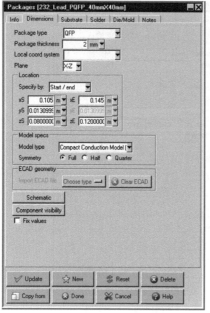

图 11-14

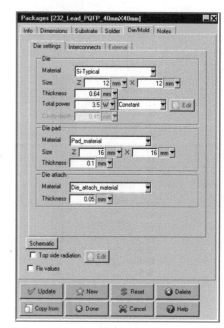

图 11-15

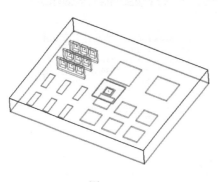

图 11-16

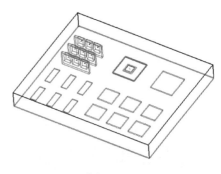

图 11-17

（5）右击左侧模型树 Model→232_lead_PQFP，在弹出的快捷菜单中执行 Copy 命令，弹出如图 11-18 所示的芯片复制设置对话框。在 Number of copies 处输入 1，在 Operations 处选择 Translate，在 X offset 处输入 70，单击 Apply 按钮完成芯片模型的复制，如图 11-19 所示。

（6）右击左侧模型树 Model→232PQFP、232PQFP.1，在弹出的快捷菜单中取消选择 Active，将导入模型中默认的 232PQFP 芯片模型进行抑制。

5. PBGA芯片参数设置

右击左侧模型树 Model→400-PBGA，按住 Ctrl 键，依次选择 6 个 400-PBGA 类型的封装芯片，如图 11-20 所示，在弹出的快捷菜单中执行 Edit 命令，弹出如图 11-21 所示的对话框，在该对话框中选择 Properties 选项卡，在 Block type 处选择 Network 选项，在 Network type 处选择 Two resistor 选项，在 Board side 处选择 Min Y，在 Rjc 处输入 1.4，在 Rjb 处输入 6.75，在 Junction power 处输入 2，其他保持默认，单击 Done 按钮保存并退出。

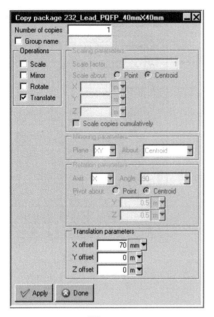
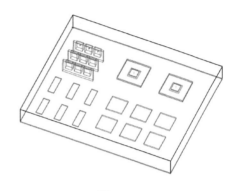

图 11-18　　　　　　　　　　　图 11-19

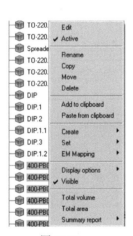
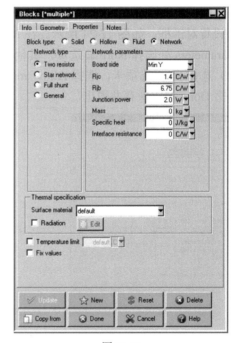

图 11-20　　　　　　　　　　　图 11-21

6．计算域设置

（1）右击左侧模型树 Model→Cabinet，在弹出的快捷菜单中执行 Edit 命令，选择 Properties 选项卡，在 Min X 及 Max X 由 Default 改为 Opening，如图 11-22 所示。

（2）单击 Min X 的 Edit 按钮，打开 Openings 设置对话框，在 X Velocity 处输入 1，单击 Done 按钮完成设置，如图 11-23 所示。

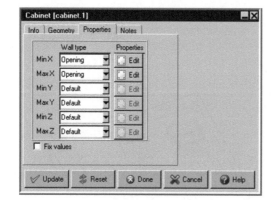

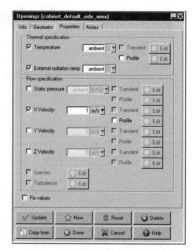

图 11-22　　　　　　　　　　　　　　　　　图 11-23

11.1.3　网格划分设置

（1）单击快捷命令工具栏中的（Generate mesh）按钮进行网格划分，弹出 Mesh control 设置对话框，如图 11-24 所示。在 Mesh type 处选择 Hexa unstructured 选项，在 Mesh parameters 处选择 Normal 选项，其他参数保持默认。

（2）选择 Misc 选项卡，选择 Allow minimum gap changes 选项，其他如图 11-25 所示，单击 Done 按钮保存并退出。

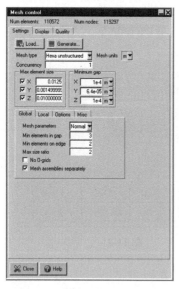
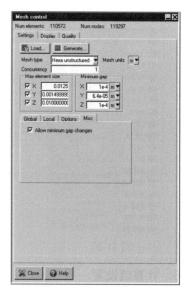

图 11-24　　　　　　　　　　　　　　　　　图 11-25

（3）选择 Mesh control 对话框中的 Display 选项卡，选择 Cut plane 选项，在 Set position 下拉框里选择 Point and normal 选项，选择 Display mesh 选项，其他参数设置如图 11-26 所示，显示的网格效果如图 11-27 所示。

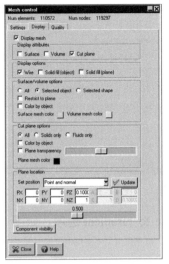

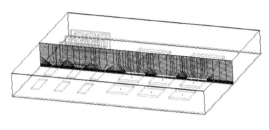

图 11-26   图 11-27

11.1.4 物理模型设置

1. 流动模型校核

（1）双击左侧模型树 Solution settings→Basic settings，打开基本设置对话框，如图 11-28 所示。

（2）单击 Reset 按钮，在消息窗口显示雷诺数值，提示流动模型选择湍流，如图 11-29 所示。

（3）单击图 11-28 中的 Accept 按钮保存设置。

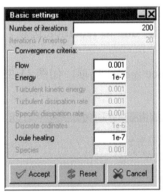

图 11-28   图 11-29

2. 物理模型设置

（1）双击左侧模型树 Problem setup，弹出 Problem setup wizard 设置对话框。

（2）在该对话框中选择 Solve for velocity and pressure 及 Solve for temperature 选项，如图 11-30 所示，单击 Next 按钮进行下一步设置。

（3）在流动条件求解设置对话框的选择如图 11-31 所示，单击 Next 按钮进行下一步设置。

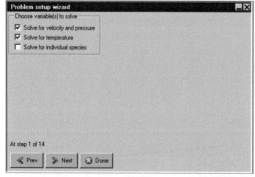

图 11-30

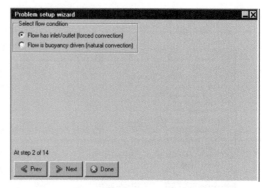

图 11-31

（4）在流动状态求解设置对话框选择 Set flow regime to turbulent 选项，如图 11-32 所示，单击 Next 按钮进行下一步设置。

（5）在湍流模型求解设置对话框选择 Zero equation (mixing length) 选项，如图 11-33 所示，单击 Next 按钮进行下一步设置。

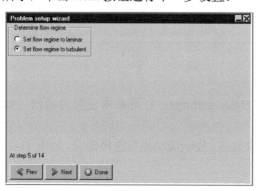

图 11-32

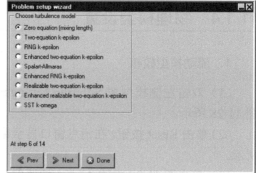

图 11-33

（6）在辐射传热求解设置对话框选择 Include heat transfer due to radiation 选项，如图 11-34 所示，单击 Next 按钮进行下一步设置。

（7）在辐射传热求解设置对话框选择 Use surface-to-surface model 选项，如图 11-35 所示，单击 Next 按钮进行下一步设置。

图 11-34

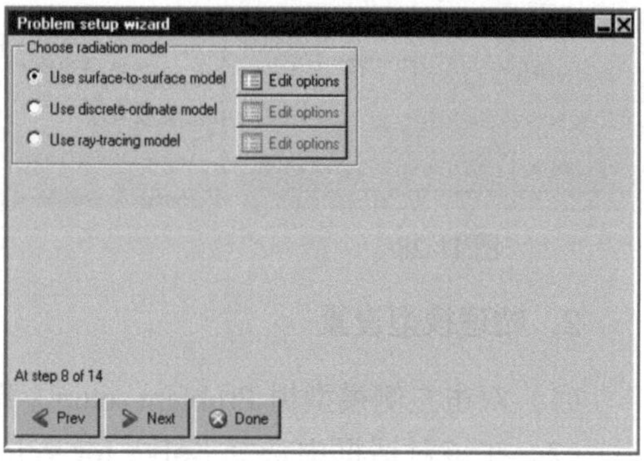

图 11-35

（8）在太阳光辐射求解设置对话框不选择 Include solar radiation 选项，如图 11-36 所示，单击 Next 按钮进行下一步设置。

（9）因为本案例为稳态计算，所以在暂稳态求解设置对话框中选择 Variables do not vary with time (steady-state)选项，如图 11-37 所示，单击 Next 按钮进行下一步设置。

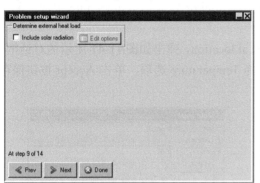
图 11-36

图 11-37

（10）因为本案例不考虑海拔修正，所以在海拔修正设置对话框保持默认设置，如图 11-38 所示，单击 Next 按钮进行下一步设置。

（11）单击 Done 按钮完成全部设置。

3．基本参数设置及保存

（1）双击左侧模型树 Problem setup→Basic parameters，打开基本参数设置对话框。选择 General setup 选项卡，如图 11-39 所示，可以查看选取的流动模型及其他参数设置，单击 Accept 按钮保存基本参数设置。

（2）执行菜单栏中的 File→Save project 命令，保存整个文件，执行菜单栏中的 File→Pack project 命令，保存整个设置，方便后续打开查看。

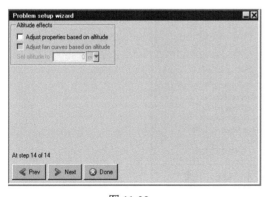
图 11-38

图 11-39

11.1.5 变量监测设置

（1）执行左侧模型树 Point→Create at location，弹出如图 11-40 所示的对话框。在 Object 处选择 232_lead_PQFP_40mm×40mm，在 Monitor 处选择 Temperature 选项，单击 Accept 按钮保存并退出。

（2）同理，执行左侧模型树 Point→Create at location，弹出如图 11-41 所示的对话框。在 Object 处选择 DIP 选项，在 Monitor 处选择 Temperature 选项，单击 Accept 按钮保存并退出。

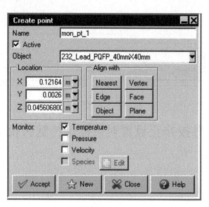

图 11-40

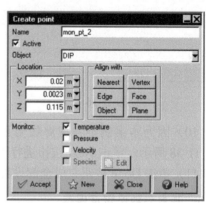

图 11-41

11.1.6 求解计算

（1）单击快捷命令工具栏中的 ▦（Run solution）按钮，弹出求解设置对话框，如图 11-42 所示，在 ID 处输入 compack-package00，其他参数保持默认设置。

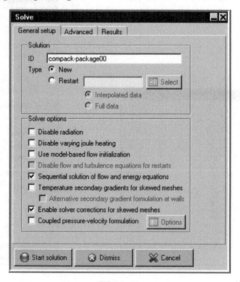

图 11-42

（2）单击 Start solution 按钮开始计算后，会弹出残差曲线监测对话框，如图 11-43 所示。在对话框内可以通过选择 X log、Y log 等调整界面显示效果。计算完成后，会弹出如图 11-44 所示的 PQFP 芯片及 DIP 芯片温度监测曲线。

（3）计算完成后，在 Solution residuals 界面单击 Done 按钮关闭并退出。

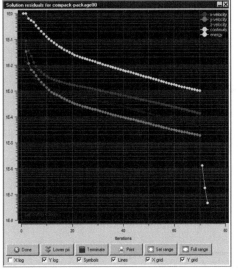
图 11-43

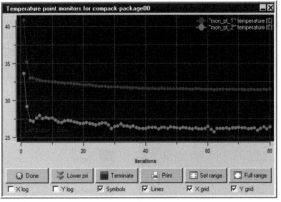
图 11-44

11.1.7 计算结果分析

1．PCB表面温度云图分析

（1）单击快捷命令工具栏中的 ■（Object face）按钮，弹出 Object face 设置对话框，在 Name 处输入 face.1，在 Object 下拉框里选择 object pcb.1 选项，单击 Accept 按钮保存，选择 Show contours 选项，如图 11-45 所示。

（2）单击 Parameters 按钮，弹出如图 11-46 所示的温度云图设置对话框，在 Contours of 处选择 Temperature 选项，在 Shading options 处选择 Banded 选项，在 Color levels 下选择 Calculated 选项，并在其下拉对话框里选择 This object 选项，其他参数保持默认，单击 Apply 按钮保存并退出。

（3）调整视图，显示如图 11-47 所示的 PCB 温度云图。

（4）右击左侧模型树 Post-processing→face.1，在弹出的快捷菜单中取消选择 Show contours 选项，则不显示温度云图，如需要显示，则选取 Show contours 选项。

2．芯片温度计算

执行菜单栏中的 Report→Network block values 命令，则会在消息通知区显示各个封装芯片的计算温度，如图 11-48 所示。

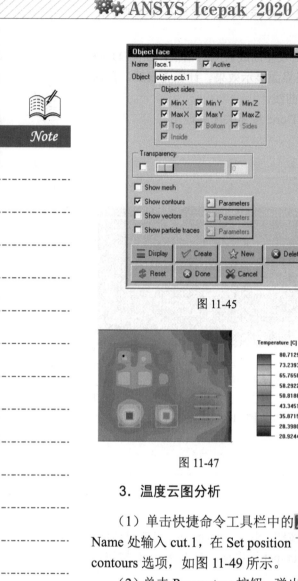

图 11-45

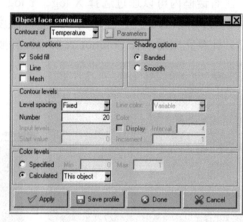

图 11-46

图 11-47　　　　　　　　　图 11-48

3．温度云图分析

（1）单击快捷命令工具栏中的 ![icon]（Plane cut）按钮，弹出 Plane cut 设置对话框，在 Name 处输入 cut.1，在 Set position 下拉框里选择 Z plane through center 选项，选择 Show contours 选项，如图 11-49 所示。

（2）单击 Parameters 按钮，弹出如图 11-50 所示的温度云图设置对话框，在 Contours of 处选择 Temperature 选项，在 Shading options 处选择 Banded 选项，在 Color levels 下选择 Calculated 选项，并在其下拉对话框里选择 This object 选项，其他参数保持默认，单击 Apply 按钮保存。

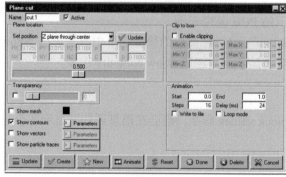

图 11-49

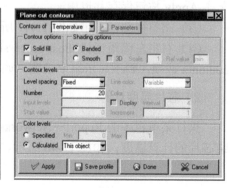

图 11-50

（3）视图选择 Z 正方向，即显示如图 11-51 所示的温度云图。

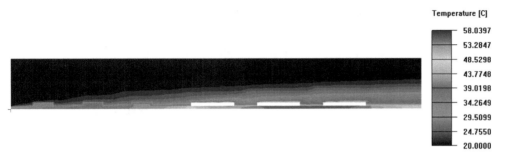

图 11-51

（4）右击左侧模型树 Post-processing→cut.1，在弹出的快捷菜单中取消选择 Show contours 选项，则不再显示温度云图。

4．整体表面温度云图分析

（1）单击快捷命令工具栏中的 （Object face）按钮，弹出 Object face 设置对话框，在 Name 处输入 face.2，在 Object 下拉框里选择所有项，单击 Accept 按钮保存，选择 Show contours 选项，如图 11-52 所示。

（2）单击 Parameters 按钮，弹出如图 11-53 所示的温度云图设置对话框，在 Contours of 处选择 Temperature 选项，在 Shading options 处选择 Banded 选项，在 Color levels 下选择 Calculated 选项，并在其下拉对话框里选择 Global limits 选项，其他参数保持默认，单击 Apply 按钮保存并退出。

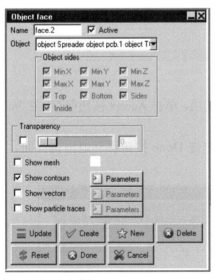

图 11-52

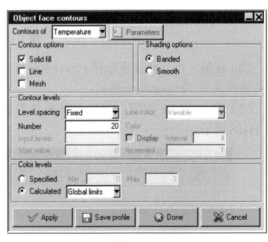

图 11-53

（3）调整视图，显示如图 11-54 所示的整体表面温度云图。

（4）右击左侧模型树 Post-processing→face.2，在弹出的快捷菜单中取消选择 Show contours 选项，则不显示温度云图，如需要显示，则选取 Show contours 选项。

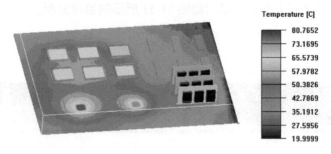

图 11-54

5．计算结果报告输出

（1）执行菜单栏中的 Solve→Define report 命令，弹出总结报告设置对话框，单击 New 按钮，创建 1 行几何体，如图 11-55 所示。

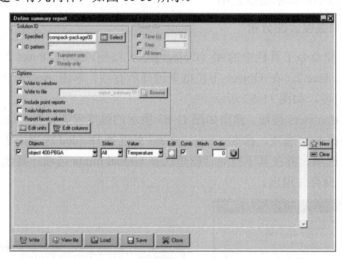

图 11-55

（2）在第一行几何体里选择 object 400-PBGA 选项，单击 Accept 按钮保存，在 Value 下拉框里选择 Temperature 选项。

（3）单击 Write 按钮，弹出总结报告界面，单击 Done 按钮保存退出该界面，如图 11-56 所示。

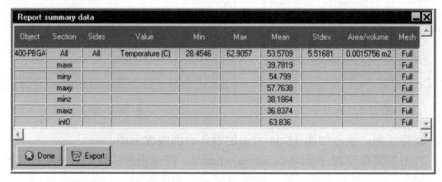

图 11-56

（4）单击总结报告设置对话框中的 Save 按钮，保存设置并退出。

11.2 BGA 封装芯片模型案例详解

本案例以 PCB 上导入 BGA 封装芯片模型为例，如图 11-57 所示，模型中有 1 个 BGA 类型封装芯片，布置在 PCB 上，在自然对流冷却条件下，分析 BGA 芯片的温度分布及其封装热阻。

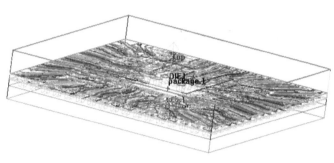

图 11-57

11.2.1 项目创建

（1）在 ANSYS Icepak 启动界面（如图 11-58 所示）单击 Unpack 按钮，通过解压来创建一个 ANSYS Icepak 分析项目，在 File selection 设置对话框内选择 BGA-package.tzr 文件，如图 11-59 所示。

图 11-58

图 11-59

（2）单击 File selection 设置对话框中"打开"按钮，弹出如图 11-60 所示的对话框，在 New project 处输入 BGA-package。

（3）单击 Unpack 按钮，在工作区会显示如图 11-61 所示的几何模型。

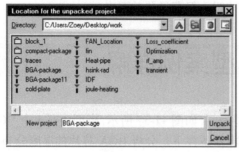

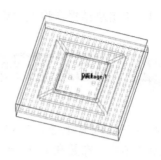

图 11-60   图 11-61

11.2.2 几何模型创建及参数设置

本案例在导入模型的基础上进行对模型的修改及完善，具体如下所述。

1．默认尺寸修改

执行菜单栏中的 Edit→Preferences 命令，打开 Preferences 设置对话框，如图 11-62 所示。选择 Defaults 下的 Units 选项，在 Category 下选择 Length 选项，在 Units 下选择 mm 选项，依次单击 Set as default 和 Set all to defaults 按钮，单击 This project 按钮完成默认单位长度的修改。

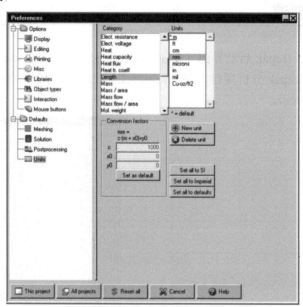

图 11-62

2．BGA封装模型设置

（1）单击自建模工具栏中的 （Packages）按钮，创建芯片封装模型。

（2）右击左侧模型树 Model→packages.1，在弹出的快捷菜单中执行 Edit 命令，弹出如图 11-63 所示的对话框。

(3)选择 Dimensions 选项卡,单击 Import ECAD file 后的 Choose type 按钮,在下拉框里选择 ASCII Neutral BOOL+INFO。打开 Bool file 文件导入设置对话框,选择 block_1.bool 选项,如图 11-64 所示,保持参数默认不变。

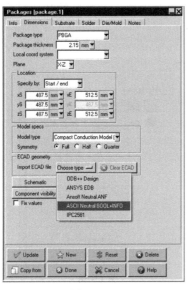

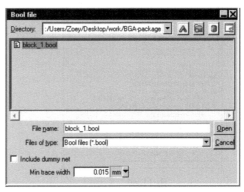

图 11-63　　　　　　　　　　　　　　图 11-64

(4)单击 Open 按钮,自动弹出如图 11-65 所示的对话框,参数保持默认,单击 Done 按钮保存并退出对话框。

(5)选择 Die/Mold 选项卡,在 Total power 处输入 0.5,如图 11-66 所示,单击 Done 按钮保存并退出。

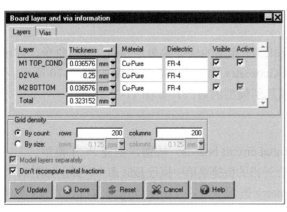

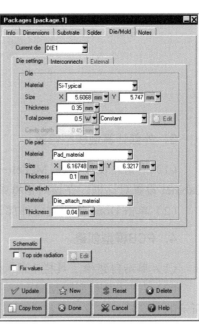

图 11-65　　　　　　　　　　　　　　图 11-66

（6）此时会出现如图 11-67 所示的对话框，提示芯片计算域尺寸在默认计算域外部，单击 Resize Cabinet 按钮进行调整。

（7）右击左侧模型树 Model→Cabinet，在弹出的快捷菜单中执行 Autoscale 命令，如图 11-68 所示。外部计算域尺寸会根据芯片尺寸进行自动调整，调整后的几何模型尺寸如图 11-69 所示。

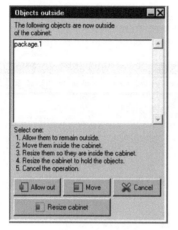

图 11-67

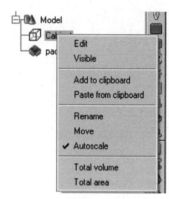

图 11-68

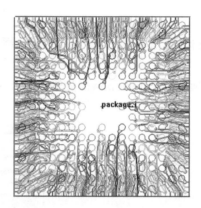

图 11-69

3．外部计算域模型修改

（1）右击左侧模型树 Model→Cabinet，在弹出的快捷菜单中执行 Edit 命令，弹出 Cabinet 设置对话框，在该对话框中选择 Geometry 选项卡，各项设置如图 11-70 所示。

（2）单击 Done 按钮完成外部计算域几何模型的修改，如图 11-71 所示。

4．PCB 模型创建

（1）单击自建模工具栏中的 （Printed circuit boards）按钮，创建 PCB 模型。

（2）右击左侧模型树 Model→pcb.1，在弹出的快捷菜单中执行 Edit 命令，弹出如图 11-72 所示的对话框，在该对话框中选择 Geometry 选项卡，在 Plane 处选择 X-Y，在 xS 处输入-7.03，在 yS 处输入-7.03，在 zS 处输入-1.2，在 xE 处输入 7.03，在 yE 处输入 7.03，其他保持默认。

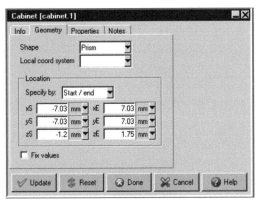

图 11-70

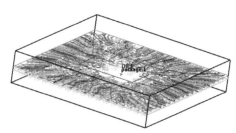

图 11-71

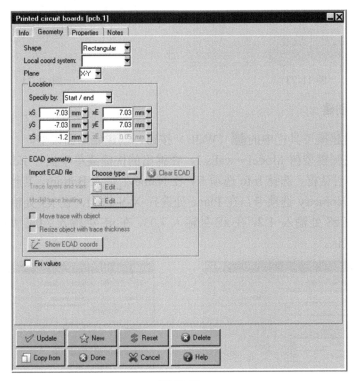

图 11-72

（3）选择 Properties 选项卡，在 Substrate Thickness 处输入 0.8，在 Trace layer type 处选择 Simple，在 High surface thickness 处输入 35.5，在% coverage 处输入 70，在 Low surface thickness 处输入 17.75，在% coverage 处输入 60，在 Internal layer thickness 处输入 35.5，在% coverage 处输入 70，其他参数保持默认，如图 11-73 所示，单击 Update 按钮，即可查看 PCB 等效的传热系数。

（4）单击 Done 按钮完成 PCB 模型的创建，创建完成的 PCB 模型如图 11-74 所示。

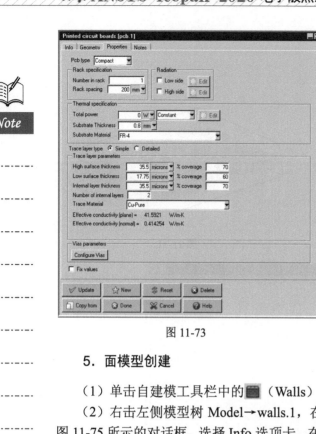

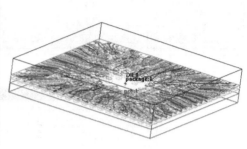

图 11-73　　　　　　　　　　　　　　　图 11-74

5. 面模型创建

（1）单击自建模工具栏中的 ▭（Walls）按钮，创建底部面模型。

（2）右击左侧模型树 Model→walls.1，在弹出的快捷菜单中执行 Edit 命令，弹出如图 11-75 所示的对话框，选择 Info 选项卡，在 Name 处输入 Bottom，其他参数保持默认。

（3）选择 Geometry 选项卡，在 Plane 处选择 X-Y 选项，在 xS 处输入-7.03，在 yS 处输入-7.03，在 zS 处输入-1.2，在 xE 处输入 7.03，在 yE 处输入 7.03，如图 11-76 所示，其他参数保持默认。

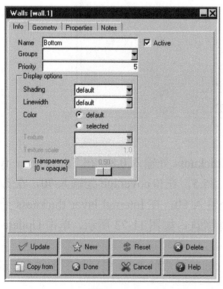

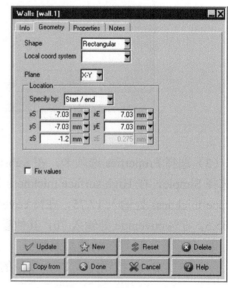

图 11-75　　　　　　　　　　　　　　　图 11-76

（4）选择 Properties 选项卡，在 External condition 处选择 Heat flux 选项，如图 11-77 所示，单击 Done 按钮保存并退出，创建好的模型如图 11-78 所示。

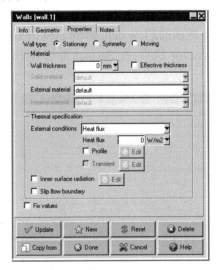
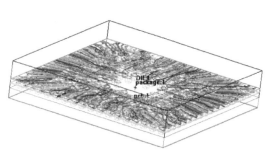

图 11-77　　　　　　　　　　　　　　图 11-78

（5）右击左侧模型树 Model→Bottom，在弹出的快捷菜单中执行 Copy 命令，弹出如图 11-79 所示的面复制设置对话框。在 Number of copies 处输入 1，在 Operations 处选择 Translate 选项，在 Z offset 处输入 2.95，单击 Apply 按钮完成面模型的复制，如图 11-80 所示。

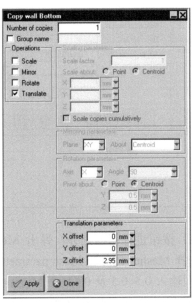

图 11-79　　　　　　　　　　　　　　图 11-80

（6）右击左侧模型树 Model→Bottom.1，在弹出的快捷菜单中执行 Edit 命令，弹出如图 11-81 所示的对话框，选择 Info 选项卡，在 Name 处输入 Top，单击 Update 按钮，其他参数保持默认。

（7）选择 Properties 选项卡，在 External condition 处选择 Heat transfer coefficient，如图 11-82 所示。单击 Edit 按钮，弹出 Wall external thermal condition 设置对话框，选择 Heat transfer coeff 选项，并在 Heat transfer coeff 的下拉框里选择 Use correlation 选项，如图 11-83 所示。单击其后的 Edit 按钮，打开如图 11-84 所示的 Flow dependent heat transfer 设置对话框，在 Heat transfer mode 下选择 Natural convection 选项，在 Surface 处选择 Top，单击 Done 按钮保存并退出。

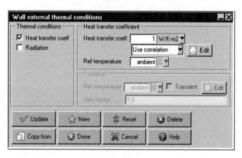

图 11-81

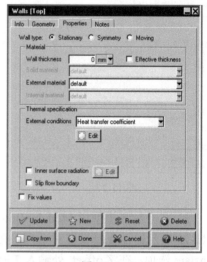

图 11-82

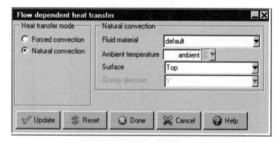

图 11-83   图 11-84

11.2.3 网格划分设置

（1）单击快捷命令工具栏中的 （Generate mesh）按钮进行网格划分，弹出 Mesh control 设置对话框，如图 11-85 所示。在 Mesh type 处选择 Mesher-HD，在 Mesh parameters 处选择 Normal，在 Max element size 下的 X、Y、Z 处分别输入 0.5、0.5 及 0.14，在 Minimum gap 下的 X、Y、Z 处分别输入 0.05、0.05 及 0.01，选择 Mesh assemblies separately 选项，其他参数保持默认。

（2）选择 Misc 选项卡，取消选择 Allow minimum gap changes 选项，其他如图 11-86 所示。单击 Generate 按钮开始网格划分。

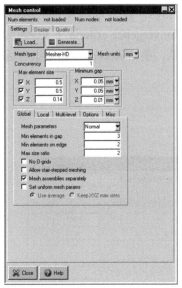
图 11-85

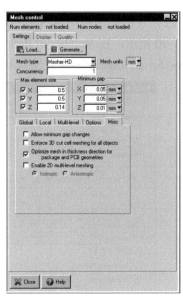
图 11-86

（3）选择 Mesh control 对话框中的 Display 选项卡，选择 Cut plane 选项，在 Set position 下拉框里选择 Point and normal 选项，选择 Display mesh 选项，其他参数设置如图 11-87 所示。显示的网格效果如图 11-88 所示。

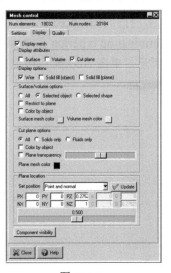
图 11-87

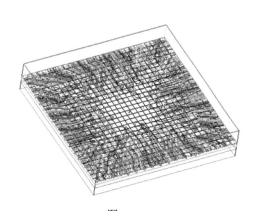
图 11-88

11.2.4 物理模型设置

本案例只计算 BGA 芯片的导热过程，因此只需打开换热模型。

（1）双击左侧模型树 Problem setup→Basic parameters，打开基本参数设置对话框。选择 General setup 选项卡，在 Variables solved 中只选择 Temperature 选项，不启动辐射换热模型，如图 11-89 所示。单击 Accept 按钮退出对话框。

（2）双击左侧模型树 Solution settings→Basic settings，打开基本设置对话框，如图 11-90 所示，在 Number of iterations 处输入 25，在 Convergence criteria 下 Energy 处输入 1e-15，在 Joule heating 处输入 1e-7，其他参数保持默认，单击 Accept 按钮退出对话框。

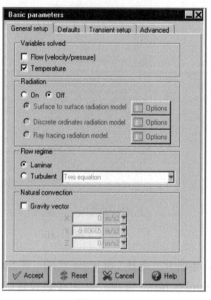

图 11-89　　　　　　　　　　图 11-90

（3）双击左侧模型树 Solution settings→Advanced settings，打开 Advanced solver setup 设置对话框，在 Linear solver 下 Temperature 处选择 F，在 Termination criterion 及 Residual reduction tolerance 处输入 1e-6，其他参数设置如图 11-91 所示，单击 Accept 按钮退出。

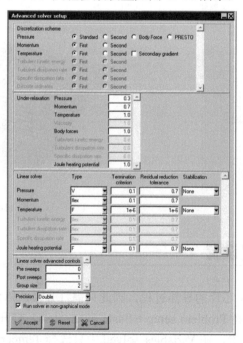

图 11-91

11.2.5 求解计算

(1)单击快捷命令工具栏中的 ■(Run solution)按钮,弹出求解设置对话框,如图 11-92 所示,在 ID 处输入 BGA-package00,其他参数保持默认设置。

(2)单击 Start solution 按钮开始计算后,自动弹出残差曲线监测对话框,如图 11-93 所示。在对话框内可以通过选择 X log、Y log 等调整界面的显示效果。

(3)计算完成后,在 Solution residuals 界面单击 Done 按钮关闭并退出。

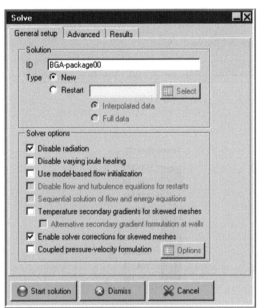
图 11-92

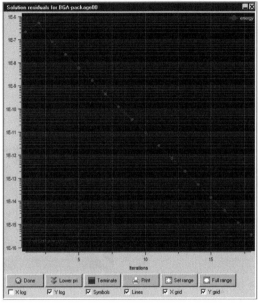
图 11-93

11.2.6 计算结果分析

1. 金线表面温度云图分析

(1)单击快捷命令工具栏中的 ■(Object face)按钮,弹出 Object face 设置对话框,在 Name 处输入 face.1,在 Object 下拉框里选择相关的 Object,单击 Accept 按钮保存,选择 Show contours 选项,如图 11-94 所示。

(2)单击 Parameters 按钮,弹出如图 11-95 所示的温度云图设置对话框,在 Contours of 处选择 Temperature,在 Shading options 处选择 Banded 选项,在 Color levels 下选择 Calculated 选项,并在其下拉对话框里选择 This object 选项,其他参数保持默认,单击 Apply 按钮保存并退出。

(3)调整视图,显示如图 11-96 所示的温度云图。

(4)右击左侧 Post-processing 下的 face.1,取消选择 active 选项,则不再激活显示云图。

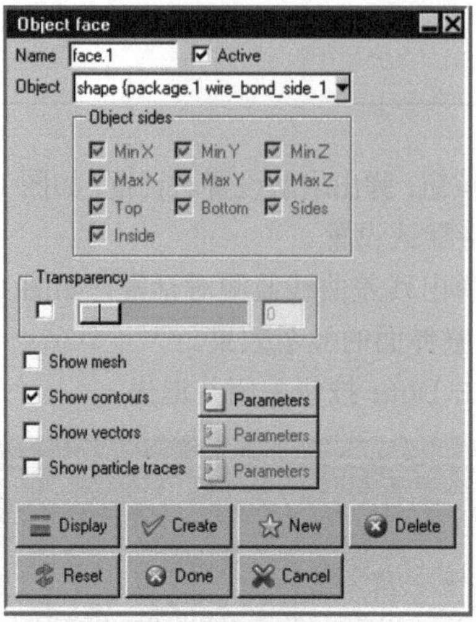

图 11-94 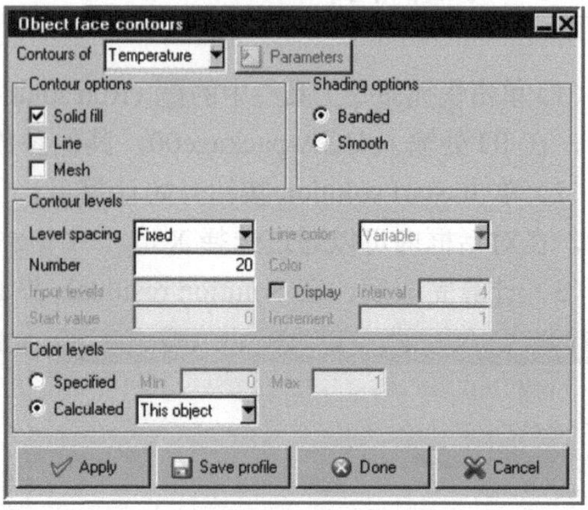 图 11-95

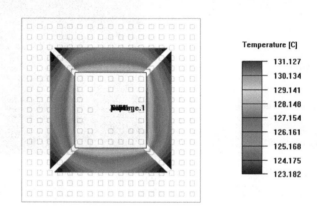

图 11-96

2. 芯片表面温度云图分析

（1）单击快捷命令工具栏中的 (Object face) 按钮，弹出 Object face 设置对话框，在 Name 处输入 face.2，在 Object 下拉框里选择所有的 Object，单击 Accept 按钮保存，选择 Show contours 选项，如图 11-97 所示。

（2）单击 Parameters 按钮，弹出如图 11-98 所示的温度云图设置对话框，在 Contours of 处选择 Temperature，在 Shading options 处选择 Banded 选项，在 Color levels 下选择 Calculated 选项，并在其下拉对话框里选择 This object 选项，其他参数保持默认，单击 Apply 按钮保存并退出。

（3）调整视图，显示如图 11-99 所示的温度云图。

（4）右击左侧 Post-processing 下的 face.2，取消选择 active 选项，则不再激活显示云图。

3. 计算结果报告输出

（1）执行菜单栏中的 Solve→Define report 命令，弹出总结报告设置对话框，单击 New 按钮，依次创建 2 行几何体，如图 11-100 所示。

第 11 章 芯片封装散热及焦耳热案例详解

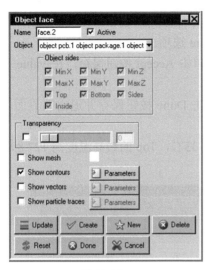

图 11-97

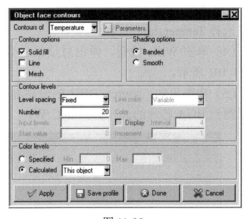

图 11-98

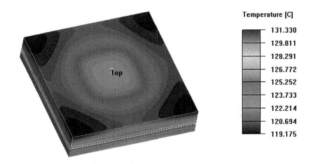

图 11-99

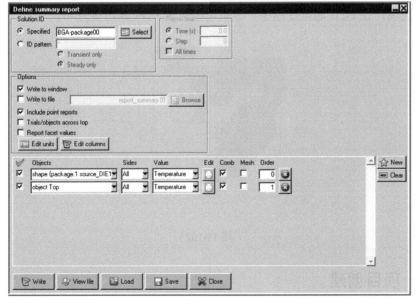

图 11-100

Note

（2）在第一行几何体里选择 package.1 下的 shape package.1 source_DIE1 选项，单击 Accept 按钮保存，在 Value 下拉框里选择 Temperature 选项。

（3）在第二行几何体里选择 Object Top 选项，单击 Accept 按钮保存，在 Value 下拉框里选择 Temperature 选项。

（4）单击 Write 按钮，弹出总结报告界面，单击 Done 按钮保存并退出该界面，如图 11-101 所示。

（5）由图可知，source_DIE1 的最高温度为 131.33℃，Top 的最高温度为 127.89℃，可以得到 BGA 芯片的 R_{jc} 约为 6.8℃/W。

Object	Section	Sides	Value	Min	Max	Mean	Stdev	Area/volume	Mesh
package.1 source_DIE1	-	All	Temperature (C)	130.91	131.33	131.163	0.0942933	3.22223e-05 m2	Full
Top	All	All	Temperature (C)	119.175	127.89	122.466	2.54925	0.000197684 m2	Full

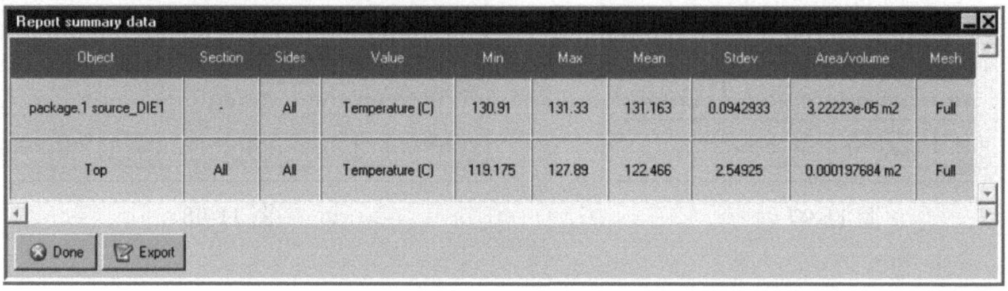

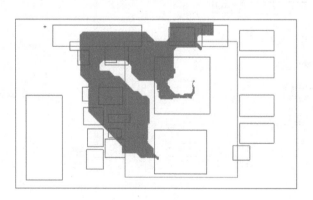

图 11-101

（6）单击总结报告设置对话框中的 Save 按钮，保存设置并退出。

11.3 PCB 焦耳热案例详解

在 PCB 设计过程中，由于 PCB 跟踪层内存在导线，所以必然存在电阻，故在通电后 PCB 内的电阻存在发热情况。本案例以 PCB 为例，如图 11-102 所示，模型中阴影区域为电阻区域，在 PCB 通电过程中，分析电阻区域及 PCB 温度分布。

图 11-102

11.3.1 项目创建

（1）在 ANSYS Icepak 启动界面（如图 11-103 所示）单击 Unpack 按钮，通过解压

来创建一个 ANSYS Icepak 分析项目，在 File selection 设置对话框内选择 joule-heating.tzr 文件，如图 11-104 所示。

（2）单击 File selection 设置对话框中的"打开"按钮，弹出如图 11-105 所示的对话框，在 New project 处输入 joule-heating。

（3）单击 Unpack 按钮，在工作区会显示如图 11-106 所示的几何模型。

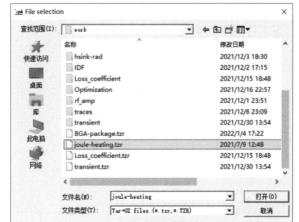

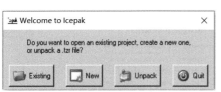

图 11-103　　　　　　　　　　　　图 11-104

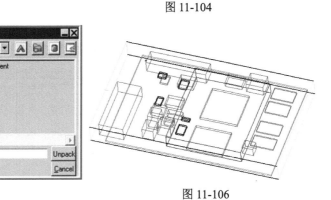

图 11-105　　　　　　　　　　　　图 11-106

11.3.2　几何模型创建及参数设置

本案例在导入模型的基础上进行模型的修改及完善，具体如下所述。

1．PCB模型设置

（1）右击左侧模型树 Model→BOARD_OUTLINE.1，在弹出的快捷菜单中执行 Edit 命令，弹出如图 11-107 所示的对话框，在该对话框中选择 Geometry 选项卡，单击 Import ECAD file 后的 Choose type 按钮，在下拉框里选择 Ansoft Neutral ANF 选项。打开 Trace file 文件导入设置对话框，选择 A1.anf，如图 11-108 所示，保持参数默认不变。

（2）单击 Open 按钮，自动弹出 Board Layer and via information 设置对话框，在 M1 TOP 至 M4 BOTTOM 处的 Thickness 处依次输入 0.04、0.45364、0.062、0.467、0.055、0.442

及 0.045，如图 11-109 所示，其他参数保持默认，单击 Update 按钮保存。

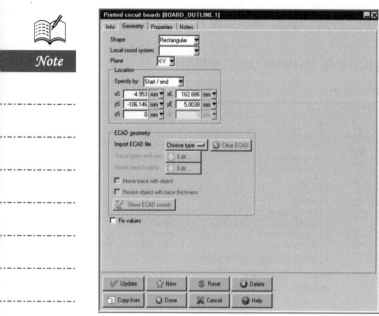
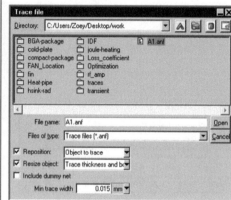

图 11-107　　　　　　　　　　　　　图 11-108

图 11-109

（3）导入 Trace 文件后的 PCB，如图 11-110 所示。

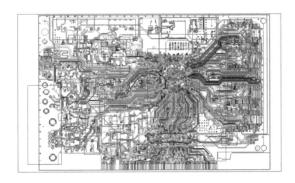

图 11-110

（4）右击左侧模型树 Model→BOARD_OUTLINE.1，在弹出的快捷菜单中执行 Edit 命令，弹出如图 11-111 所示的对话框。在该对话框中选择 Geometry 选项卡，单击 Model trace heating 后的 Edit 按钮，弹出如图 11-112 所示的 Trace heating 设置对话框，在 Layer 的下拉框里选择 INT1_3 选项，在 Display traces 下选择 A3V3_2784 选项，在 Max angle 处输入 135，在 Min length 处输入 1，单击 Create solid trace 按钮完成电阻区域建模，如图 11-113 所示。

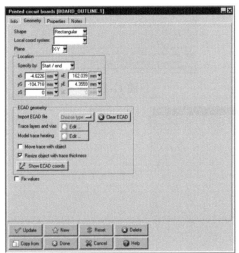

图 11-111

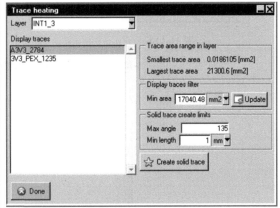

图 11-112

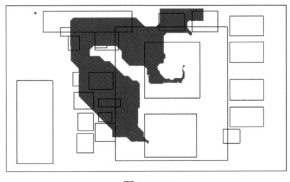

图 11-113

2. PCB内电阻区域模型设置

（1）右击左侧模型树 Model→BOARD_OUTLINE.1_layer-3-trace，在弹出的快捷菜单中执行 Edit 命令，弹出如图 11-114 所示的对话框，在该对话框中选择 Geometry 选项卡，可以在 Location 处看到有 vert 184，保持参数默认不变。

（2）选择 Properties 选项卡，在 Total power 处下拉框里选择 Joule heating 选项，如图 11-115 所示。单击 Edit 按钮，打开如图 11-116 所示的 Joule heating power 设置对话框，保持参数设置默认不变，单击 Update 按钮保存并退出。

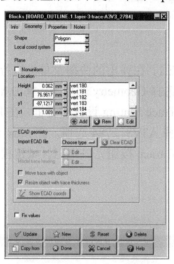

图 11-114

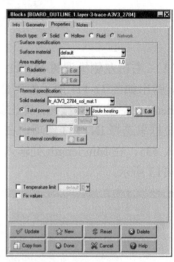

图 11-115

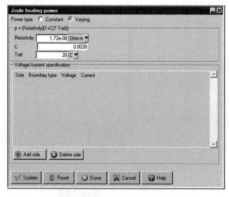

图 11-116

3. 热源模型创建

（1）单击自建模工具栏中的 （Source）按钮，创建热源模型 1。

（2）右击左侧模型树 Model→source.1，在弹出的快捷菜单中执行 Edit 命令，弹出如图 11-117 所示的对话框。

（3）选择 Geometry 选项卡，在 Plane 处选择 X-Y 平面，在 xS 处输入 108.7，在 yS 处输入 1.35，在 zS 处输入 1.071，在 xE 处输入 114.05，在 yE 处输入 2.8，其他保持默认。

（4）选择 Properties 选项卡，在 Thermal condition 处选择 Total power 选项，在 Total power 处输入 0，选择 Voltage/Current source 选项，在 Current 处输入 25，如图 11-118 所示。单击 Update 按钮保存，创建好的 Source.1 示意图如图 11-119 所示。

（5）单击 Done 按钮完成热源 1 模型创建。

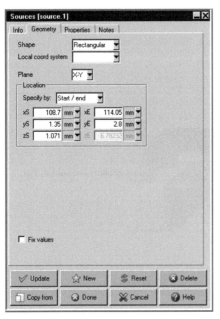
图 11-117

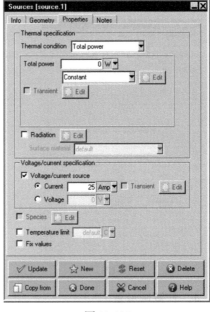
图 11-118

（6）单击自建模工具栏中的 （Source）按钮，创建热源模型 2，右击左侧模型树 Model→source.2，在弹出的快捷菜单中执行 Edit 命令，弹出如图 11-120 所示的对话框。选择 Geometry 选项卡，在 Plane 处选择 X-Y 平面，在 xS 处输入 71.5，在 yS 处输入-86.23，在 zS 处输入 1.071，在 xE 处输入 76.8，在 yE 处输入-85.34，其他保持默认。

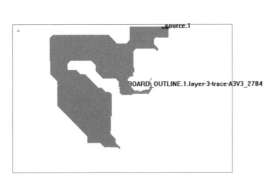
图 11-119

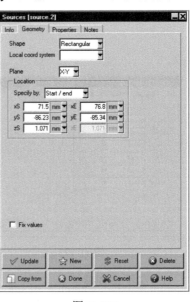
图 11-120

(7)选择 Properties 选项卡,在 Thermal condition 处选择 Total power 选项,在 Total power 处输入 0,选择 Voltage/Current source 选项,在 voltage 处输入 0,如图 11-121 所示。单击 Update 按钮保存,创建好的 Source.2 示意图如图 11-122 所示。

(5)单击 Done 按钮完成热源 2 模型的创建。

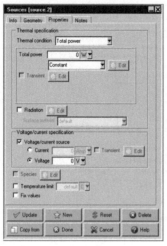
图 11-121

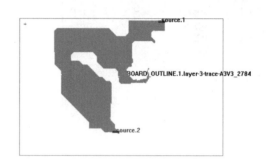
图 11-122

4. 计算域设置

(1)右击左侧模型树 Model→Cabinet,在弹出的快捷菜单中执行 Edit 命令,选择 Properties 选项卡,在 Min X 及 Max X 由 Default 改为 Opening,如图 11-123 所示。

(2)选择 Max X 的 Edit 选项,打开 Openings 设置对话框,在 X Velocity 处输入-1.5,单击 Done 按钮完成设置,如图 11-124 所示。

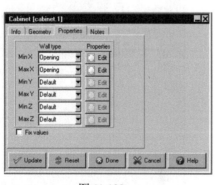
图 11-123

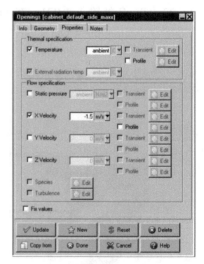
图 11-124

5. 装配体创建

为了更好地进行网格划分,针对 PCB 内电阻区域及热源创建装配体,具体如下所述。

第 11 章　芯片封装散热及焦耳热案例详解

（1）右击左侧模型树 Model→source.1、source.2 及 Model→BOARD_OUTLINE.1.layer-3-trace，在弹出的快捷菜单中执行 Create→Assembly 命令，如图 11-125 所示，完成 Assembly.1 的创建。

（2）右击左侧模型树 Model→Assembly.1，在弹出的快捷菜单中执行 Edit 命令，打开如图 11-126 所示的对话框，选择 Meshing 选项卡，选择 Mesh separately 选项，在 Slack settings 下 Min X 处输入 1.524，Min Y 处输入 2，Min Z 处输入 0.2，Max X 处输入 1，Max Y 处输入 0.6482，Max Z 处输入 0.2。在 Mesh type 处选择 Mesher-HD 选项。在 Max element size 下的 X、Y、Z 处依次输入 2、2 及 0.75，在 Minimum gap 处输入 0.0125、0.0125 及 0.062。

（3）单击 Done 按钮保存退出对话框。

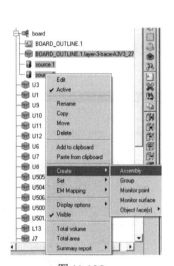

图 11-125

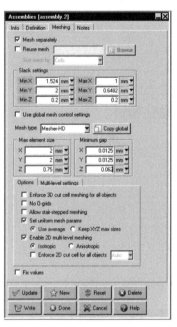

图 11-126

11.3.3　网格划分设置

（1）单击快捷命令工具栏中的 ■（Generate mesh）按钮进行网格划分，弹出 Mesh control 设置对话框，如图 11-127 所示。在 Mesh type 处选择 Mesher-HD 选项，在 Max element size 下的 X、Y、Z 处分别输入 9.5、5 及 0.7，在 Minimum gap 下的 X、Y、Z 处分别输入 0.75、0.45 及 0.035，选择 Mesh assemblies separately 选项，其他参数保持默认，单击 Generate 按钮开始网格划分。

（2）选择 Mesh control 对话框中的 Display 选项卡，如图 11-128 所示，选择 Cut plane 选项，在 Set position 下拉框里选择 Point and normal，选择 Display mesh 选项，其他参数保持默认设置。显示的网格效果如图 11-129 所示。

（3）选择 Mesh control 对话框中的 Quality 选项卡，选择 Skewness 选项，网格质量

信息如图 11-130 所示。

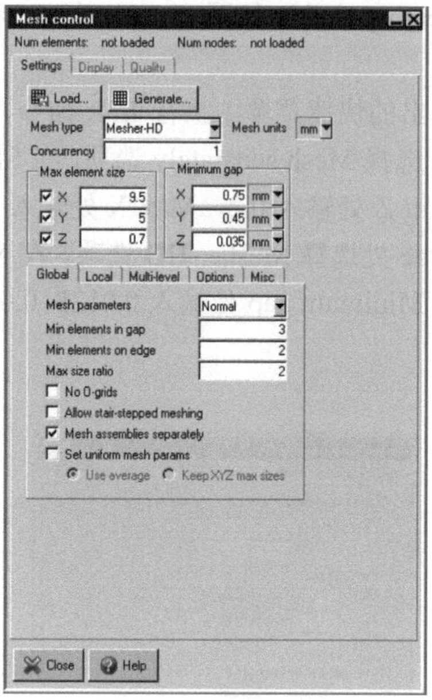

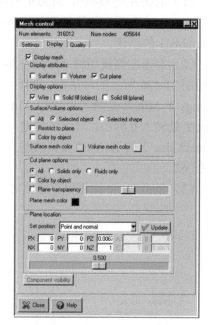

图 11-127

图 11-128

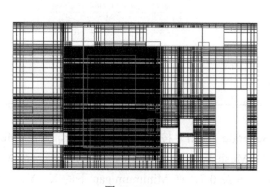

图 11-129

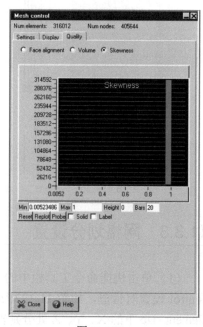

图 11-130

11.3.4 物理模型设置

1. 流动模型校核

（1）双击左侧模型树 Solution settings→Basic settings，打开基本设置对话框，如

图 11-131 所示。

（2）单击 Reset 按钮，在消息窗口显示雷诺数值，提示流动模型选择湍流，如图 11-132 所示。

（3）在图 11-131 的 Convergence criteria 下的 Flow 处输入 0.001，在 Energy 处输入 1e-7，在 Joule heating 处输入 1e-8。

（4）单击 Accept 按钮保存设置。

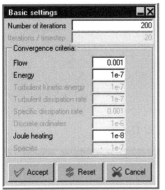

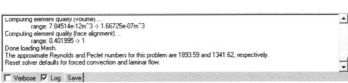

图 11-131　　　　　　　　　　　图 11-132

2．物理模型设置

（1）双击左侧模型树 Problem setup，弹出 Problem setup wizard 设置对话框。

（2）在该对话框中选择 Solve for velocity and pressure 及 Solve for temperature 选项，如图 11-133 所示，单击 Next 按钮进行下一步设置。

（3）在流动条件求解设置对话框的选择如图 11-134 所示，单击 Next 按钮进行下一步设置。

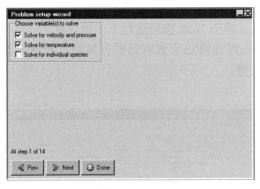 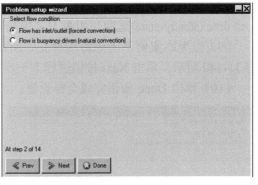

图 11-133　　　　　　　　　　　图 11-134

（4）在流动状态求解设置对话框选择 Set flow regime to turbulent 选项，如图 11-135 所示，单击 Next 按钮进行下一步设置。

（5）在湍流模型求解设置对话框选择 Zero equation (mixing length) 选项，如图 11-136 所示，单击 Next 按钮进行下一步设置。

（6）因为本案例不考虑辐射传热，所以在辐射传热求解设置对话框选择 Ignore heat

transfer due to radiation 选项，如图 11-137 所示，单击 Next 按钮进行下一步设置。

（7）在太阳光辐射求解设置对话框不勾选 Include solar radiation 选项，如图 11-138 所示，单击 Next 按钮进行下一步设置。

图 11-135

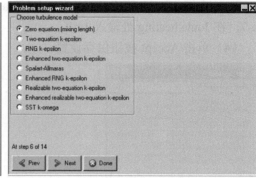

图 11-136

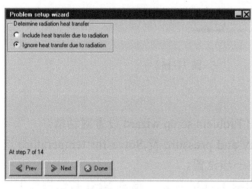

图 11-137

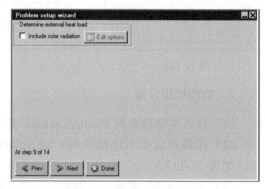

图 11-138

（8）因为本案例为稳态计算，所以在暂稳态求解设置对话框选择 Variables do not vary with time (steady-state)选项，如图 11-139 所示，单击 Next 按钮进行下一步设置。

（9）因为本案例不考虑海拔修正，所以在海拔修正设置对话框保持默认设置，如图 11-140 所示，单击 Next 按钮进行下一步设置。

（10）单击 Done 按钮完成全部设置。

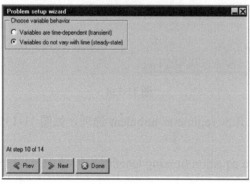

图 11-139

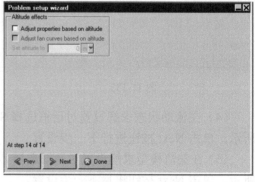

图 11-140

3. 基本参数设置及保存

（1）双击左侧模型树 Problem setup→Basic parameters，打开基本参数设置对话框。选择 General setup 选项卡，如图 11-141 所示，可以查看选取的流动模型及其他参数设置，单击 Accept 按钮保存基本参数设置。

（2）双击左侧模型树 Solution settings→Advanced settings，打开 Advanced solver setup 设置对话框，如图 11-142 所示，在 Temperature 处的 Termination criterion 和 Residual reduction tolerance 处均输入 1e-6，在 Temperature 及 Joule heating potential 处的 Stabilization 下拉框里均选择 BCGSTAB 选项，在 Precision 处选择 Double 选项，单击 Accept 按钮保存并退出。

（3）执行菜单栏中的 File→Save project 命令，保存整个文件，执行菜单栏中的 File→Pack project 命令，保存整个设置，方便后续打开查看。

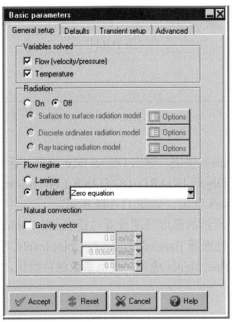

图 11-141

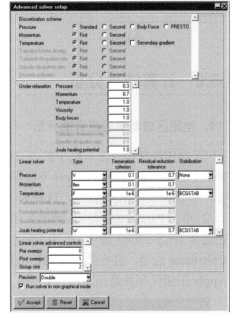

图 11-142

11.3.5 求解计算

（1）单击快捷命令工具栏中的 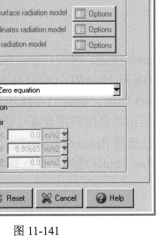（Run solution）按钮，弹出求解设置对话框，如图 11-143 所示，在 ID 处输入 joule-heating00，其他参数保持默认设置。

（2）单击 Start solution 按钮开始计算后，会自动弹出残差曲线监测对话框，如图 11-144 所示。在对话框内可以通过选择 X log、Y log 等调整界面的显示效果。

（3）计算完成后，在 Solution residuals 界面单击 Done 按钮关闭并退出。

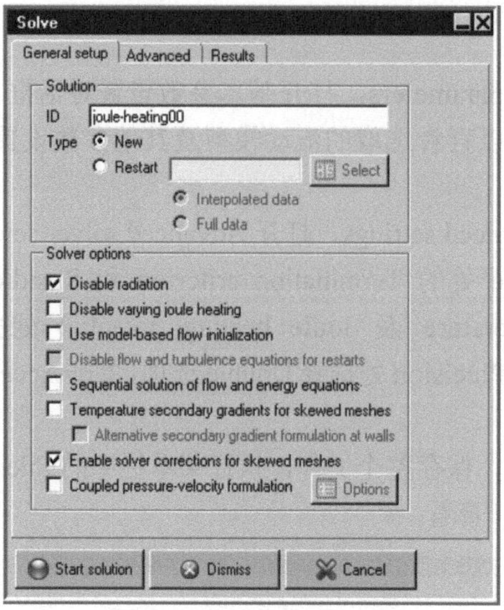

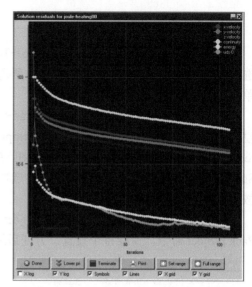

图 11-143

图 11-144

11.3.6 计算结果分析

1. 电阻区域表面温度云图分析

（1）单击快捷命令工具栏中的（Object face）按钮，弹出 Object face 设置对话框，在 Name 处输入 face.1，在 Object 下拉框里选择 Object BOARD_OUTLINE.1.layer-3- trace 选项，单击 Accept 按钮保存，选择 Show contours 选项，如图 11-145 所示。

（2）单击 Parameters 按钮，弹出如图 11-146 所示的温度云图设置对话框，在 Contours of 处选择 Temperature 选项，在 Shading options 处选择 Banded 选项，在 Color levels 下选择 Calculated 选项，并在其下拉对话框里选择 This object 选项，其他参数保持默认，单击 Apply 按钮保存并退出。

图 11-145

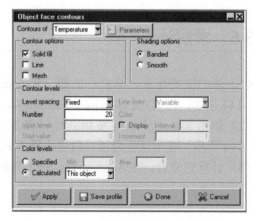

图 11-146

(3)调整视图,显示如图 11-147 所示的温度云图。

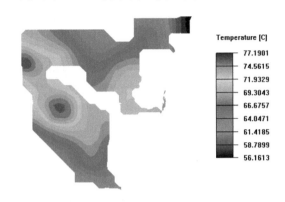

图 11-147

(4)右击左侧 Post-processing 下的 face.1,取消选择 active 选项,则不再激活显示云图。

2. 电阻区域表面电势云图分析

(1)单击快捷命令工具栏中的 (Object face)按钮,弹出 Object face 设置对话框,在 Name 处输入 face.2,在 Object 下拉框里选择 Object BOARD_OUTLINE.1. layer-3- trace 选项,单击 Accept 按钮保存,选择 Show contours 选项,如图 11-148 所示。

(2)单击 Parameters 按钮,弹出如图 11-149 所示的温度云图设置对话框,在 Contours of 处选择 Electric Potential 选项,在 Shading options 处选择 Banded 选项,在 Color levels 下选择 Calculated 选项,并在其下拉框里选择 This object 选项,其他参数保持默认,单击 Apply 按钮保存并退出。

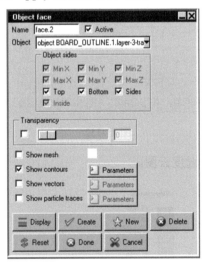

图 11-148

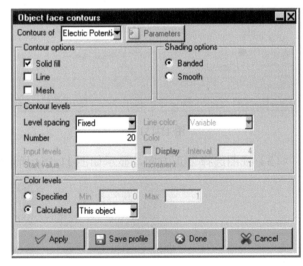

图 11-149

(3)调整视图,显示如图 11-150 所示的电势云图。

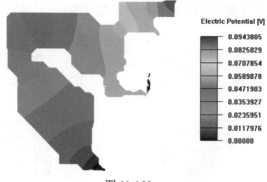

图 11-150

（4）右击左侧 Post-processing 下的 face.2，取消选择 active 选项，则不再激活显示云图。

3．温度矢量图分析

（1）单击快捷命令工具栏中的 （Plane cut）按钮，弹出 Plane cut 设置对话框，在 Set position 下拉框里选择 Point and normal 选项，选择 Show contours 选项，如图 11-151 所示。

（2）单击 Parameters 按钮，弹出如图 11-152 所示的温度云图设置对话框，在 Contours of 处选择 Temperature 选项，在 Shading options 处选择 Banded 选项，在 Color levels 下选择 Calculated 选项，并在其下拉框里选择 This object 选项，其他参数保持默认，单击 Apply 按钮保存。

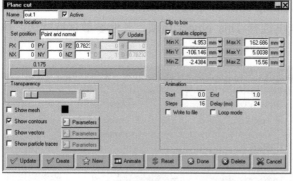

图 11-151

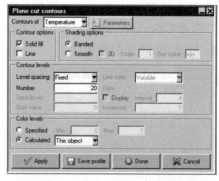

图 11-152

（3）视图选择 Z 正方向，显示如图 11-153 所示的温度云图。

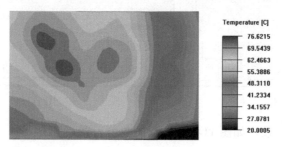

图 11-153

（4）右击左侧模型树 Post-processing→cut.1，在弹出的快捷菜单中取消选择 Show contours 选项，则不再显示温度云图。

11.4 本章小结

本章通过紧凑式微电子封装模型散热、BGA 封装芯片模型散热及 PCB 焦耳热计算三个案例，详细介绍了如何在 ANSYS Icepak 内开展 PCB 级芯片封装散热分析，以及如何在 ANSYS Icepak 内设置芯片的封装形式及参数，如 DIP 芯片、FQFP 芯片及 PBGA 芯片的参数设置。通过 BGA 封装芯片模型散热案例，让读者掌握如何通过 Bool 文件导入 BGA 封装芯片，以及如何进行 BGA 封装芯片热阻分析计算。此外，还讲解了如何在 ANSYS Icepak 内进行 PCB 电阻区域设置、如何在热源区进行电压及电流参数设置，以及如何进行焦耳热结果后处理分析。通过对本章的学习，可以让读者基本掌握运用 ANSYS Icepak 进行芯片封装及 PCB 焦耳热类问题的建模、参数设置及仿真结果分析。

第12章

综合案例详解

随着 5G 及互联网等技术的快速发展，对高存储、高计算能力的数据中心需求越来越大。随之导致数据中心的热流密度越来越高，因此如何进行高热流密度数据中心散热仿真分析就显得尤为重要。此外，随着航空业的快速发展，对于高海拔下机载电子设备散热提出了更高的挑战，本章通过对高热流密度数据中心散热、高海拔机载电子设备散热及 TEC 散热三个案例进行操作演示，详细介绍了如何在 ANSYS Icepak 内运用宏命令创建数据中心服务器柜、电源分配单元及 TEC 等模型，讲解了如何进行海拔高度及风扇 P-Q 曲线随着海拔高度变化的设置。通过对本章的学习，可以让读者基本掌握运用 ANSYS Icepak 宏命令进行空冷数据中心、TEC 模型散热及不同海拔高度类问题分析的仿真。

学习目标

- 掌握如何在 ANSYS Icepak 内运用宏命令进行模型创建；
- 掌握如何运用群组进行几何模型管理；
- 掌握如何进行海拔高度及风扇 P-Q 曲线随着海拔高度变化的设置；
- 掌握如何在 ANSYS Icepak 内运用宏命令进行 TEC 模型的设定。

第 12 章 综合案例详解

12.1 高热流密度数据中心散热案例详解

本案例以 1200 英尺（1 英尺=0.3048m）的数据中心为例，几何模型如图 12-1 所示，运用宏命令创建数据中心房间、服务器柜、电源分配单元及进风格栅等部件，并在特定通风条件下开展数据中心内的温度及流场分布分析。

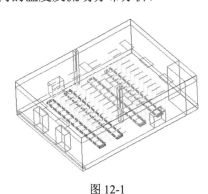

图 12-1

12.1.1 项目创建

（1）在 ANSYS Icepak 启动界面，单击 New 按钮，创建一个新的 ANSYS Icepak 分析项目，在项目对话框内 Directory 下设置工作目录，在 Project name 处输入项目名称 datacenter，如图 12-2 所示，单击 Create 按钮完成项目创建。

（2）在工作区默认创建一个计算域，尺寸为 1 m×1 m×1 m，如图 12-3 所示。

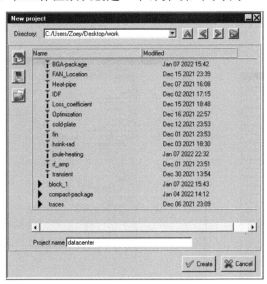

图 12-2

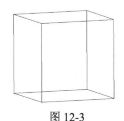

图 12-3

12.1.2 几何模型创建及参数设置

1. 默认参数设置

（1）执行菜单栏中的 Edit→Preferences 命令，打开 Preferences 设置对话框，如图 12-4 所示。选择 Display，在 Color legend data format 处选择 Float 选项，在 Numerical display precision 处输入 2。

（2）选择 Editing，在 Default dimensions 处选择 Start/length 选项，如图 12-5 所示。

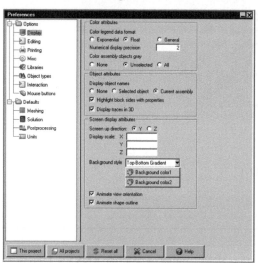
图 12-4

图 12-5

（3）选择 Object types，取消选择所有几何体的 Decoration 选项，在 Blocks、Fans、Openings、Plates、Resistances 及 Grilles 后的 Width 处输入 2，如图 12-6 所示。

（4）选择 Units，单击 Set all to imperial 按钮，单击 This project 按钮将上述设置应用在本项目中，如图 12-7 所示。

图 12-6

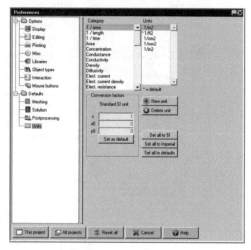
图 12-7

2. 计算域模型设置

（1）右击左侧模型树 Model→Cabinet，在弹出的快捷菜单中执行 Edit 命令，弹出 Cabinet 设置对话框，在该对话框中选择 Geometry 选项卡，在 xS 处输入 0，在 yS 处输入 0，在 zS 处输入 0，在 xE 处输入 40，在 yE 处输入 12，在 zE 处输入 30，如图 12-8 所示，其他参数保持默认。

（2）单击 Done 按钮完成外部计算域几何模型的创建，如图 12-9 所示。

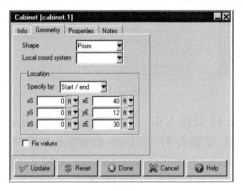

图 12-8

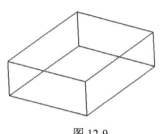

图 12-9

3. 地板模型创建

（1）单击自建模工具栏中的 （Plates）按钮，创建地板模型。

（2）右击左侧模型树 Model→plates.1，在弹出的快捷菜单中执行 Edit 命令，弹出如图 12-10 所示的对话框。选择 Info 选项卡，在 Name 处输入 raisedfloor。

（3）选择 Geometry 选项卡，在 Plane 处选择 X-Z 平面，在 xS 处输入 0，在 xL 处输入 40，在 yS 处输入 1.5，在 zS 处输入 0，在 zL 处输入 30，其他参数保持默认，如图 12-11 所示。

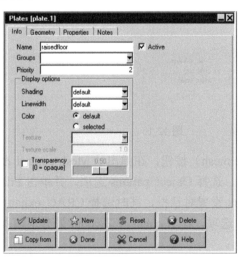

图 12-10

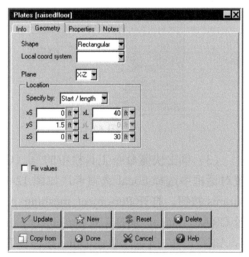

图 12-11

（4）单击 Done 按钮完成地板模型的创建，如图 12-12 所示。

4．机房空调单元模型创建

（1）执行菜单栏中的 Macros→Geometry→Data Center Components→CRAC 命令，如图 12-13 所示。

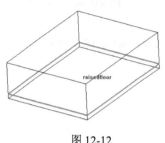

图 12-12　　　　　　　　图 12-13

（2）打开 Create CRAC 设置对话框，在 xS 处输入 0，在 yS 处输入 1.5，在 zS 处输入 8，在 xL 处输入 2，在 yL 处输入 6，在 zL 处输入 4，在 Flow direction 处选择-Y，选择 Mass flow rate，并输入 15.9，单位选择 lbm/s，在 Supply temperature 处输入 55，单位选择 F，如图 12-14 所示，创建好的机房空调单元模型如图 12-15 所示。

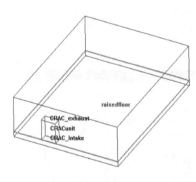

图 12-14　　　　　　　　图 12-15

（3）单击快捷命令工具栏中的 （Generate mesh）按钮，在弹出的 Mesh control 设置对话框中选择 Local 选项卡，如图 12-16 所示。选择 Object params 选项，并单击 Edit params 按钮，打开 Per-object meshing parameters 设置对话框，同时选择 CRAC_exhaust 及 CRAC_intake，选择 Use per-object parameters 选项，在 X count 及 Z count 处分别输入 4，如图 12-17 所示，单击 Done 按钮保存并退出。

（4）同时选中 CRACunit 至 CRAC_exhaust 之间所有的几何体，右击创建 Group，在 Name for new group 下输入 CRACs，如图 12-18 所示，创建好的 CRACs 群组如图 12-19 所示。

图 12-16

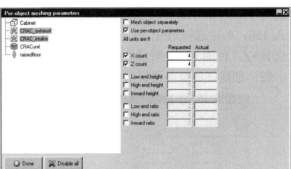

图 12-17

图 12-18

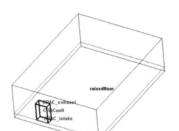

图 12-19

（5）右击左侧模型树 Groups→CRACs，在弹出的快捷菜单中执行 Copy 命令，弹出如图 12-20 所示的空调单元复制设置对话框。在 Number of copies 处输入 1，选择 Group name 选项，并输入 CRACs，在 Operations 处选择 Translate 选项，在 Z offset 处输入 10，单击 Apply 按钮完成机房空调单元模型的复制，如图 12-21 所示。

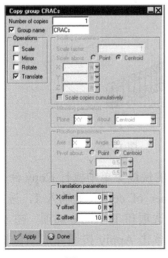

图 12-20

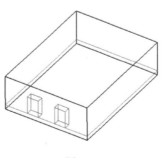

图 12-21

5. 服务器模型创建

（1）执行菜单栏中的 Macros→Geometry→Data center components→Rack（Front to Rear）命令，打开 Create Rack（Front to Rear）设置对话框，在 xS 处输入 8，在 yS 处输入 1.5，在 zS 处输入 4，在 xL 处输入 3，在 yL 处输入 7，在 zL 处输入 2，在 Flow direction 处选择-X，选择 Heat load 选项，并输入 3000，单位选择 W。选择 Volume flow 选项，并输入 450，单位选择 cfm。在 Number of racks 处输入 11。在 Create additional racks along 处选择+Z，如图 12-22 所示，单击 Accept 按钮保存。

（2）创建好的服务器模型如图 12-23 所示。

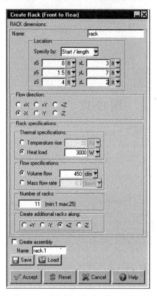
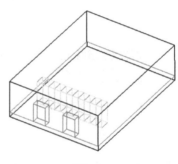

图 12-22　　　　　　　　　　图 12-23

（3）同时选中 rack 至 rack-opns.10 之间所有的几何体，右击创建群组，在 Name for new group 下输入 RACKs，如图 12-24 所示，创建好的 RACKs 群组如图 12-25 所示。

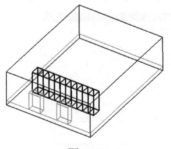

图 12-24　　　　　　　　　　图 12-25

（4）右击左侧模型树 Groups→RACKs，在弹出的快捷菜单中执行 Copy 命令，弹出如图 12-26 所示的服务器复制设置对话框。在 Number of copies 处输入 1，选择 Group name，并输入 RACKs，在 Operations 处选择 Rotate 选项和 Translate 选项，在 Axis 处选择 Y，在 Angle 处输入 180。在 X offset 处输入 7，单击 Apply 按钮完成服务器模型的复制，如图 12-27 所示。

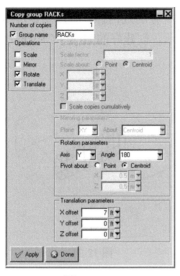

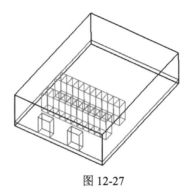

图 12-26　　　　　　　　　　　图 12-27

6．高功率服务器模型创建

（1）执行菜单栏中的 Macros→Geometry→Data Center Components→Rack（Front to rear）命令，打开 Create Rack（Front to rear）设置对话框，在 Name 处输入 hdrack，在 xS 处输入 22，在 yS 处输入 1.5，在 zS 处输入 4，在 xL 处输入 3，在 yL 处输入 7，在 zL 处输入 2，在 Flow direction 处选择-X，选择 Heat load 选项，并输入 7000，单位选择 W。选择 Volume flow 选项，并输入 1000，单位选择 cfm。在 Number of racks 处输入 11。在 Create additional racks along 处选择+Z，如图 12-28 所示，单击 Accept 按钮保存。

（2）创建好的高功率服务器模型如图 12-29 所示。

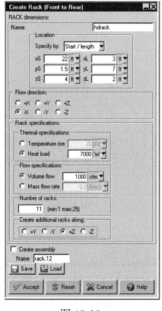

图 12-28　　　　　　　　　　　图 12-29

（3）同时选中 hdrack 至 hdrack-opns.10 之间所有的几何体，右击创建群组，在 Name for new group 下输入 HDRACKs，如图 12-30 所示，创建好的 HDRACKs 群组如图 12-31 所示。

图 12-30

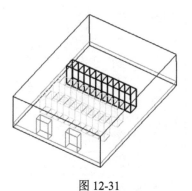

图 12-31

（4）右击左侧模型树 Groups→HDRACKs，在弹出的快捷菜单中执行 Copy 命令，弹出如图 12-32 所示的服务器复制设置对话框。在 Number of copies 处输入 1，选择 Group name，并输入 HDRACKs，在 Operations 处选择 Rotate 选项和 Translate 选项，在 Axis 处选择 Y，在 Angle 处输入 180，在 X offset 处输入 7，单击 Apply 按钮完成高功率服务器模型的复制，如图 12-33 所示。

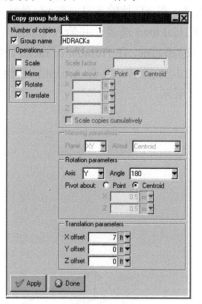

图 12-32

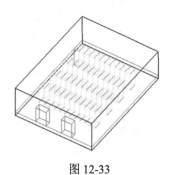

图 12-33

7．机房穿孔瓷砖模型创建

（1）执行菜单栏中的 Macros→Geometry→Data Center Components→Tile 命令，打开 Create Tile 设置对话框，在 Plane 处选择 X-Z，在 xS 处输入 11，在 yS 处输入 1.5，在 zS 处输入 4，在 xL 处输入 2，在 zL 处输入 2，在 Create additional tiles along 处选择+Z，选中 Uniform，并输入 0.35，如图 12-34 所示。创建好的模型如图 12-35 所示。

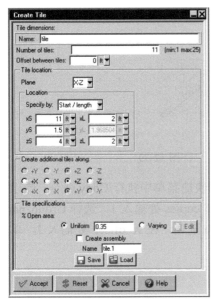
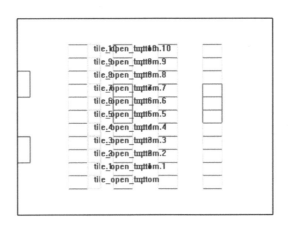

图 12-34   图 12-35

（2）单击快捷命令工具栏中的▓（Generate mesh）按钮，在弹出的 Mesh control 设置对话框中选择 Local 选项卡，如图 12-36 所示。选择 Object params 选项，并单击 Edit params 按钮，打开 Per-object meshing parameters 设置对话框，同时选择 tile 至 tile.10，选择 Use per-object parameters 选项，在 X count、Y count 及 Z count 处依次输入 4、3、4，如图 12-37 所示，单击 Done 按钮保存并退出。

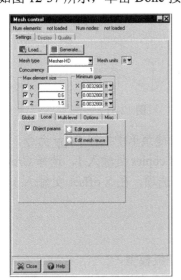
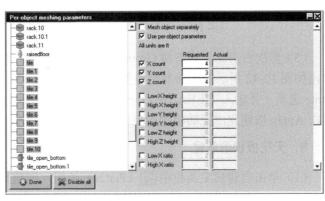

图 12-36   图 12-37

（3）同时选中 tile 至 tile_open_bottom.10 之间所有的几何体，右击创建群组，在 Name for new group 下输入 TILEs，如图 12-38 所示，创建好的 TILEs 群组如图 12-39 所示。

图 12-38

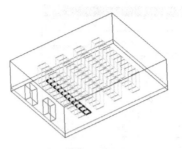

图 12-39

（4）右击左侧模型树 Groups→TILEs，在弹出的快捷菜单中执行 Copy 命令，弹出如图 12-40 所示的瓷砖复制设置对话框。在 Number of copies 处输入 1，选择 Group name 选项，并输入 TILEs，在 Operations 处选择 Translate 选项，在 X offset 处输入 2，单击 Apply 按钮完成瓷砖模型的复制，如图 12-41 所示。

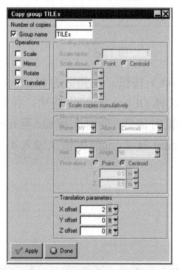

图 12-40

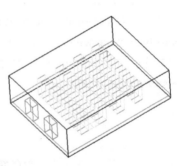

图 12-41

（5）再次右击左侧模型树 Groups→TILEs，在弹出的快捷菜单中执行 Copy 命令，则弹出如图 12-42 所示的瓷砖复制设置对话框。在 Number of copies 处输入 1，选择 Group name 选项，并输入 TILEs，在 Operations 处选择 Translate 选项，在 X offset 处输入 14，单击 Apply 按钮完成瓷砖模型的复制，如图 12-43 所示。

8．天花板模型创建

（1）单击自建模工具栏中 （Plates）按钮，创建天花板模型。

（2）右击左侧模型树 Model→plates.1，在弹出的快捷菜单中执行 Edit 命令，弹出如图 12-44 所示的对话框。选择 Info 选项卡，在 Name 处输入 ceilingplenum。

（3）选择 Geometry 选项卡，在 Plane 处选择 X-Z 平面，在 xS 处输入 0，在 xL 处输入 40，在 yS 处输入 10，在 zS 处输入 0，在 zL 处输入 30，其他保持默认，如图 12-45 所示。

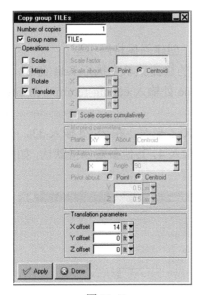

图 12-42

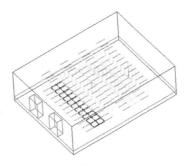

图 12-43

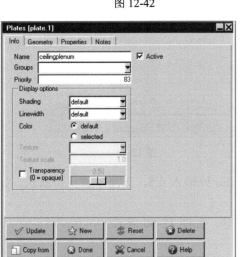

图 12-44

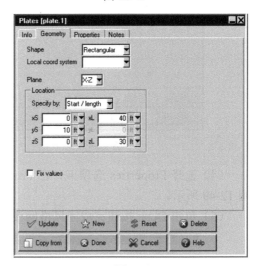

图 12-45

（4）单击 Done 按钮完成天花板模型创建，如图 12-46 所示。

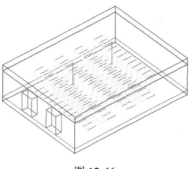

图 12-46

9. 机房回风格网模型创建

(1) 单击自建模工具栏中的 ▤ （Grille）按钮，创建回风格网模型。

(2) 右击左侧模型树 Model→grille.1，在弹出的快捷菜单中执行 Edit 命令，弹出如图 12-47 所示的对话框。选择 Info 选项卡，在 Name 处输入 ceiling-return，在 Groups 处输入 CEILING-RETURN。

(3) 选择 Geometry 选项卡，在 Plane 处选择 X-Z 平面，在 xS 处输入 33，在 xL 处输入 2，在 yS 处输入 10，在 zS 处输入 4，在 zL 处输入 4，其他参数保持默认，如图 12-48 所示。

图 12-47

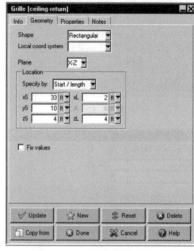
图 12-48

(4) 选择 Properties 选项卡，在 Free area ratio 处输入 0.5，其他参数保持默认，如图 12-49 所示。

(5) 单击 Done 按钮完成回风格网模型的创建，如图 12-50 所示。

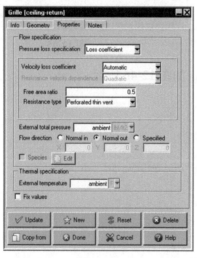
图 12-49

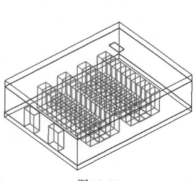
图 12-50

（6）右击左侧模型树 Groups→CEILING-RETURN，在弹出的快捷菜单中执行 Copy 命令，则弹出如图 12-51 所示的回风格网复制设置对话框。在 Number of copies 处输入 2，选择 Group name 选项，并输入 CEILING-RETURN，在 Operations 处选择 Translate 选项，在 Z offset 处输入 9。单击 Apply 按钮完成回风格网模型的复制，如图 12-52 所示。

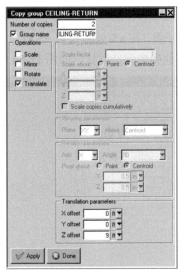
图 12-51

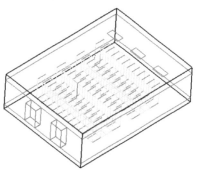
图 12-52

（7）再次右击左侧模型树 Groups→CEILING-RETURN，在弹出的快捷菜单中执行 Copy 命令，则弹出如图 12-53 所示的回风格网复制设置对话框。在 Number of copies 处输入 1，选择 Group name 选项，并输入 CEILING-RETURN，在 Operations 处选择 Translate 选项，在 X offset 处输入-14，单击 Apply 按钮完成回风格网模型的复制，如图 12-54 所示。

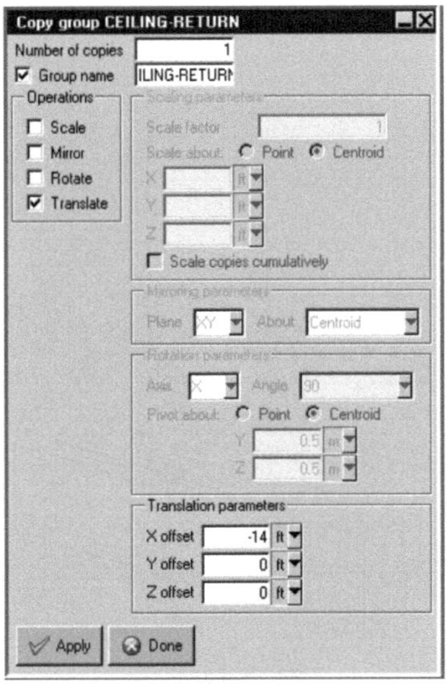

图 12-53

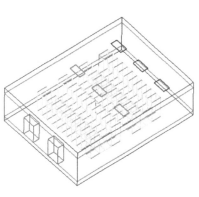
图 12-54

10. 空调上方回风格网模型创建

（1）单击自建模工具栏中的 （Grille）按钮，创建回风格网模型。

（2）右击左侧模型树 Model→grille.1，在弹出的快捷菜单中执行 Edit 命令，弹出如图 12-55 所示的对话框。选择 Info 选项卡，在 Name 处输入 ceiling-return-crac1，在 Groups 处输入 CEILING-RETURN。

（3）选择 Geometry 选项卡，在 Plane 处选择 X-Z 平面，在 xS 处输入 0，在 xL 处输入 2，在 yS 处输入 10，在 zS 处输入 8，在 zL 处输入 4，其他参数保持默认，如图 12-56 所示。

图 12-55

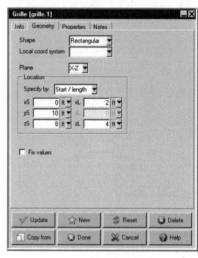
图 12-56

（4）选择 Properties 选项卡，在 Free area ratio 处输入 0.5，其他参数保持默认，如图 12-57 所示。

（5）单击 Done 按钮完成回风格网模型的创建，如图 12-58 所示。

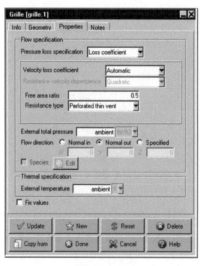
图 12-57

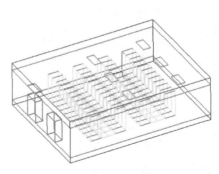
图 12-58

（6）右击左侧模型树 Model→ceiling-return-crac1，在弹出的快捷菜单中执行 Copy

命令，弹出如图 12-59 所示的回风格网复制设置对话框。在 Number of copies 处输入 1，选择 Group name 选项，并输入 CEILING-RETURN，在 Operations 处选择 Translate 选项，在 Z offset 处输入 10，单击 Apply 按钮完成回风格网模型的复制，如图 12-60 所示。

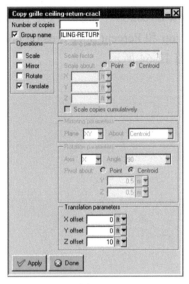
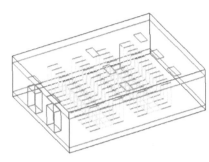

图 12-59　　　　　　　　　　　　图 12-60

（7）右击左侧模型树 Model→ceiling-return-crac1.1，在弹出的快捷菜单中执行 Edit 命令，弹出如图 12-61 所示的设置对话框，选择 Info 选项卡，在 Name 处输入 ceiling-return-crac2。

（8）单击快捷命令工具栏中的 (Generate mesh) 按钮，在弹出的 Mesh control 设置对话框中选择 Local 选项卡，选择 Object params 选项，并单击 Edit params 按钮，打开 Per-object meshing parameters 设置对话框，同时选择 ceiling-return 至 ceiling-return.3 的所有项，选择 Use per-object parameters 选项，在 X count 和 Z count 处输入 4，如图 12-62 所示，单击 Done 按钮保存并退出。

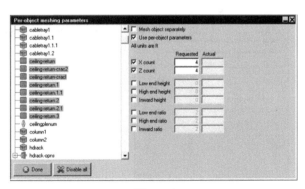

图 12-61　　　　　　　　　　　　图 12-62

11. 机房配电装置单元模型创建

(1) 执行菜单栏中的 Macros→Geometry→Data Center Components→PDU 命令，打开 Create PDU 设置对话框，在 xS 处输入 11，在 yS 处输入 1.5，在 zS 处输入 0，在 xL 处输入 4，在 yL 处输入 4，在 zL 处输入 2，在 PDU flow direction 下选择+Y，在 Heat output 处输入 3600，单位选择 W，在 Percent open area on top 和 Percent open area on bottom 处分别输入 0.25，如图 12-63 所示。创建好的模型如图 12-64 所示。

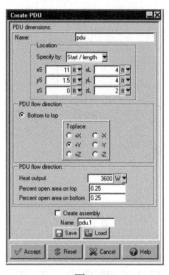
图 12-63

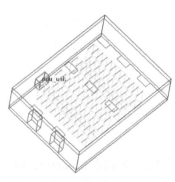
图 12-64

(2) 单击快捷命令工具栏中的 （Generate mesh）按钮，在弹出的 Mesh control 设置对话框中选择 Local 选项卡，如图 12-65 所示。选择 Object params 选项，单击 Edit params 按钮，打开 Per-object meshing parameters 设置对话框，同时选择 pdu_vent_in 及 pdu_vent_out 选项，选择 Use per-object parameters 选项，在 X count 及 Z count 处输入 4，如图 12-66 所示，单击 Done 按钮保存并退出。

图 12-65

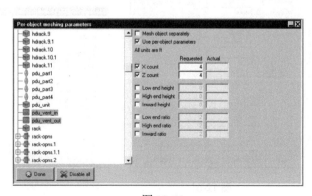
图 12-66

（3）同时选中 CRACunit 至 CRAC_exhaust 的所有几何体，右击创建群组，在 Name for new group 下输入 PDU，如图 12-67 所示，创建好的 CRACs 群组如图 12-68 所示。

图 12-67

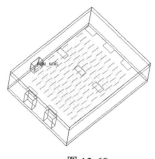
图 12-68

（4）右击左侧模型树 Groups→PDUs，在弹出的快捷菜单中执行 Copy 命令，弹出如图 12-69 所示的配电装置单元复制设置对话框。在 Number of copies 处输入 1，选择 Group name 选项，并输入 PDUs，在 Operations 处选择 Translate 选项，在 X offset 处输入 14，在 Z offset 处输入 28。单击 Apply 按钮完成配电装置单元模型的复制，如图 12-70 所示。

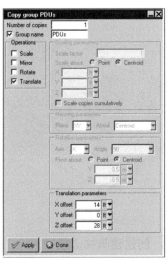
图 12-69

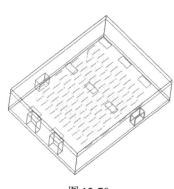
图 12-70

12．机房内建筑物模型创建

（1）单击自建模工具栏中的 (Blocks) 按钮，创建建筑物 1 模型。

（2）右击左侧模型树 Model→block.1，在弹出的快捷菜单中执行 Edit 命令，弹出如图 12-71 所示的对话框。选择 Info 选项卡，在 Name 处输入 piping，在 Groups 处输入 BLOCKAGE。

（3）选择 Geometry 选项卡，在 xS 处输入 0，在 xL 处输入 1，在 yS 处输入 0，在 yL 处输入 1，在 zS 处输入 0，在 zL 处输入 30，其他参数保持默认，如图 12-72 所示。

（4）选择 Properties 选项卡，在 Block type 处选择 Hollow 选项，其他参数保持默认，如图 12-73 所示。

（5）单击 Done 按钮完成建筑物 1 模型的创建，如图 12-74 所示。

图 12-71　　　　　　　　　　　图 12-72

　　　　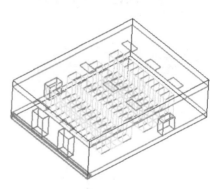

图 12-73　　　　　　　　　　　图 12-74

（6）单击自建模工具栏中的 ■（Blocks）按钮，创建建筑物 2 模型。

（7）右击左侧模型树 Model→block.2，在弹出的快捷菜单中执行 Edit 命令，弹出如图 12-75 所示的对话框。选择 Info 选项卡，在 Name 处输入 blockage，在 Groups 处输入 BLOCKAGE。

（8）选择 Geometry 选项卡，在 xS 处输入 36，在 xL 处输入 4，在 yS 处输入 0，在 yL 处输入 12，在 zS 处输入 22，在 zL 处输入 8，其他保持默认，如图 12-76 所示。

（9）选择 Properties 选项卡，在 Block type 处选择 Hollow 选项，其他参数保持默认，如图 12-77 所示。

（10）单击 Done 按钮完成建筑物 2 模型的创建，如图 12-78 所示。

（11）单击自建模工具栏中的 ■（Blocks）按钮，创建建筑物 3 模型。

（12）右击左侧模型树 Model→block.3，在弹出的快捷菜单中执行 Edit 命令，弹出如图 12-79 所示的对话框。选择 Info 选项卡，在 Name 处输入 column1，在 Groups 处输入 COLUMNS。

(13）选择 Geometry 选项卡，在 xS 处输入 20，在 xL 处输入 1，在 yS 处输入 0，在 yL 处输入 12，在 zS 处输入 0，在 zL 处输入 1，其他保持默认，如图 12-80 所示。

图 12-75

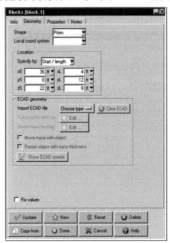

图 12-76

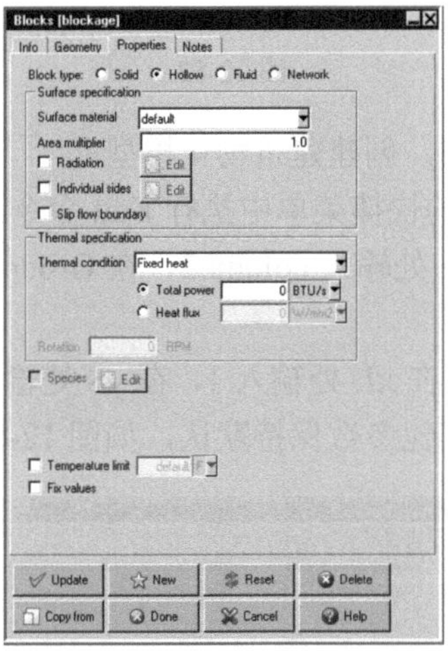

图 12-77

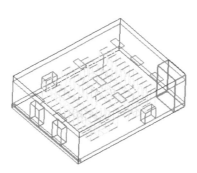

图 12-78

图 12-79

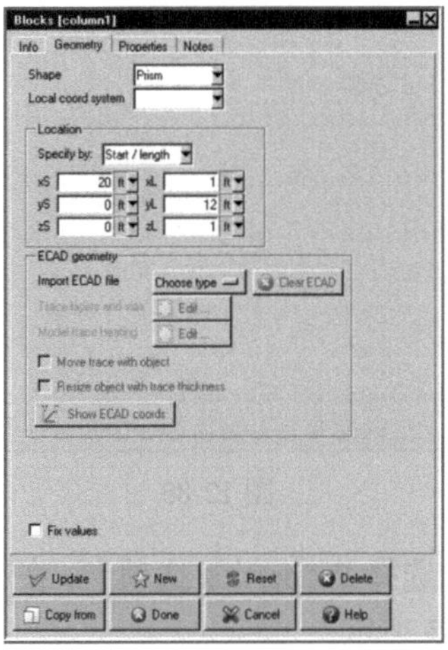

图 12-80

（14）选择 Properties 选项卡，在 Block type 处选择 Hollow 选项，其他保持默认，如图 12-81 所示。

（15）单击 Done 按钮完成建筑物 3 模型的创建，如图 12-82 所示。

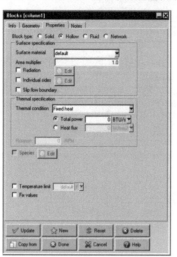

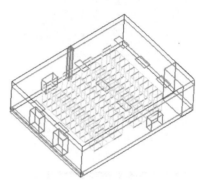

图 12-81　　　　　　　　　　　　　图 12-82

（16）单击自建模工具栏中的 （Blocks）按钮，创建建筑物 4 模型。

（17）右击左侧模型树 Model→block.4，在弹出的快捷菜单中执行 Edit 命令，弹出如图 12-83 所示的对话框。选择 Info 选项卡，在 Name 处输入 column2，在 Groups 处输入 COLUMNS。

（18）选择 Geometry 选项卡，在 xS 处输入 20，在 xL 处输入 1，在 yS 处输入 0，在 yL 处输入 12，在 zS 处输入 20，在 zL 处输入 1，其他参数保持默认，如图 12-84 所示。

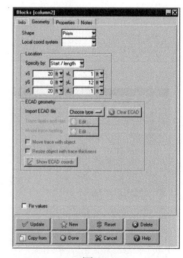

图 12-83　　　　　　　　　　　　　图 12-84

（19）选择 Properties 选项卡，在 Block type 处选择 Hollow 选项，其他参数保持默认，如图 12-85 所示。

（20）单击 Done 按钮完成建筑物 4 模型的创建，如图 12-86 所示。

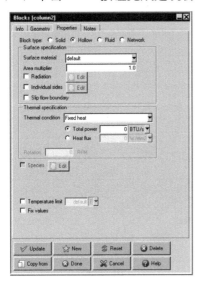

图 12-85

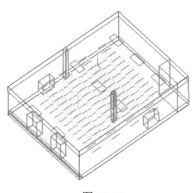

图 12-86

（21）单击自建模工具栏中的 ■（Blocks）按钮，创建建筑物 5 模型。

（22）右击左侧模型树 Model→block.5，在弹出的快捷菜单中执行 Edit 命令，弹出如图 12-87 所示的对话框。选择 Info 选项卡，在 Name 处输入 cabletray1，在 Groups 处输入 CABLETRAYS。

（23）选择 Geometry 选项卡，在 xS 处输入 11，在 xL 处输入-2，在 yS 处输入 0.5，在 yL 处输入 0.5，在 zS 处输入 2，在 zL 处输入 24，其他参数保持默认，如图 12-88 所示。

图 12-87

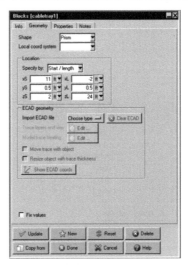

图 12-88

（24）选择 Properties 选项卡，在 Block type 处选择 Hollow 选项，其他参数保持默认，如图 12-89 所示。

（25）单击 Done 按钮完成建筑物 5 模型的创建，如图 12-90 所示。

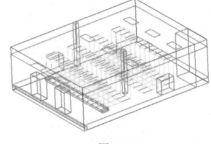

图 12-89　　　　　　　　　　　图 12-90

（26）右击左侧模型树 Groups→CABLETRAYS，在弹出的快捷菜单中执行 Copy 命令，则弹出如图 12-91 所示的对话框。在 Number of copies 处输入 1，选择 Group name 选项，并输入 CABLETRAYS，在 Operations 处选择 Translate 选项，在 X offset 处输入 6。单击 Apply 按钮完成 CABLETRAYS 模型的复制，如图 12-92 所示。

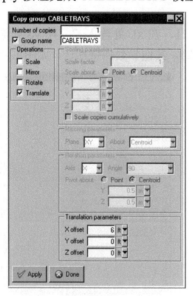

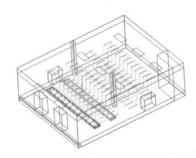

图 12-91　　　　　　　　　　　图 12-92

（27）再次右击左侧模型树 Groups→CABLETRAYS，在弹出的快捷菜单中执行 Copy 命令，则弹出如图 12-93 所示的对话框。在 Number of copies 处输入 1，选择 Group name 选项，并输入 CABLETRAYS，在 Operations 处选择 Translate 选项，在 X offset 处输入 14，单击 Apply 按钮完成 CABLETRAYS 模型的复制，如图 12-94 所示。

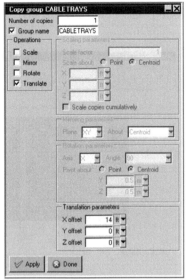
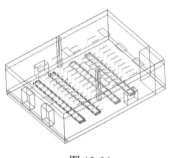

图 12-93　　　　　　　　　　　　　　　图 12-94

12.1.3　网格划分设置

（1）单击快捷命令工具栏中的（Generate mesh）按钮进行网格划分，弹出 Mesh control 设置对话框，如图 12-95 所示。在 Mesh type 处选择 Mesher-HD，在 Max element size 下 X、Y、Z 处分别输入 2、0.5 及 1，在 Minimum gap 下 X、Y、Z 处分别输入 1、0.36 及 1，选择 Mesh assemblies separately 选项，其他参数保持默认，单击 Generate 按钮开始网格划分。

（2）选择 Mesh control 对话框中的 Display 选项卡，选择 Cut plane 选项，在 Set position 处的下拉框里选择 Point and normal，选择 Display mesh 选项，其他参数设置如图 12-96 所示。显示的网格效果如图 12-97 所示。

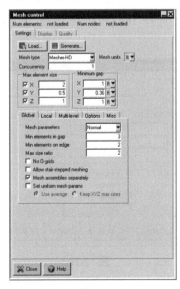
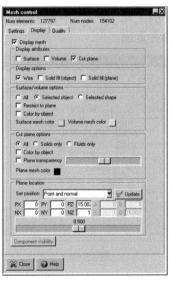

图 12-95　　　　　　　　　　　　　　　图 12-96

（3）选择 Mesh control 对话框中的 Quality 选项卡，选择 Skewness 选项，网格质量信息如图 12-98 所示。

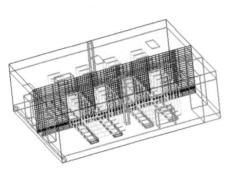

图 12-97

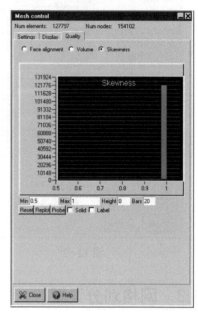

图 12-98

12.1.4　变量监测设置

（1）执行左侧模型树 Point→Create at location，弹出如图 12-99 所示的对话框。在 Object 处选择 CRAC_exhaust，在 Monitor 处选择 Temperature 选项，单击 Accept 按钮保存并退出。

（2）同理，执行左侧模型树 Point→Create at location，弹出如图 12-100 所示的对话框。在 Object 处选择 CRAC_exhaust.1，在 Monitor 处选择 Temperature 选项，单击 Accept 按钮保存并退出。

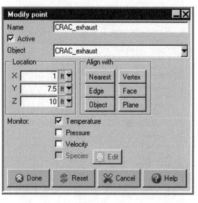

图 12-99

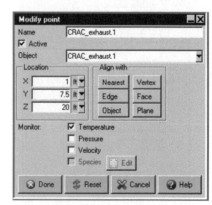

图 12-100

12.1.5 物理模型设置

1．流动模型校核

（1）双击左侧模型树 Solution settings→Basic settings，打开基本设置对话框，如图 12-101 所示。

（2）单击 Reset 按钮，在消息窗口显示雷诺数值，提示流动模型选择湍流，如图 12-102 所示。

（3）在图 12-101 的 Number of iterations 处输入 1000，在 Convergence criteria 下 Flow 处输入 0.001，在 Energy 处输入 1e-6，在 Joule heating 处输入 1e-7。

（4）单击 Accept 按钮保存设置。

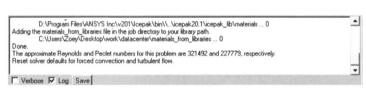

图 12-101　　　　　　　　　　图 12-102

2．物理模型及求解参数设置

（1）双击左侧模型树 Problem setup→Basic parameters，打开基本参数设置对话框。选择 General setup 选项卡，如图 12-103 所示。在 Radiation 下选择 off 选项，在 Flow regime 处选择 Turbulent 选项，并选取 Zero equation 湍流方程求解，不选择 Gravity vector 选项。

（2）选择 Defaults 选项卡，在 Default solid 下拉框里选择 Mica-Typical 选项，在 Default surface 下拉框里选择 Paint-non-metallic 选项，如图 12-104 所示。

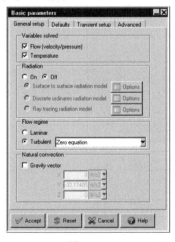
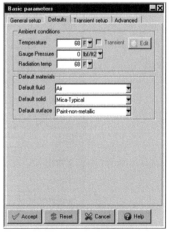

图 12-103　　　　　　　　　　图 12-104

(3)选择 Transient setup 选项卡,在 Y velocity 处输入 0.5,其他参数保持默认,如图 12-105 所示。

(4)选择 Advanced 选项卡,选择 Ideal gas law 选项,选择 Operating density 选项和 Enable 选项,其他参数保持默认,如图 12-106 所示。

(5)单击 Accept 按钮保存并退出。

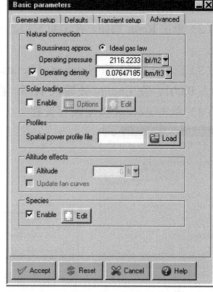

图 12-105   图 12-106

(6)双击左侧模型树 Solution settings→Advanced settings,打开 Advanced solver setup 设置对话框,如图 12-107 所示,在 Momentum 处输入 0.7,在 Body forces 处输入 0.1。

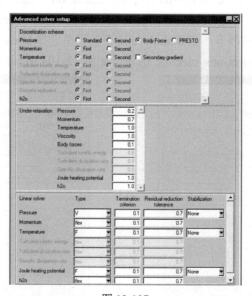

图 12-107

3．风扇进风湿度设置

（1）右击左侧模型树 Model→crac_intake 及 crac_intake.1，在弹出的快捷菜单中执行 Edit 命令，弹出如图 12-108 所示的风扇设置对话框。

（2）选择 Fan flow 选项卡下的 Species 选项，单击 Edit 按钮，弹出如图 12-109 所示的 Species concentrations 设置对话框，在 Concentration 下输入 50，单击 Done 按钮保存并退出。

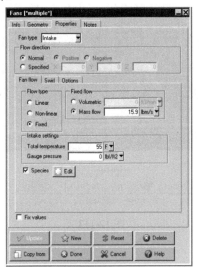

图 12-108   图 12-109

12.1.6　求解计算

（1）单击快捷命令工具栏中的 （Run solution）按钮，弹出求解设置对话框，如图 12-110 所示，在 ID 处输入 datacenter00，其他参数保持默认设置。

（2）选择 Results 选项卡，选择 CFD Post/Mechanical data 选项，如图 12-111 所示。

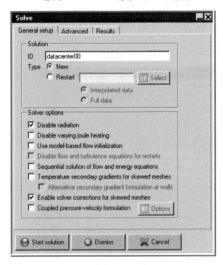   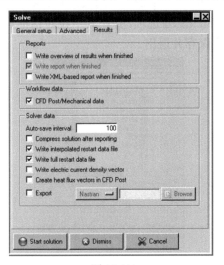

图 12-110   图 12-111

（3）单击 Start solution 按钮开始计算后，会自动弹出残差曲线监测对话框，如图 12-112 所示。在对话框内可以通过选择 X log、Y log 等调整界面显示效果。计算完成后，会弹出如图 12-113 所示的监测点曲线数据。

（4）在 Solution residuals 界面单击 Done 按钮关闭并退出。

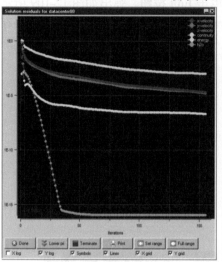
图 12-112

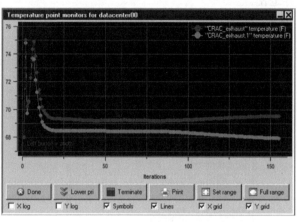
图 12-113

12.1.7 计算结果分析

1. 服务器等表面温度云图分析

（1）单击快捷命令工具栏中的 (Object face) 按钮，弹出 Object face 设置对话框，在 Name 处输入 surface-temp-contours，在 Object 下拉框 Group 里选择 CRACs、HDRACKs、PDUs 及 RACKs，单击 Accept 按钮保存，选择 Show contours 选项，如图 12-114 所示。

（2）单击 Parameters 按钮，弹出图 12-115 所示的温度云图设置对话框，在 Contours of 处选择 Temperature 选项，在 Shading options 处选择 Banded 选项，在 Color levels 下选择 Calculated 选项，并在其下拉对话框里选择 This object，其他参数保持默认，单击 Apply 按钮保存并退出。

图 12-114

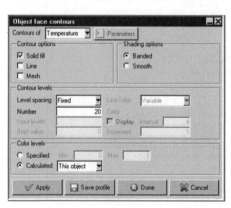
图 12-115

（3）调整视图，显示如图 12-116 所示的温度云图。

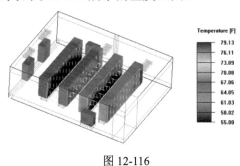

图 12-116

（4）右击左侧 Post-processing 下的 surface-temp-contours，取消选择 active 选项，则不再激活显示温度云图。

2．温度矢量图分析

（1）单击快捷命令工具栏中的 ![] （Plane cut）按钮，弹出 Plane cut 设置对话框，在 Name 处输入 plane-temp-contours，在 Set position 下拉框里选择 Z plane through center，选择 Show contours 选项，如图 12-117 所示。

（2）单击 Parameters 按钮，弹出如图 12-118 所示的温度云图设置对话框，在 Contours of 处选择 Temperature 选项，在 Shading options 处选择 Banded 选项，在 Color levels 下选择 Calculated 选项，并在其下拉框里选择 This object 选项，其他参数保持默认，单击 Apply 按钮保存。

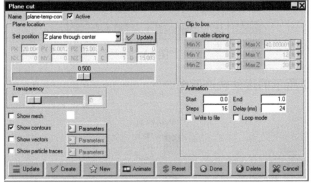

图 12-117

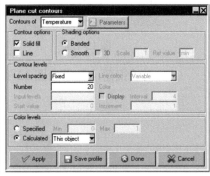

图 12-118

（3）调整视图，显示如图 12-119 所示的温度云图。

（4）右击左侧模型树 Post-processing→plane-temp-contours，在弹出的快捷菜单中取消选择 Show contours 选项，则不再显示温度云图。

3．运动轨迹云图分析

（1）单击快捷命令工具栏中的 ![] （Object face）按钮，弹出 Object face 设置对话框，在 Name 处输入 airflow，在 Object 下拉框 Group 里选择 CEILING-RETURN、HDRACKs、PDUs、RACKs 及 TILEs 选项，单击 Accept 按钮保存，选择 Show particle traces 选项，如图 12-120 所示。

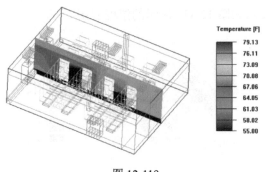

图 12-119

（2）单击 Parameters 按钮，弹出如图 12-121 所示的运动轨迹设置对话框，在 Point distribution options 处选择 Mesh points 选项，在 Particle options 下的 End time 处输入 5，其他参数保持默认，单击 Apply 按钮保存并退出。

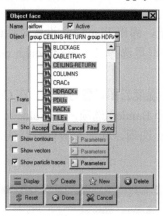

图 12-120

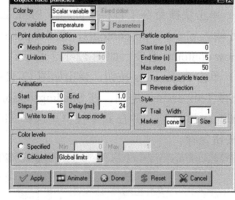

图 12-121

（3）调整视图，显示如图 12-122 所示的运动轨迹云图。

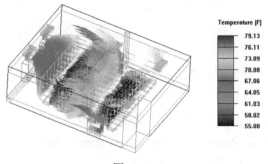

图 12-122

（4）右击左侧 Post-processing 下的 airflow，取消选择 active 选项，则不再激活显示云图。

4．计算结果报告输出

（1）执行菜单栏中的 Report→Summary report 命令，弹出总结报告设置对话框，单击 New 按钮,创建 1 行几何体,如图 12-123 所示。

(2)在第一行几何体里选择 group TILEs,单击 Accept 按钮保存,在 Value 下拉框里选择 Volume flow 选项。

(3)单击 Write 按钮,弹出总结报告对话框,单击 Done 按钮保存退出总结报告对话框,如图 12-124 所示。

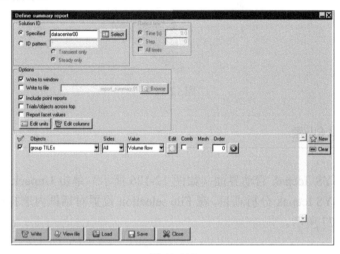

图 12-123

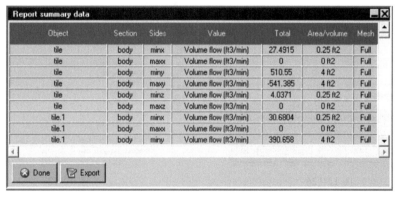

图 12-124

(4)单击总结报告设置对话框中的 Save 按钮,保存设置并退出。

12.2 高海拔机载电子设备散热案例详解

随着海拔高度的增加,空气密度降低,风扇 P-Q 曲线特性变化等都对散热设计提出了更高的要求。因此如何进行高海拔条件下散热仿真分析显得尤为重要。本案例以机载电子设备为例,几何模型如图 12-125 所示,两侧为散热翅片,中间布置轴流风扇,PCB 通过翅片进行散热,运用参数法分别分析海拔高度为 0m 及 10 000m 下的温度分布。

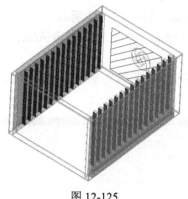

图 12-125

12.2.1 项目创建

（1）在 ANSYS Icepak 启动界面（如图 12-126 所示）单击 Unpack 按钮，通过解压来创建一个 ANSYS Icepak 分析项目，在 File selection 设置对话框内选择 avionics_box.tzr 文件，如图 12-127 所示。

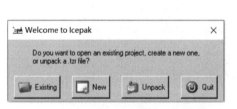

图 12-126　　　　　　　　　　　　　　图 12-127

（2）单击 File selection 设置对话框中的"打开"按钮，弹出如图 12-128 所示的对话框，在 New project 处输入 avionics。

（3）单击 Unpack 按钮，在工作区会显示如图 12-129 所示的几何模型。

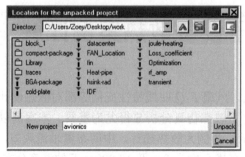

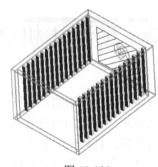

图 12-128　　　　　　　　　　　　　　图 12-129

（4）执行菜单栏中的 Model→Power and temperature limit 命令，打开 Power and temperature limit setup 对话框，如图 12-130 所示，可知热源及功耗的设置情况。

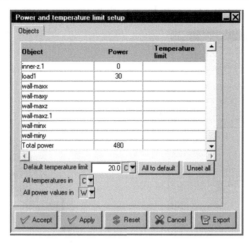

图 12-130

12.2.2 几何模型创建及参数设置

1．Min x 散热翅片模型创建

（1）单击自建模工具栏中的 （Blocks）按钮，创建 Min x 散热翅片模型。

（2）右击左侧模型树 Model→block.1，在弹出的快捷菜单中执行 Edit 命令，弹出如图 12-131 所示的对话框。选择 Info 选项卡，在 Name 处输入 heat_sink_minx。

（3）选择 Geometry 选项卡，在 Plane 处选择 Y-Z，在 xS 处输入 2.0，在 yS 处输入 2.0，在 yE 处输入 185，在 zS 处输入 19.0，在 zE 处输入 326，其他参数保持默认，如图 12-132 所示。

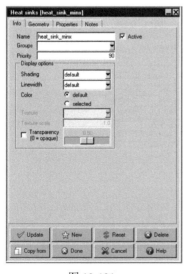

图 12-131

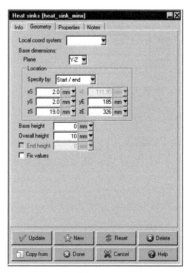

图 12-132

(4)选择 Properties 选项卡,在 Type 处选择 Detailed 选项,其他保持默认,如图 12-133 所示。

(5)单击 Done 按钮完成 Min x 散热翅片模型创建,如图 12-134 所示。

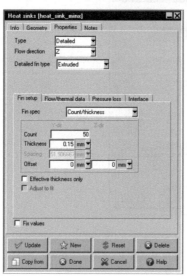
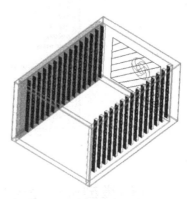

图 12-133　　　　　　　　　　　图 12-134

2. Max x 散热翅片模型创建

(1)单击自建模工具栏中的 （Blocks）按钮,创建 Max x 散热翅片模型。

(2)右击左侧模型树 Model→block.1,在弹出的快捷菜单中执行 Edit 命令,弹出如图 12-135 所示的对话框。选择 Info 选项卡,在 Name 处输入 heat_sink_maxx。

(3)选择 Geometry 选项卡,在 Plane 处选择 Y-Z,在 xS 处输入 256,在 yS 处输入 2.0,在 yE 处输入 185,在 zS 处输入 19.0,在 zE 处输入 326,其他保持默认,如图 12-136 所示。

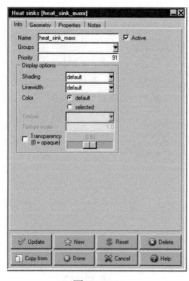
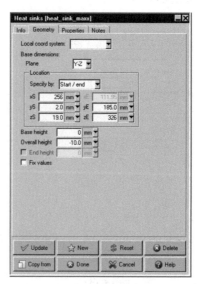

图 12-135　　　　　　　　　　　图 12-136

（4）选择 Properties 选项卡，在 Type 处选择 Detailed 选项，其他参数保持默认，如图 12-137 所示。

（5）单击 Done 按钮完成 Max x 散热翅片模型的创建，如图 12-138 所示。

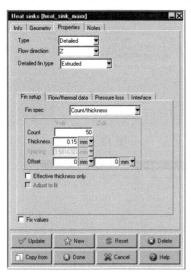
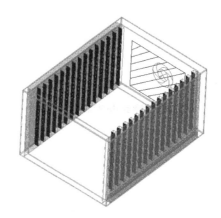

图 12-137　　　　　　　　　　　　图 12-138

3．散热翅片装配体模型创建

为了更好地进行网格划分，针对散热翅片创建装配体，具体如下所述。

（1）右击左侧模型树 Model→heat_sink_minx 及 Model→heat_sink_maxx，在弹出的快捷菜单中执行 Create→Assembly 命令，完成 Assembly.1 及 Assembly.2 的创建。

（2）右击左侧模型树 Model→Assembly.1，在弹出的快捷菜单中执行 Edit 命令，打开 Assembly.1 设置对话框，选择 Meshing 选项卡，选择 Mesh separately 选项，在 Slack settings 下的 Min X 处输入 2，Min Y 处输入 1，Min Z 处输入 1，Max X 处输入 1，Max Y 处输入 1，Max Z 处输入 1，如图 12-139 所示。

（3）右击左侧模型树 Model→Assembly.2，在弹出的快捷菜单中执行 Edit 命令，打开 Assembly.2 设置对话框，选择 Meshing 选项卡，选择 Mesh separately 选项，在 Slack settings 下的 Min X 处输入 1，Min Y 处输入 1，Min Z 处输入 1，Max X 处输入 2，Max Y 处输入 1，Max Z 处输入 1，如图 12-140 所示。

（4）单击 Done 按钮保存退出 Assembly.2 设置对话框。

4．高海拔参数设置

（1）双击左侧模型树 Problem setup→Basic parameters，打开基本参数设置对话框。选择 Defaults 选项卡，在 Default fluid 下拉框里选择 Air，如图 12-141 所示。

（2）选择 Advanced 选项卡，选择 Altitude 及 Update fan curves 选项，并在 Altitude 处输入$Elevation，如图 12-142 所示。

（3）单击 Accept 按钮，弹出 Param value 设置对话框，输入 10000，如图 12-143 所示，单击 Done 按钮保存并退出。

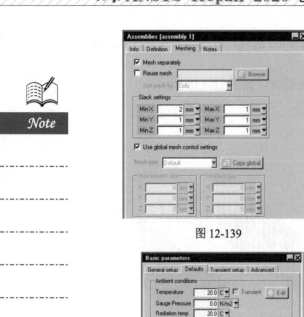
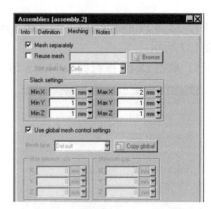

图 12-139　　　　　　　　　图 12-140

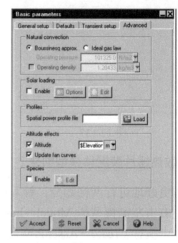

图 12-141　　　　　　　　　图 12-142

（4）单击快捷命令工具栏中 （Run optimization）按钮进行参数化求解计算，弹出 Parameters and optimization 设置对话框。选择 Design variables 选项卡，选择 Elevation 选项，在 Base value 处输入 10000，选择 Discrete values 选项，输入 0、10000，代表将计算这两种海拔高度尺寸，如图 12-144 所示，单击 Apply 按钮保存。

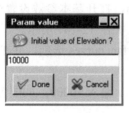
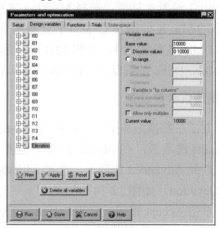

图 12-143　　　　　　　　　图 12-144

5. 风扇参数设置

（1）右击左侧模型树 Model→fans.1，在弹出的快捷菜单中执行 Edit 命令，弹出如图 12-145 所示的对话框。选择 Properties 选项卡，在 Fan type 处选择 Intake 选项，在 Total temperature 处输入$Flow_T。

（2）单击 update 按钮，弹出 Param value 设置对话框，输入-5，如图 12-146 所示，单击 Done 按钮保存并退出。

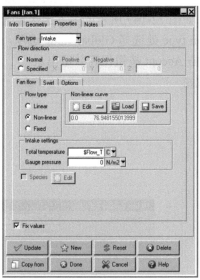

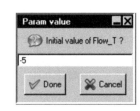

图 12-145　　　　　　　　图 12-146

（3）单击快捷命令工具栏中的 （Run optimization）按钮进行参数化求解计算，弹出 Parameters and optimization 设置对话框。选择 Design variables 选项卡，选择 Flow_T 选项，在 Base value 处输入-5，选择 Discrete values 选项，输入 20、-5，表示将计算这两种风扇入口的温度工况，如图 12-147 所示，单击 Apply 按钮保存。

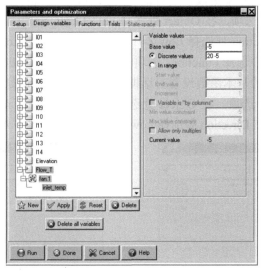

图 12-147

12.2.3 自定义函数设置

本案例需要创建最大温度（maxTemp）、散热器压降（DP-1）等自定义函数，具体如下所述。

（1）单击快捷命令工具栏中的 （Run optimization）按钮进行参数化求解计算，弹出 Parameters and optimization 设置对话框，如图 12-148 所示。选择 Functions 选项卡，在 Primary functions 下单击 New 按钮，弹出如图 12-149 所示的基本函数设置对话框，在 Function name 处输入 maxTemp，在 Function type 处选择 Global value 选项，在 Value 处选择 Global maximum temperature 选项，单击 Accept 按钮保存并退出。

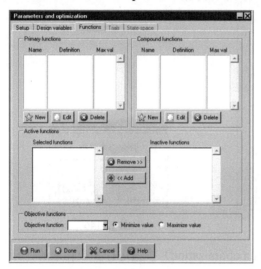

图 12-148   图 12-149

（2）在图 12-148 中选择 Functions 选项卡，在 Primary functions 下单击 New 按钮，弹出如图 12-150 所示的基本函数设置对话框，在 Function name 处输入 DP-1，在 Function type 处选择 Difference 选项，在 Object 处选择 object heat_sink_minx，在 Variable 处选择 Pressure 选项，在 Direction 处选择 Low Z-High Z 选项，单击 Accept 按钮保存并退出。

（3）在图 12-148 中选择 Functions 选项卡，在 Primary functions 下单击 New 按钮，弹出如图 12-151 所示的基本函数设置对话框，在 Function name 处输入 DP-2，在 Function type 处选择 Difference 选项，在 Object 处选择 object heat_sink_maxx 选项，在 Variable 处选择 Pressure 选项，在 Direction 处选择 Low Z-High Z 选项，单击 Accept 按钮保存并退出。

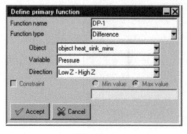   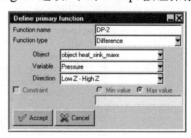

图 12-150   图 12-151

12.2.4 网格划分设置

（1）单击快捷命令工具栏中的 （Generate mesh）按钮进行网格划分，弹出 Mesh control 设置对话框，如图 12-152 所示。在 Mesh type 处选择 Mesher-HD，在 Max element size 下的 X、Y、Z 处分别输入 12.9、9.35 及 17.05，在 Minimum gap 下的 X、Y、Z 处分别输入 1e-5、1e-5 及 1e-5，选择 Mesh assemblies separately 选项，其他参数保持默认，单击 Generate 按钮开始网格划分。

（2）选择 Mesh control 对话框中的 Display 选项卡，选择 Cut plane 选项，在 Set position 下拉框里选择 Point and normal 选项，选择 Display mesh 选项，其他参数设置如图 12-153 所示，显示的网格效果如图 12-154 所示。

图 12-152

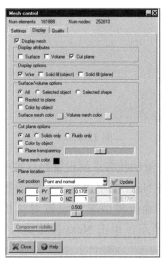

图 12-153

（3）选择 Mesh control 对话框中的 Quality 选项卡，选择 Skewness 选项，网格质量信息如图 12-155 所示。

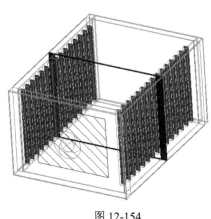

图 12-154

图 12-155

12.2.5 物理模型设置

(1) 双击左侧模型树 Problem setup,弹出 Problem setup wizard 设置对话框。

(2) 在该对话框中选择 Solve for velocity and pressure 及 Solve for temperature 选项,如图 12-156 所示,单击 Next 按钮进行下一步设置。

(3) 在流动条件求解设置对话框中的选择如图 12-157 所示,单击 Next 按钮进行下一步设置。

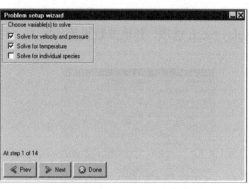

图 12-156

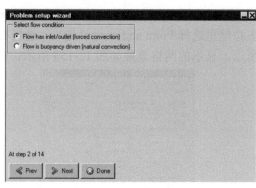

图 12-157

(4) 在流动状态求解设置对话框中选择 Set flow regime to turbulent 选项,如图 12-158 所示,单击 Next 按钮进行下一步设置。

(5) 在湍流模型求解设置对话框中选择 Zero equation(mixing length)选项,如图 12-159 所示,单击 Next 按钮进行下一步设置。

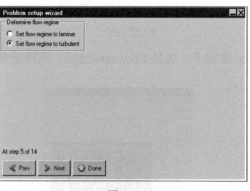

图 12-158

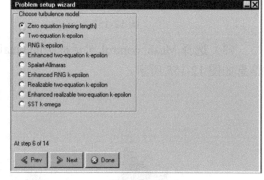

图 12-159

(6) 因为本案例不考虑辐射传热,所以在辐射传热求解设置对话框选择 Ignore heat transfer due to radiation 选项,如图 12-160 所示,单击 Next 按钮进行下一步设置。

(7) 在太阳光辐射求解设置对话框,不勾选 Include solar radiation 选项,如图 12-161 所示,单击 Next 按钮进行下一步设置。

(8) 因为本案例为稳态计算,所以在暂稳态求解设置对话框选择 Variables do not vary with time(steady-state)选项,如图 12-162 所示,单击 Next 按钮进行下一步设置。

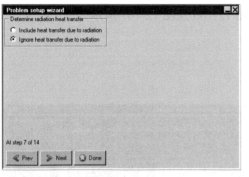

图 12-160　　　　　　　　　　　图 12-161

（9）在海拔修正设置对话框，保持默认设置，如图 12-163 所示，单击 Next 按钮进行下一步设置。

（10）单击 Done 按钮完成全部设置。

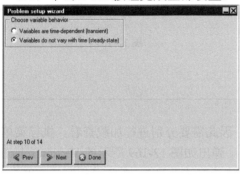
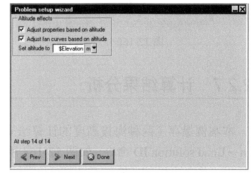

图 12-162　　　　　　　　　　　图 12-163

12.2.6　求解计算

（1）单击快捷命令工具栏中 (Run optimization) 按钮进行参数化求解计算，弹出如图 12-164 所示的 Parameters and optimization 设置对话框，选择 Setup 选项卡，选择 Allow fast trials（single .cas file）选项，单击 Run 按钮开始计算。计算过程中参数化计算列表如图 12-165 所示。

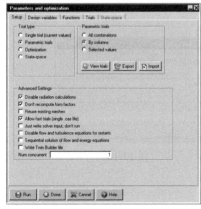

图 12-164　　　　　　　　　　　图 12-165

(2) 计算过程中残差曲线及监测曲线如图 12-166 及图 12-167 所示。

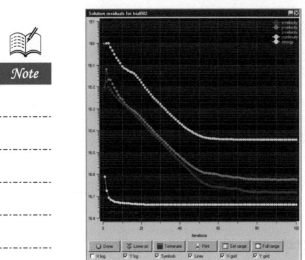

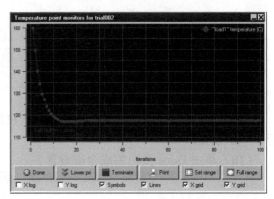

图 12-166　　　　　　　　　　　　　图 12-167

12.2.7　计算结果分析

本案例保存了两种海拔高度的计算结果，因此需要分别进行加载查看。执行菜单栏 Post→Load solution ID 命令，如图 12-168 所示，弹出如图 12-169 所示的 Version selection 对话框，单击选择 trial001，单击 Okay 按钮完成计算结果导入，首先分析海拔高度为 0m 的温度分布。

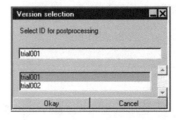

图 12-168　　　　　　　　　　　　　图 12-169

1. 散热翅片表面温度云图分析1

（1）单击快捷命令工具栏中 （Object face）按钮，弹出 Object face 设置对话框，在 Name 处输入 face.1,在 Object 下拉框里选择 Object heat_sink_minx、Object heat_sink_maxx 等,单击 Accept 按钮保存,选择 Show contours 选项,如图 12-170 所示。

(2) 单击 Parameters 按钮,弹出图 12-171 所示的温度云图设置对话框,在 Contours of 处选择 Temperature 选项,在 Shading options 处选择 Banded 选项,在 Color levels 下选择 Calculated 选项,并在其下拉对话框里选择 This object 选项,其他参数保持默认,单击 Apply 按钮保存并退出。

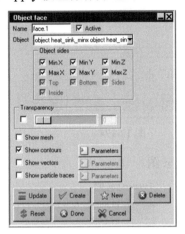
图 12-170

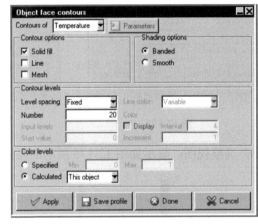
图 12-171

(3) 调整视图,显示如图 12-172 所示的温度云图。

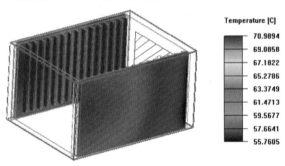
图 12-172

(4) 右击左侧 Post-processing 下的 face.1,取消选择 active 选项,则不再激活显示云图。

2. 轨迹云图分析1

(1) 单击快捷命令工具栏中的 (Object face) 按钮,弹出 Object face 设置对话框,在 Name 处输入 face.2,在 Object 下拉框里选择 object fan.1,单击 Accept 按钮保存,选择 Show particle traces 选项,如图 12-173 所示。

(2) 单击 Parameters 按钮,弹出图 12-174 所示的温度轨迹云图设置对话框,在 Color variable 处选择 Temperature 选项,在 Point distribution options 处选择 Uniform 选项,并输入 10,在 Color levels 下选择 Calculated 选项,并在其下拉框里选择 Global limits 选项,其他参数保持默认,单击 Apply 按钮保存并退出。

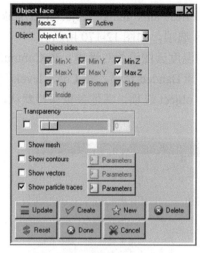

图 12-173

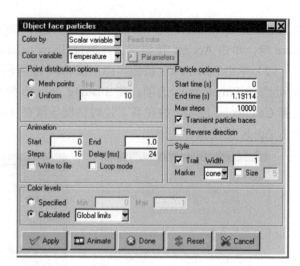

图 12-174

(3) 调整视图，显示如图 12-175 所示的温度轨迹云图。

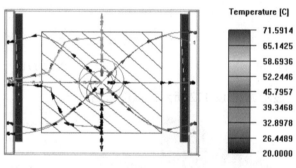

图 12-175

(4) 右击左侧 Post-processing 下的 face.2，取消选择 active 选项，则不再激活显示云图。

3. 计算结果报告输出1

(1) 执行菜单栏中的 Report→Summary report 命令，弹出总结报告设置对话框，单击 New 按钮，创建 2 行几何体，如图 12-176 所示。

(2) 在第一行几何体里选择 Object heat_sink_minx 选项，单击 Accept 按钮保存，在 Value 下拉框里选择 Temperature 选项。

(3) 在第二行几何体里选择 Object heat_sink_maxx 选项，单击 Accept 按钮保存，在 Value 下拉框里选择 Temperature 选项。

(4) 单击 Write 按钮，弹出总结报告对话框，单击 Done 按钮保存退出总结报告对话框，如图 12-177 所示。

(5) 单击总结报告设置对话框中的 Save 按钮，保存设置退出。

执行菜单栏 Post→Load solution ID 命令，在弹出的 Version selection 对话框选择 trial002，单击 Okay 按钮完成计算结果导入，下面进行海拔高度为 10000m 下的温度分布情况分析。

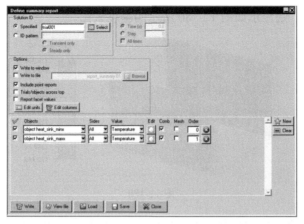

图 12-176

图 12-177

4．散热翅片表面温度云图分析2

（1）单击快捷命令工具栏中 （Object face）按钮，弹出 Object face 设置对话框，在 Name 处输入 face.1，在 Object 下拉框里选择选择 Object heat_sink_minx、Object heat_sink_maxx 等，单击 Accept 按钮保存，选择 Show contours 选项，如图 12-178 所示。

（2）单击 Parameters 按钮，弹出图 12-179 所示的温度云图设置对话框，在 Contours of 处选择 Temperature 选项，在 Shading options 处选择 Banded 选项，在 Color levels 下选择 Calculated 选项，并在其下拉对话框里选择 This object 选项，其他参数保持默认，单击 Apply 按钮保存并退出。

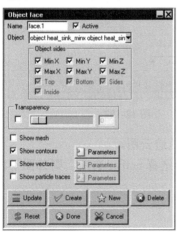

图 12-178

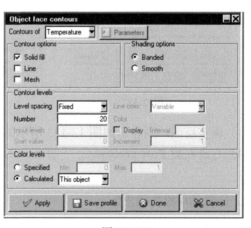

图 12-179

(3)调整视图,则显示如图 12-180 所示的温度云图。

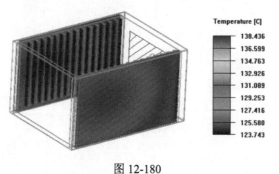

图 12-180

(4)右击左侧 Post-processing 下的 face.1,取消选择 active 选项,则云图不再激活显示。

5. 轨迹云图分析2

(1)单击快捷命令工具栏中 (Object face)按钮,弹出 Object face 设置对话框,在 Name 处输入 face.2,在 Object 下拉框里选择选择 object fan.1 选项,单击 Accept 按钮保存,选择 Show particle traces 选项,如图 12-181 所示。

(2)单击 Parameters 按钮,弹出图 12-182 所示的温度轨迹云图设置对话框,在 Color Variable 处选择 Temperature 选项,在 Point distribution options 处选择 Uniform 选项,并输入 10,在 Color levels 下选择 Calculated 选项,并在其下拉对话框里选择 Global limits 选项,其他参数保持默认,单击 Apply 按钮保存退出。

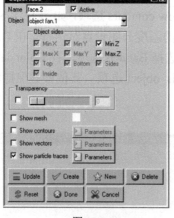

图 12-181　　　　　　　　图 12-182

(3)调整视图,则显示如图 12-183 所示的温度轨迹云图。

(4)右击左侧 Post-processing 下的 face.2,取消选择 active 选项,则云图不再激活显示。

6. 计算结果报告输出2

(1)执行菜单栏中的 Report→Summary report 命令,则弹出总结报告设置对话框,单击 New 按钮，创建 2 行几何体，如图 12-184 所示。

（2）在第一行几何体里选择 Object heat_sink_minx，单击 Accept 按钮保存，在 Value 下拉框里选择 Temperature 选项。

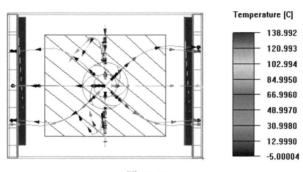

图 12-183

（3）在第二行几何体里选择 Object heat_sink_maxx，单击 Accept 按钮保存，在 Value 下拉框里选择 Temperature 选项。

（4）单击 Write 按钮，弹出总结报告对话框，单击 Done 按钮保存退出总结报告对话框，如图 12-185 所示。

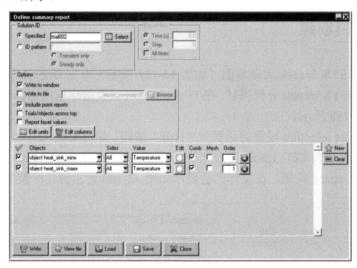

图 12-184

图 12-185

（5）单击总结报告设置对话框中的 Save 按钮，保存设置退出。

12.3 TEC 散热案例详解

本案例以封装芯片散热为例,在芯片上侧布置 TEC 设备进行散热,几何模型如图 12-186 所示,封装芯片散热,其上侧布置有 TEC 及散热翅片,芯片通过 TEC 进行散热,得到 TEC 运行后芯片及散热翅片温度分布。

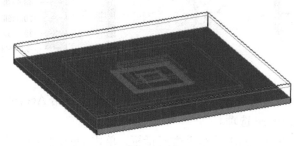

图 12-186

12.3.1 项目创建

(1)在 ANSYS Icepak 启动界面(如图 12-187 所示)单击 Unpack 按钮,通过解压来创建一个 ANSYS Icepak 分析项目,在 File selection 设置对话框内选择 TEC_tutorial.tzr 文件,如图 12-188 所示。

(2)单击 File selection 设置对话框中"打开"按钮,弹出如图 12-189 所示的对话框,在 New project 处输入 TEC Tutorial。

(3)单击 Unpack 按钮,在工作区会显示如图 12-190 所示的几何模型。

图 12-187

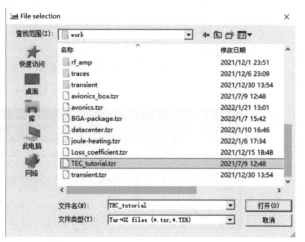

图 12-188

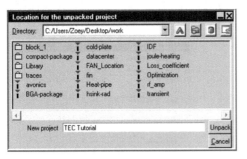

图 12-189

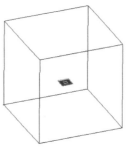

图 12-190

12.3.2 几何模型创建及参数设置

1. FBGA芯片模型

（1）右击左侧模型树 Model→560_BGA_39X39_4peripheral_p1.00，在弹出的快捷菜单中执行 Edit 命令，弹出如图 12-191 所示的对话框，选择 Dimensions 选项卡，查看 Package type 为 FBGA，Package thickness 为 2.15mm。

（2）选择 Die/Mold 选项卡，在 Total power 处输入 25，其他参数设置保持默认，如图 12-192 所示，单击 Done 按钮保存退出。

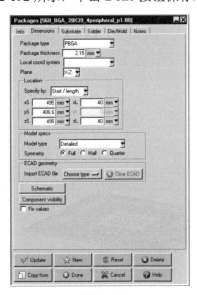

图 12-191

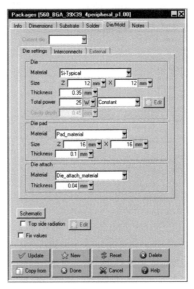

图 12-192

2. 底部散热翅片模型创建

（1）单击自建模工具栏中的 （Blocks）按钮，创建底部散热翅片模型。

（2）右击左侧模型树 Model→block.1，在弹出的快捷菜单中执行 Edit 命令，弹出如图 12-193 所示的对话框。选择 Info 选项卡，在 Name 处输入 HeatSpreader1。

（3）选择 Geometry 选项卡，在 xS 处输入 472.5，在 yS 处输入 408.75，在 zS 处输

入 472.5，在 xE 处输入 557.5，在 yE 处输入 410.75，在 zE 处输入 557.5，其他保持默认，如图 12-194 所示。

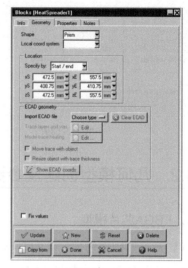

图 12-193　　　　　　　　　　　　图 12-194

（4）选择 Properties 选项卡，在 Block type 处选择 Solid，其他保持默认，如图 12-195 所示。

（5）单击 Done 按钮完成底部散热翅片模型创建，如图 12-196 所示。

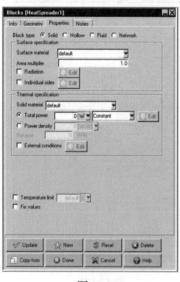
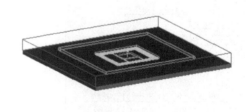

图 12-195　　　　　　　　　　　　图 12-196

3. TEC 模型创建

（1）右击左侧模型树 Solution settings→Library→TECs，如图 12-197 所示，双击选择 Laird_HT4_12_F2_3030 模型加载。

（2）右击左侧模型树 Model→Laird_HT4_12_F2_3030.1，在弹出的快捷菜单中执行 Move 命令，弹出如图 12-198 所示的对话框，选择 Rotate 及 Translate 选项，在 Axis 处

选择 X，在 Angle 处输入 90，在 Y offset 处输入-104.65，在 Z offset 处输入 13.4，单击 Apply 按钮完成 TEC 模型的移动，完成的模型如图 12-199 所示。

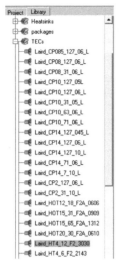
图 12-197

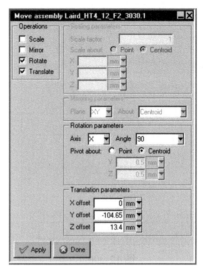
图 12-198

图 12-199

4．上部散热翅片模型创建

（1）单击自建模工具栏中的 (Blocks) 按钮，创建上部散热翅片模型。

（2）右击左侧模型树 Model→block.1，在弹出的快捷菜单中执行 Edit 命令，弹出如图 12-200 所示的对话框。选择 Info 选项卡，在 Name 处输入 HeatSpreader2。

（3）选择 Geometry 选项卡，在 xS 处输入 450，在 yS 处输入 413.95，在 zS 处输入 450，在 xE 处输入 580，在 yE 处输入 415.95，在 zE 处输入 580，其他保持默认，如图 12-201 所示。

（4）选择 Properties 选项卡，在 Block type 处选择 Solid 选项，其他保持默认，如图 12-202 所示。

（5）单击 Done 按钮完成底部散热翅片模型创建，如图 12-203 所示。

5．底部面模型创建

（1）单击自建模工具栏中 (Walls) 按钮，创建底部面模型。

（2）右击左侧模型树 Model→walls.1，在弹出的快捷菜单中执行 Edit 命令，弹出如图 12-204 所示的对话框，选择 Info 选项卡，在 Name 处输入 LowerWallBoundary。

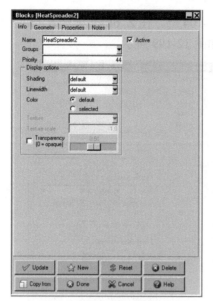

图 12-200

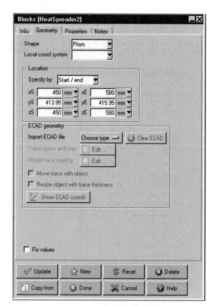

图 12-201

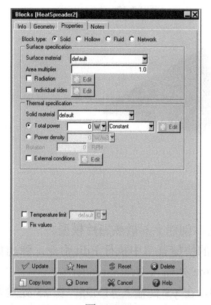

图 12-202

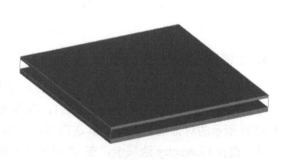

图 12-203

（3）选择 Geometry 选项卡，在 Plane 处选择 X-Z，在 xS 处输入 450，在 yS 处输入 430.4，在 zS 处输入 450，在 xE 处输入 580，在 zE 处输入 580，其他保持默认，如图 12-205 所示。

（4）选择 Properties 选项卡，在 Wall thickness 处输入 0，在 External conditions 处选择 Heat transfer coefficient，如图 12-206 所示。单击下侧的 Edit 按钮，弹出如图 12-207 所示的对话框，在 Thermal conditions 下选择 Heat transfer coeff 选项，并 Heat transfer coeff 处输入 15，其他参数默认，单击 Done 按钮完成对流换热系数设置，关闭参数设置对话框，继续单击 Done 按钮完成底部面模型创建。

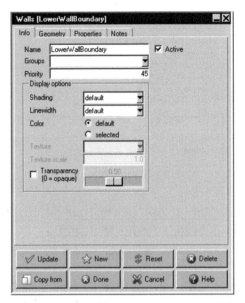

图 12-204

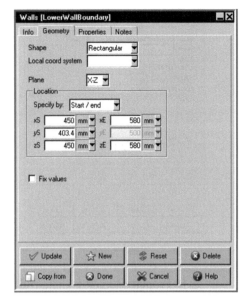

图 12-205

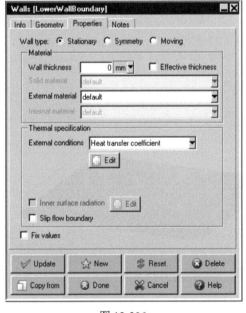

图 12-206

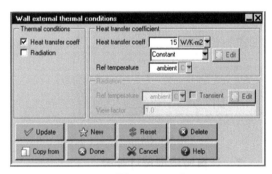

图 12-207

6. 上部面模型创建

（1）单击自建模工具栏中 ■（Walls）按钮，创建上部面模型。

（2）右击左侧模型树 Model→walls.1，在弹出的快捷菜单中执行 Edit 命令，弹出如图 12-208 所示的对话框，选择 Info 选项卡，在 Name 处输入 UpperColdPlateWallBoundary。

（3）选择 Geometry 选项卡，在 Plane 处选择 X-Z，在 xS 处输入 450，在 yS 处输入 415.95，在 zS 处输入 450，在 xE 处输入 580，在 zE 处输入 580，其他保持默认，如图 12-209 所示。

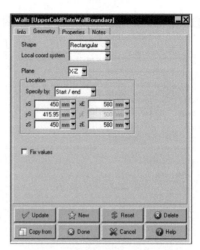

图 12-208　　　　　　　　　　　图 12-209

（4）选择 Properties 选项卡，在 Wall thickness 处输入 0，在 External conditions 处选择 Temperature 选项，并在 Temperature 处输入 20，其他参数默认，如图 12-210 所示，单击 Done 按钮完成上部面模型创建。创建完成的上部面几何模型如图 12-211 所示。

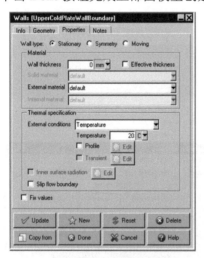
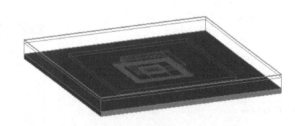

图 12-210　　　　　　　　　　　图 12-211

7. 计算域模型尺寸修改

右击左侧模型树 Model→Cabinet，在弹出的快捷菜单中执行 Autoscale 命令，如图 12-212 所示。外部计算域尺寸会自动根据芯片尺寸进行调整，调整后的几何模型尺寸如图 12-213 所示。

8. TECs模型装配体模型设置

为了更好地进行网格划分，针对 TECs 装配体进行设置，具体如下所述。

（1）右击左侧模型树 Model→Laird_HT4_12_F2_3030.1，在弹出的快捷菜单中执行 Edit 命令，则打开 Assemblies 对话框。选择 Info 选项卡，在 Name 处输入 TECs，如图 12-214 所示。

 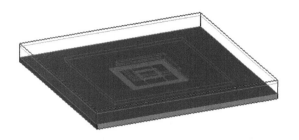

图 12-212　　　　　　　　图 12-213

（2）选择 Meshing 选项卡，选择 Mesh separately 选项，在 Slack settings 下 Min X 输入 1，Min Y 输入 0.75，Min Z 输入 1，Max X 输入 1，Max Y 输入 0.75，Max Z 输入 1，如图 12-215 所示。

 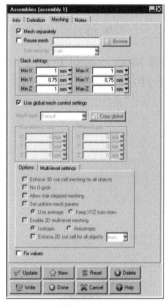

图 12-214　　　　　　　　图 12-215

12.3.3　网格划分设置

（1）单击快捷命令工具栏中 （Generate mesh）按钮进行网格划分，弹出 Mesh control 设置对话框，如图 12-216 所示。在 Mesh type 处选择 Mesher-HD，在 Max element size 下 X、Y、Z 下分别输入 2.0、0.75 及 2.0，在 Minimum gap 下的 X、Y、Z 下分别输入 0.01、0.005 及 0.01，选择 Mesh assemblies separately 选项，其他参数保持默认，单击 Generate 按钮开始网格划分。

（2）选择 Mesh control 对话框中的 Display 选项卡，选择 Cut plane 选项，在 Set position 下拉框里选择 Z plane through center 选项，选择 Display mesh 选项，其他参数设置如图 12-217 所示。显示的网格效果如图 12-218 所示。

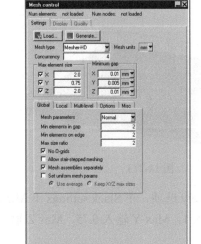

图 12-216

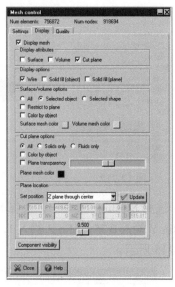

图 12-217

（3）选择 Mesh control 对话框中的 Quality 选项卡，选择 Skewness 选项，网格质量信息如图 12-219 所示。

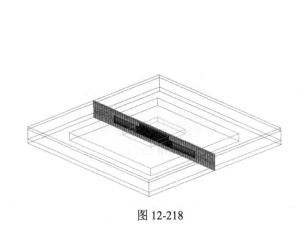

图 12-218　　　　　　　　　　图 12-219

12.3.4　变量监测设置

（1）执行左侧模型树 Point→Creat at location，弹出如图 12-220 所示的 Modify point 设置对话框。在 Object 处选择 560_BGA_39X39_4peripheral_p1.00 选项，在 Monitor 处选择 Temperature 选项，单击 Accept 按钮保存退出。

（2）同理，执行左侧模型树 Point→Creat at location，弹出如图 12-221 所示的 Creat Point 设置对话框。在 Object 处选择 tec-cold 选项，在 Monitor 处选择 Temperature 选项，

单击 Accept 按钮保存退出。

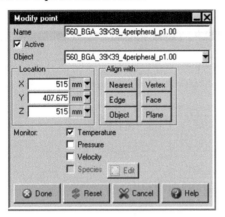

图 12-220

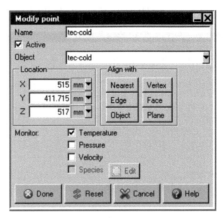

图 12-221

12.3.5 物理模型设置

1. 物理模型设置

（1）双击左侧模型树 Problem setup，弹出 Problem setup wizard 设置对话框。

（2）在对话框选择 Solve for temperature 选项，如图 12-222 所示，单击 Next 按钮进行下一步设置。

（3）在辐射传热求解设置对话框，因为本案例不考虑辐射传热，选择 Ignore heat transfer due to radiation 选项，如图 12-223 所示，单击 Next 按钮进行下一步设置。

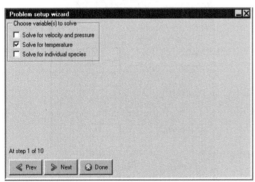

图 12-222

图 12-223

（4）在太阳光辐射求解设置对话框不勾选 Include solar radiation 选项，如图 12-224 所示，单击 Next 按钮进行下一步设置。

（5）在暂稳态求解设置对话框，因为本案例为稳态计算，选择 Variables do not vary with time（steady-state）选项，如图 12-225 所示，单击 Done 按钮完成设置。

2. 基本参数设置及计算

（1）双击左侧模型树 Problem setup→Basic parameters，打开基本参数设置对话框。

选择 General setup 选项卡，如图 12-226 所示，可以查看选取的流动模型及其他参数设置，单击 Accept 按钮保存基本参数设置。

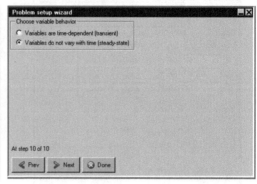

图 12-224　　　　　　　　　　　图 12-225

（2）双击左侧模型树 Solution settings→Basic settings，打开基本设置对话框，如图 12-227 所示。在 Number of iterations 处输入 150，在 Convergence criteria 下 Flow 处输入 0.001，在 Energy 处输入 1e-10，在 Joule heating 处输入 1e-7，单击 Accept 按钮保存设置。

（3）执行菜单栏中的 File→Save project 命令，保存整个文件，执行菜单栏中的 File→Pack project 命令，保存整个设置，方便后续打开查看。

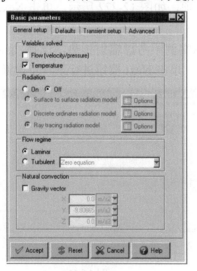

图 12-226

图 12-227

12.3.6　求解计算

（1）执行菜单栏中的 Macros→Modeling→Thermoelectric Cooler→Run TEC 命令，如图 12-228 所示。

（2）打开的 Run TEC 设置对话框，如图 12-229 所示，在 Specify material properties 下选择 Use Laird properties 选项，在 TEC Simulation Mode 下选择 Specify I and calculate T

选项，在 TEC Objects List 下 Operating Current 处输入 1.5，其他参数设置保持默认，单击 Accept 按钮启动计算。

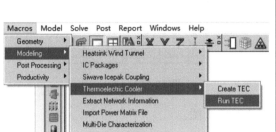 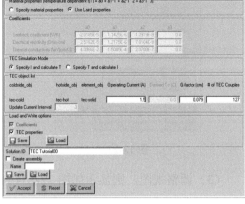

图 12-228　　　　　　　　　　　图 12-229

（3）计算过程中残差曲线及监测曲线如图 12-230 及图 12-231 所示。

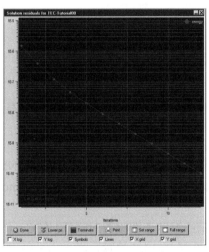 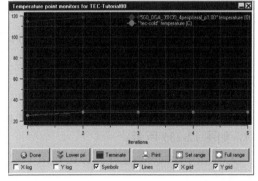

图 12-230　　　　　　　　　　　图 12-231

12.3.7　计算结果分析

1. 表面温度云图分析

（1）单击快捷命令工具栏中 （Object face）按钮，弹出 Object face 设置对话框，在 Name 处输入 face.1，在 Object 下拉框里选择选择 Object Laird_HT4_12_F2_3030.1，单击 Accept 按钮保存，选择 Show contours 选项，如图 12-232 所示。

（2）单击 Parameters 按钮，弹出图 12-233 所示的温度云图设置对话框，在 Contours of 处选择 Temperature 选项，在 Shading options 处选择 Banded 选项，在 Color levels 下选择 Calculated 选项，并在其下拉对话框里选择 This object 选项，其他参数保持默认，单击 Apply 按钮保存退出。

图 12-232

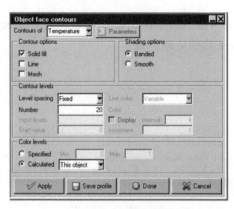

图 12-233

（3）调整视图，则显示如图 12-234 所示的温度云图。

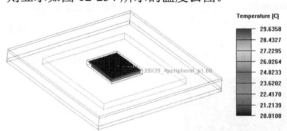

图 12-234

（4）右击左侧 Post-processing 下的 face.1，取消选择 active 选项，则云图不再激活显示。

2．温度矢量图分析

（1）单击快捷命令工具栏中 （Plane cut）按钮，弹出 Plane cut 设置对话框，在 Name 处输入 cut.1，在 Set position 下拉框里选择 Z plane through center 选项，选择 Show contours 选项，如图 12-235 所示。

（2）单击 Parameters 按钮，弹出如图 12-236 所示的温度云图设置对话框，在 Contours of 处选择 Temperature 选项，在 Shading options 处选择 Banded 选项，在 Color levels 下选择 Calculated 选项，并在其下拉对话框里选择 This object 选项，其他参数保持默认，单击 Apply 按钮保存。

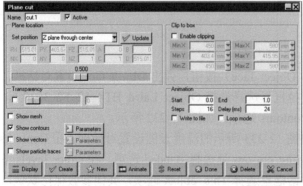

图 12-235

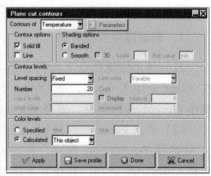

图 12-236

（3）调整视图，则显示如图 12-237 所示的温度云图。

图 12-237

（4）右击左侧模型树 Post-processing→cut.1，在弹出的快捷菜单中取消选择 Show contours，温度云图则不再显示。

3．计算结果报告输出

（1）执行菜单栏中的 Report→Summary report 命令，弹出总结报告设置对话框，单击 New 按钮，创建 4 行几何体，如图 12-238 所示。

（2）在第一行几何体里选择 Object tec-ceramic-bot 选项，单击 Accept 按钮保存，在 Value 下拉框里选择 Temperature。

（3）在第二行几何体里选择 Object tec-tab-top 选项，单击 Accept 按钮保存，在 Value 下拉框里选择 Temperature 选项。

（4）在第三行几何体里选择 Object tec-cold 选项，单击 Accept 按钮保存，在 Value 下拉框里选择 Heat flow 选项。

（5）在第四行几何体里选择 Object tec-hot 选项，单击 Accept 按钮保存，在 Value 下拉框里选择 Heat flow 选项。

（6）单击 Write 按钮，则弹出总结报告对话框，单击 Done 按钮保存退出总结报告对话框，如图 12-239 所示。

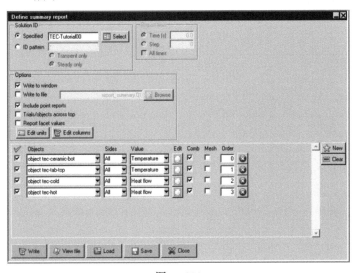

图 12-238

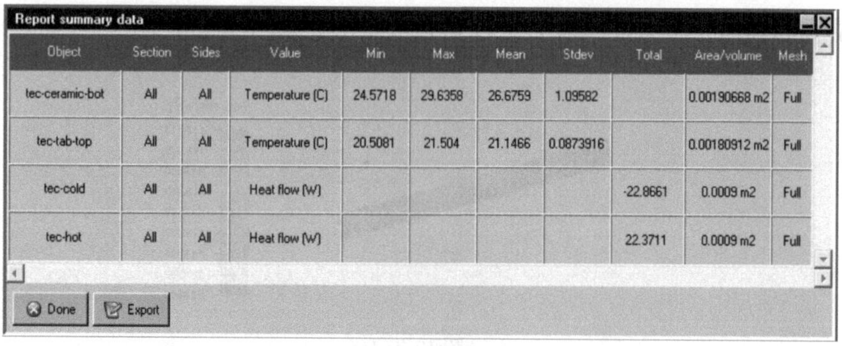

Object	Section	Sides	Value	Min	Max	Mean	Stdev	Total	Area/volume	Mesh
tec-ceramic-bot	All	All	Temperature (C)	24.5718	29.6358	26.6759	1.09582		0.00190668 m2	Full
tec-tab-top	All	All	Temperature (C)	20.5081	21.504	21.1466	0.0873916		0.00180912 m2	Full
tec-cold	All	All	Heat flow (W)					-22.8661	0.0009 m2	Full
tec-hot	All	All	Heat flow (W)					22.3711	0.0009 m2	Full

图 12-239

（7）单击总结报告设置对话框中的 Save 按钮，保存设置退出。

12.4 本章小结

本章通过对高热流密度数据中心散热、高海拔机载电子设备散热及 TEC 散热三个案例进行讲解，详细介绍了如何在 ANSYS Icepak 内运用宏命令创建数据中心房间、服务器柜、电源分配单元及进风格栅等部件，如何运用群组进行几何模型管理及针对单个几何模型进行非连续性网格划分设置，并在特定通风条件下，开展数据中心内的温度及流场分布分析。对高海拔机载电子设备散热，详细讲解了如何在 ANSYS Icepak 内进行海拔高度的设置，如何进行风扇 *P-Q* 曲线随着海拔高度变化设置，如何进行不同海拔高度下参数法计算设置。此外，还讲解了如何在 ANSYS Icepak 内运用宏命令进行 TEC 模型的设定，如何进行 TEC 模型结果后处理分析。通过本章三个案例的学习，可以让读者基本掌握运用 ANSYS Icepak 宏命令进行空冷数据中心、TEC 模型散热及不同海拔高度类问题的建模、参数设置及仿真结果分析。